Schriften zur Medienproduktion

Herausgegeben von
H. Krömker, Ilmenau, Deutschland
P. Klimsa, Ilmenau, Deutschland

Diese Schriftenreihe betrachtet die „Medienproduktion" als wissenschaftlichen Gegenstand. Unter Medienproduktion wird dabei das facettenreiche Zusammenspiel von Technik, Content und Organisation verstanden, das in den verschiedenen Medienbranchen völlig unterschiedliche Ausprägungen findet.

Im Fokus der Reihe steht das Finden von wissenschaftlich fundierten Antworten auf praxisrelevante Fragestellungen der Medienproduktion. Umfangreiches Erfahrungswissen soll hier systematisch aufbereitet und in generalisierbare, so weit wie möglich theoriegeleitete Erkenntnisse überführt werden. Da im Bereich Medien der Rezipient eine besondere Rolle spielt, räumt die Schriftenreihe der Mensch-Maschine-Kommunikation einen hohen Stellenwert ein.

Herausgegeben von
Prof. Dr. Heidi Krömker,   Prof. Dr. Paul Klimsa,
Fachgebiet Medienproduktion,   Fachgebiet Kommunikations-
TU Ilmenau   wissenschaft, TU Ilmenau

Stephan Hörold

Instrumentarium zur Qualitätsevaluation von Mobilitätsinformation

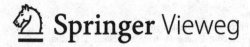

Stephan Hörold
Ilmenau, Deutschland

Dissertation Technische Universität Ilmenau, 2016

Schriften zur Medienproduktion
ISBN 978-3-658-15457-8   ISBN 978-3-658-15458-5   (eBook)
DOI 10.1007/978-3-658-15458-5

Die Deutsche Nationalbibliothek verzeichnet diese Publikation in der Deutschen National-
bibliografie; detaillierte bibliografische Daten sind im Internet über http://dnb.d-nb.de abrufbar.

Gedruckt auf säurefreiem und chlorfrei gebleichtem Papier

Springer Vieweg ist Teil von Springer Nature
Die eingetragene Gesellschaft ist Springer Fachmedien Wiesbaden GmbH
Die Anschrift der Gesellschaft ist: Abraham-Lincoln-Strasse 46, 65189 Wiesbaden, Germany

„Mobilitätsinformation muss so gestaltet werden, dass der Grund für die Mobilität und nicht die Mobilität selbst im Vordergrund steht."

Leitmotiv für die vorgelegte Arbeit, Stephan Hörold

Vorwort

„In jede hohe Freude mischt sich eine Empfindung der Dankbarkeit."
Marie Freifrau von Ebner-Eschenbach, Schriftstellerin

In diesem Sinne möchte ich mich zuerst bei Univ.-Prof. Dr. Heidi Krömker für die Unterstützung und Betreuung meiner Dissertation bedanken. Zu dieser Unterstützung gehörte auch die besondere Möglichkeit, meine Zwischenergebnisse zu publizieren und somit in einen vielfältigen wissenschaftlichen Austausch zu treten. Den Gutachtern Univ.-Prof. Dr.-Ing. Gerhard Linß und Dr. Peter Raue möchte ich für die Übernahme der Gutachten ebenfalls ausdrücklich danken.

Meinen Kollegen und Kolleginnen der Technischen Universität Ilmenau sowie den Partnern aus den Mobilitätsforschungsprojekten danke ich für den Austausch zum Anwendungsfeld der Mobilitätsinformation und die Unterstützung bei der Erschließung der Facetten der Mobilität. Hervorzuheben sind dabei Cindy Mayas und Dr. Marcel Norbey, Berthold Radermacher, Eberhardt Kurtz, Kurt Stern und Werner Kohl.

Abschließend gilt mein Dank meiner Familie - Wencke, Dieter, Walburga, Andrea, Matthias und Philip - für die Unterstützung meiner wissenschaftlichen Arbeiten und die stetige Bereitschaft, das gesteckte Ziel gemeinsam mit mir zu erreichen.

Stephan Hörold

Kurzfassung

Die Mobilitätsinformation ist ein wesentlicher Bestandteil der Mobilität, insbesondere für den Zugang und die Nutzung der verschiedenen vernetzten Mobilitätsangebote für die Reise von Tür zu Tür. Werden diese Mobilitätsangebote aus Sicht der Nutzer als Mobilitätsraum begriffen, in dem sich die Mobilitätsnutzer mit ihren verschiedenen Charakteristika und Mobilitätsverhalten bewegen, so bildet die Mobilitätsinformation den Informationsraum, der die Informationsinhalte und -systeme beinhaltet, aus denen der Informationsbedarf der heterogenen Mobilitätsnutzer erfüllt werden kann. Der Qualität der Information kommt in diesem Sinne im Mobilitätsraum, auch unter der Betrachtung der technischen Weiterentwicklung von Informationssystemen und -kanälen, eine zunehmend stärkere Bedeutung zu. Diese Bedeutung wird auch von den Mobilitätsanbietern wahrgenommen, sodass neue Informationssysteme etabliert und in den Informationsraum eingebunden werden. Allerdings kommen weiterhin primär solche Evaluationsmethoden zum Einsatz, die zwar die von den Mobilitätsnutzern subjektiv empfundene Qualität der Mobilitätsinformation erfassen, aber kaum Rückschlüsse auf die verschiedenen Ebenen der Mobilitätsinformation zulassen und somit nur eingeschränkt zur Identifikation von konkreten Verbesserungspotenzialen dienen können.

Diese Herausforderung wird im Rahmen der Entwicklung des Instrumentariums zur Qualitätsevaluation von Mobilitätsinformation (IQMI) adressiert. Dazu werden der Mobilitäts- und der Informationsraum definiert sowie das Qualitätsmodell für die Mobilitätsinformation entwickelt. Die allgemeinen nutzerorientierten Merkmale des Usability Engineering werden hierzu durch spezifische Merkmale aus der Mobilitätsnutzung erweitert und bilden die Grundlage für die Entwicklung von Methoden und Werkzeugen zur Bestimmung der Qualität der Mobilitätsinformation. Diese umfassen die Bestimmung der Informationsinhalte auf Basis des Informationsbedarfs, die Analyse des Informationsflusses entlang der Reise und die Evaluation der Systemgestaltung einzelner Systeme sowie übergreifend zwischen den Systemen.

Auf Basis dieser Grundlagen, Methoden und Werkzeuge wird ein Instrumentarium zur Qualitätsevaluation in drei Auditstufen entwickelt, mit Mobilitätsexperten praxisorientiert evaluiert und in zwei Mobilitätsräumen am Fallbeispiel des öffentlichen Personenverkehrs angewendet. Die Anwendung umfasst eine umfangreiche Evaluation der zwei Mobilitätsräume in den Teilbereichen Informationsinhalt, Informationsfluss und Systemgestaltung, u. a. aus der Perspektive verschiedener zuvor abgeleiteter typischer Nutzergruppen und anhand von typischen Orten und Reiseketten innerhalb des Mobilitätsraums.

Die Auswertung zeigt auf, wie die erhobenen Daten gezielt eingesetzt werden können, um die Qualität der Mobilitätsinformation zu bestimmen sowie Verbesserungspotenziale zu identifizieren. Diese identifizierten Verbesserungspotenziale werden abschließend in typischen Herausforderungen zusammengefasst.

Das entwickelte Instrumentarium ermöglicht und unterstützt in einem sich stetig weiter vernetzten Mobilitätsraum eine Verbesserung der bestehenden und den Aufbau von neuen Informationssystemen, die Integration von verschiedenen Mobilitätssystemen sowie die Ableitung von Forschungsschwerpunkten.

Abstract

The mobility information, which provides information before and on-trip, is an essential part of using mobility offerings. Thereby, it supports and assists users along the travel chain, from door to door. The heterogeneous mobility users found within mobility systems, are faced not only with different mobility offerings but widespread information systems, providing information through different channels. The primary goal of these information systems is to fulfill the information needs of these heterogeneous users, with their different characteristics and mobility behaviors.

Following a concept of service quality, mobility information is one of the major quality criteria of mobility. Especially due to the fast technical development, the increasing importance of mobility information is recognized by transport companies as well. However, actual evaluation methods, which still focus mainly on questionnaires and interviews with users to collect data about perceived quality, can normally not provide profound data on improvement potential.

This challenge is addressed within the development of the framework for the quality evaluation of mobility information (IQMI), which is introduced and developed within this work. The basic definition of the dimensions of mobility and mobility information is the prerequisite for the following development of the quality model for mobility information. Main criteria used within this quality model are efficiency, effectiveness and satisfaction as well as reliability, consistency and transparency. The development of methods and tools is based on these criteria and focuses on the information needs, flow of information and the system design.

The actual framework consists of a three stage audit system combining the developed methods and tools. The framework is evaluated with experts and applied within two mobility systems in Germany. The results are analyzed and discussed to improve the mobility system itself and the framework within the defined areas of information needs, flow of information and the system design. Public transport serves as an example for a complex mobility system and therefore, the final results are summarized as typical challenges for public transport mobility systems.

The results show that the framework is suitable to address the different dimensions of quality. In addition, the framework can be used by developers as source of information, especially in regard to the context of use and the information needs.

The framework for quality evaluation of mobility information supports the continuous and new development of information systems as well as an integration of different mobility offerings. In addition, new research focuses can be derived, by applying the framework or its separate methods.

Inhaltsverzeichnis

Abbildungsverzeichnis

Tabellenverzeichnis

Abkürzungsverzeichnis

ATI	VDV-Ausschuss für Telematik und Informationssysteme
CEN	European Committee for Standardization
DFI	Dynamische Fahrgastinformation
DIN	Deutsches Institut für Normung e. V
EKAP	Echtzeit Kommunikations- und Auskunftsplattform
EN	Europäische Norm
IP-KOM-ÖV	Internet Protokoll basierte Kommunikationsdienste im ÖV
ISO	International Organization for Standardization
ITCS	Intermodal Transport Control System
IV	Individualverkehr
K^3	Ausschuss für Kundenservice, -information und -dialog
MIV	Motorisierter Individualverkehr
MVG	Münchner Verkehrsgesellschaft
Obusse	Oberleitungsomnibusse
ÖPNV	Öffentlicher Personennahverkehr
ÖV	Öffentlicher Personenverkehr
RBL	Rechnergestütztes Betriebsleitsystem
SSB	Stuttgarter Straßenbahnen AG
TMC	Traffic Message Channel
UEQ	User Experience Questionnaire
UITP	Internationaler Verband für öffentliches Verkehrswesen
VDV	Verband Deutscher Verkehrsunternehmen
VVS	Verkehrs- und Tarifverbund Stuttgart

1. Einleitung

1.1 Motivation

Die Bedeutung der Mobilität für das tägliche Leben zeigt sich bereits bei einer ersten Betrachtung der Gründe für den Bedarf an Mobilität. Trotz technischer Innovationen und Möglichkeiten der virtuellen Mobilität besteht weiterhin ein steigender Bedarf an der physischen Überwindung von Distanzen (Statistisches Bundesamt 2014, S. 5-6, 113-114, 153). Die virtuelle Mobilität kann daher nicht als Ersatz, sondern als Erweiterung wahrgenommen werden und die physische Mobilität behält weiterhin eine hohe Relevanz für die Menschen und die Gesellschaft. Jedoch zeigt sich eine veränderte Erwartungshaltung an die Mobilitätsangebote, die individuelle Kombinierbarkeit und Vernetzung dieser Angebote (Götze und Rehme 2014, S. 190–191), die einfache Nutzbarkeit der Mobilität sowie die Mobilitätsinformation. Diese resultiert u. a. aus den gesellschaftlichen und technischen Veränderungen. Dabei ist Mobilität ein vielschichtiger Prozess, der bereits bei der Planung des Angebotes und der Infrastruktur beginnt. Weitere Bestandteile der Mobilität sind im Zugang zu den Angeboten, bspw. der preislichen Gestaltung, der Verfügbarkeit von Zugangspunkten sowie der Information über das Angebot zu sehen.

In diesem sich wandelnden Gesamtbild der Mobilität ist die Vernetzung der Mobilitätsangebote Möglichkeit und Herausforderung zu gleich. Aus der Perspektive der Mobilitätsnutzer bedeutet dies, dass der individuelle Bedarf nach Mobilität nicht anhand von einzelnen Mobilitätsangeboten, sondern nur durch das Zusammenwirken der Mobilitätsangebote erfüllt werden kann. Dabei besteht die Herausforderung in der physischen Verknüpfung, z. B. in Form von Mobilitätsknoten, und in der Bereitstellung der Information über die Mobilitätsangebote hinweg (Stopka 2012, S. 11–12). Diese Bereitstellung muss entsprechend des Informationsbedarfs, der Erwartungen und des Mobilitätsverhaltens erfolgen und dabei den Anforderungen der Vernetzung und der Individualisierung gerecht werden.

Neben der Entwicklung neuer Mobilitätsangebote und der daraus erwachsenden Flexibilität des Mobilitätsverhaltens ist die technische Weiterentwicklung, insbesondere im Feld der mobilen Kommunikation und rechnergestützter Systeme, eine weitere Herausforderung und gleichermaßen Chance für die Mobilitätsinformation. Parallel zur sichtbaren Weiterentwicklung der Mobilitätsinformation werden auch die Hintergrundsysteme weiterentwickelt.

Dies ermöglicht den Zugriff auf zuvor nicht, nicht zuverlässig oder nicht flächendeckend verfügbare Daten, z. B. Echtzeitinformationen über die geografische Position von Fahrzeugen.

Diese technischen Entwicklungen ermöglichen auch eine individuellere und einfachere Information. Neue Informationssysteme, die Mobilitätsangebote zu individuellen Reisen verknüpfen, zeigen dabei die neuen Möglichkeiten und Erwartungen beispielhaft bereits auf. Bestehende und neue Mobilitätsangebote und -systeme müssen sich an diesen Mobilitätsinformationssystemen, aber auch an Informationssystemen aus anderen Anwendungsfeldern und den daraus erwachsenden Erwartungen der Mobilitätsnutzer messen lassen. Dies auch unter Einbezug der teilweise stark unterschiedlichen zugrunde liegenden Mobilitätssysteme, z. B. dem System des motorisierten Individualverkehrs (MIV) gegenüber dem System des öffentlichen Personennahverkehrs (ÖPNV). Die Erwartungen der Mobilitätsnutzer, teilweise unter Verdrängung der technischen Möglichkeiten, des personellen und finanziellen Aufwandes, müssen indes wahrgenommen und in die Entwicklungen, z. B. neuer Informationssysteme, integriert werden.

Aus der systemseitigen Komplexität der Mobilitätsangebote sowie der Vielfalt der Nutzergruppen mit unterschiedlichem Vorwissen leitet sich auch der Bedarf nach Unterstützung der Mobilität ab. Ist für die Nutzung spezielles Systemwissen notwendig und ist die Mobilität in einer Mehrzahl von unterschiedlichen Dimensionen, z. B. zeitlich, räumlich und sozial, an entsprechende Vorgaben oder systemseitige Einschränkungen geknüpft, so wirkt sich dies auch auf den Informationsbedarf aus (Hörold et al. 2013b, S. 331–340). Im Gegenzug sinkt bei komplexen Systemen sowie durch die steigende Vernetzung, die Möglichkeit des Einzelnen die Planung und Durchführung der Mobilität, ohne Hilfsmittel zu bewältigen.

In dieser neuen Vernetzung der Mobilitätsangebote stellt der öffentliche Personenverkehr ein zentrales Bindeglied dar, der Verband Deutscher Verkehrsunternehmen spricht hier vom Rückgrat des Mobilitätsverbundes (Verband Deutscher Verkehrsunternehmen e. V. (VDV) 2013, S. 4), das sich als komplexes und vielschichtiges System in unterschiedlichen Ausprägungen entlang der Reise wiederfindet. Das System ist gekennzeichnet durch die speziellen zeitlichen Vorgaben repräsentiert durch Fahrpläne, räumlichen Vorgaben durch den Verlauf von Strecken und Linien sowie der Notwendigkeit das Netz zeitlich und räumlich aufeinander abzustimmen. Daher stellt es auch für die zukünftige Weiterentwicklung der vernetzten Mobilitätsangebote ein komplexes Fallbeispiel dar.

Auf Grundlage der jahrzehntelangen Erfahrung der Mobilitätsanbieter in der Bereitstellung der Mobilitätsinformation unter Einfluss der Vernetzung der Mobilitätsangebote hat in den vergangenen Jahren bereits eine breite Auseinandersetzung mit dem Wandel der Mobilitätsinformation stattgefunden. Der Bedarf der Mobilitätsnutzer nach neuen Systemen und Informationen sowie neuen medialen Kanälen ist in diese Auseinandersetzung eingeflossen, wobei eine zufriedenstellende Sicherung einer lückenlosen und systemadäquaten Mobilitätsinformation im Sinne einer vernetzten Mobilität immer auch ein sich wandelnder Prozess ist. Dabei stellen neue Hintergrundsysteme und Informationskanäle nicht nur Lösungswege für die Mobilitätsinformation bereit, sondern auch neue Herausforderungen hinsichtlich der Qualitätssicherung über verschiedene Systeme hinweg. Die Integration des breiten Erfahrungswissens der Mobilitätsanbieter und der damit verbundenen Systemsicht ist ein Schlüsselelement zur Verbesserung der Mobilitätsinformation. Auf dem Weg zu einem vernetzten Mobilitätsangebot, angereichert durch Sharing-Angebote, Elektromobilität und neue Formen der individuellen Bedienung von ländlichen Gebieten durch Anbieter des öffentlichen Personennahverkehrs, ist eine übergreifende Betrachtung der Qualität von Mobilitätsinformation unabdingbar. Dies kann mit dem Ziel der Erfüllung des Informationsbedarfs der Mobilitätsnutzer jedoch nur durch die parallele Integration der Nutzerperspektive und der Perspektive der Mobilitätsanbieter erfolgen.

Wissenschaft und Praxis bieten bereits grundlegende Ansätze, die Frage der Qualität von Mobilitätsinformation, insbesondere deren Analyse und Evaluation, zu bearbeiten. Jedoch ist der Detailgrad für die gestellten Herausforderungen der vernetzten nutzerorientierten Mobilität nicht ausreichend. Daraus ergibt sich die Notwendigkeit der Entwicklung eines Instrumentariums zur Qualitätsevaluation von Mobilitätsinformation, wie sie im Folgenden angestrebt wird.

1.2 Vorgehen und Methodik

Die Entwicklung dieses Instrumentariums zur Qualitätsevaluation von Mobilitätsinformation folgt einem integrierten Forschungsansatz unter Einbeziehung von analytischen und empirischen Methoden. Die Methoden des Usability Engineerings sind dabei Grundlage für den Forschungsansatz und werden im Verlauf der Entwicklung des Instrumentariums angewendet und weiterentwickelt.

Folgend werden die einzelnen Phasen des Vorgehens und die Methoden, wie sie in Abbildung 1 dargestellt sind, kurz erläutert.

Die **Identifikation des Forschungsziels** basiert auf einer Literaturanalyse mit den Schwerpunkten Nutzerklassifikation, Qualitätskriterien, Erhebungsmethoden, Normen und Standards sowie Informationskanäle und Hintergrundsysteme. Im Ergebnis soll der Stand der Forschung und Praxis zur Identifikation von Forschungslücken und Präzisierung des Forschungsziels aufgezeigt werden. Das Untersuchungsobjekt wird in der **Analyse der Mobilität** hinsichtlich verschiedener Perspektiven analysiert. Hierzu wird basierend auf der wissenschaftlichen Auseinandersetzung mit dem Mobilitätsbegriff, der Mobilitäts- und Informationsraum definiert sowie die Reisekette auf ihre Anwendbarkeit im Kontext des Forschungsziels geprüft.

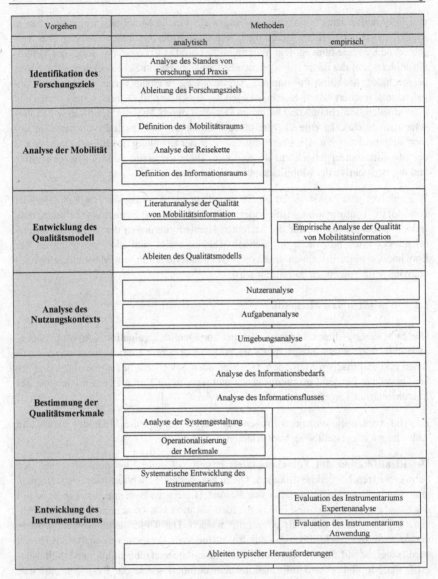

Abbildung 1: Vorgehensmodell und eingesetzte Methoden

Ausgehend von einer Literaturanalyse des Qualitätsbegriffes im Kontext der Mobilitätsinformation werden in einer empirischen Untersuchung offene Fragestellungen in Form einer Expertenbefragung und einer Usability Evaluation im Feld adressiert. Diese sind Grundlage für die anschließende Ableitung und **Entwicklung des Qualitätsmodells.**

Die **Analyse des Nutzungskontextes** vertieft die Auseinandersetzung mit dem Untersuchungsobjekt zur Identifikation spezifischer Merkmale und Herausforderungen der Mobilität für die Evaluation der Qualität der Mobilitätsinformation.

Für die **Bestimmung der Qualitätsmerkmale** sowie die Ableitung von Evaluationsmethoden sind das Qualitätsmodell sowie die Analyse des Nutzungskontextes die Grundlage. Für die Analyse der Informationsinhalte und des Informationsflusses müssen zudem neue Methoden entwickelt und empirisch am Fallbeispiel evaluiert werden.

Im letzten Schritt des Vorgehens erfolgt die Verknüpfung der vorgehergehenden Untersuchungen zur **Entwicklung des Instrumentariums.** Die Anwendbarkeit des Instrumentariums wird in Form eines Leitfrageninterviews mit Experten sowie anhand von zwei Mobilitätsräumen exemplarisch nachgewiesen. Die Identifikation von typischen Herausforderungen zeigt neben den konkreten Verbesserungspotenzialen auch zukünftige Forschungsfragen auf.

Der öffentliche Personenverkehr dient entlang des methodischen Ansatzes als Fallbeispiel und Schwerpunkt der Mobilitätsbetrachtung.

Dies ist auf die folgenden Merkmale zurückzuführen:

- Hohe Systemkomplexität auf Ebene der Mobilitätsangebote und auf Ebene der Mobilitätsinformationssysteme,
- Vielfältige Mobilitätsanbieter innerhalb der Bundesrepublik Deutschland, die unterschiedliche Charakteristika aufweisen, u. a. Anzahl der Mobilitätsangebote, Vernetzung, Bedienungsgebiet,
- Stark heterogene Nutzergruppen inkl. sogenannter Captives, denen keine alternativen Mobilitätsangebote zur Verfügung stehen,
- Zentrale Rolle als Mobilitätsanbieter in einem vernetzten Mobilitätssystem.

1.3 Stand von Forschung und Praxis

Das Forschungs- und Anwendungsfeld der Mobilitätsinformation wird zunehmend durch Bestrebungen der Mobilitätsanbieter, u. a. Verkehrsunternehmen, -verbünde und zugehöriger Verbände, und durch von unterschiedlichen Trägern, u. a. Bund, Länder und Europäische Union, geförderte Forschungsaktivitäten wissenschaftlich und praxisorientiert bearbeitet. Zudem steht breites Erfahrungswissen bei den Mobilitätsanbietern und der Industrie sowie der im Mobilitätsbereich forschenden Einrichtungen zur Verfügung.

Die Fokussierung auf den Mobilitätsnutzer bspw. als Kunde oder Fahrgast des öffentlichen Personenverkehrs kann hinsichtlich des Themenschwerpunktes Mobilitätsinformation als Ausgangspunkt für die heutigen Aktivitäten zur Steigerung der Qualität und Verbesserung der Mobilitätsinformation angesehen werden. Beispielhaft zeigt der Wandel in der Wahl der Begrifflichkeit zur Beschreibung des Mobilitätsnutzers im öffentlichen Personenverkehr, vom ‚Beförderungsfall' hin zum ‚Fahrgast', die veränderte Wahrnehmung des Mobilitätsnutzers und die Bedeutung von Maßnahmen zur Qualitätssteigerung (Krause 2009, S. 121,129-130; Jain 2006, S. 58; Ilgmann und Polatschek 2013, S. 27).

> Der Beförderungsfall, auch als beförderte Personen bezeichnet, ist definiert als die Anzahl der beförderten Personen, die eine unterbrechungsfreie Fahrt mit einem oder mehreren Verkehrsmitteln durchführen (Statistisches Bundesamt 2013a, S. 593–595; Reim und Reichel 2014, S. 99).

Dieser Wandel begann versetzt innerhalb der Bundesrepublik, z. B. beim Hamburger Verkehrsverbund 1983 (Krause 2009, S. 121) oder von 1990-1995 bei den Dresdener Verkehrsbetrieben (Koch et al. 2006, S. 134). Der Wandel ist jedoch noch nicht abgeschlossen (Pätzold 2008, S. 71) und manifestiert sich auch durch die Vernetzung der Mobilitätsangebote mit dem Ziel einer nutzerorientierten Informationsbereitstellung.

1.3.1 Nutzerklassifikation

Der Paradigmenwechsel vom Beförderungsfall zum Fahrgast und Mobilitätsnutzer in einer vernetzten Mobilitätswelt zeigt grundsätzlich die Auseinandersetzung mit dem Mobilitätsnutzer als Kunden der Mobilitätsdienstleistung auf. Detailliert betrachtet handelt es sich jedoch nicht um den Nutzer oder den Kunden, sondern eine breite Vielfalt von Nutzergruppen, mit unterschiedlichen charakterisierenden Merkmalen (Mayas et al. 2013, S. 824–830; Hörold et al. 2013b, S. 335). Aktuell ist die differenzierte Betrachtung von Nutzergruppen im Rahmen technischer Entwicklungen von Mobilitätsinformationssystemen jedoch noch nicht Standard in allen Mobilitätssystemen. Die Integration der Nutzer ohne Differenzierung in Nutzergruppen kann deshalb im Vergleich zu vergangenen rein technischen Herangehensweisen bereits als erste positive Veränderung angesehen werden.

Grundsätzlich sind zwei Hauptströmungen für die Einteilung in Nutzergruppen bekannt, die folgend am komplexen Fallbeispiel des öffentlichen Personenverkehrs dargestellt werden und auch darüber hinaus Anwendung finden. Die Klassifikation mittels Nutzungsgrund gewinnt dabei gegenüber der Klassifikation über das gewählte Ticket zunehmend an Bedeutung.

Klassifikation mittels Tickets

Die Klassifikation mittels Tickets und Ticketgruppen auf Basis der Verkaufszahlen stellt eine einfache und schnelle Möglichkeit dar, für zurückliegende Zeiträume eine allgemeine Differenzierung der Mobilitätsnutzer durchzuführen. Typische Einteilungen im öffentlichen Personenverkehr unterscheiden die Mobilitätsnutzer insbesondere nach Mehrfahrten-/Einzeltickets und Monatstickets, ggf. getrennt von Schüler-, Auszubildenden- und Studententickets, und erlauben eine Aussage über die Anzahl der Stammkunden (Verband Deutscher Verkehrsunternehmen (VDV) 2012, S. 16). Tabelle 1 zeigt ein Beispiel des VDV für das Jahr 2011, das zusätzlich noch Freifahrer und Sonderfahrausweise sowie Verkehr auf Sonderlinien zeigt, der nicht in die Erfassung über Zeit- und Einzelfahrausweise eingeordnet werden kann (Verband Deutscher Verkehrsunternehmen (VDV) 2012, S. 17).

Tabelle 1: Fahrgäste des Öffentlichen Personenverkehrs nach Fahrausweisen 2011 nach (Verband Deutscher Verkehrsunternehmen (VDV) 2012, S. 17)

Fahrkartentyp/Ticket	Anteil
Einzel-/Mehrfahrtenausweise	16%
Zeitkarten für Auszubildende und Studenten	39%
Zeitkarten für Erwachsene	37%
Sonstige Fahrausweise für z. B. Schwerbehinderte, Freifahrer	7%
Sonderlinienverkehre	1%

Kritisch betrachtet kann aus den Fahrausweisdaten lediglich vermutet werden, dass es sich bei Erwachsenen mit Zeitkarten um Pendler handelt und dass Studierende bspw. ihre Zeitkarten hauptsächlich für den Weg zur Ausbildungsstätte nutzen. Eine Einordnung der Anteile der Einzel- und Mehrfahrtenausweise zu Gelegenheitsnutzern ist nur begrenzt möglich, da die Breite der Nutzungsgründe hoch ist und der Begriff Gelegenheitsnutzer nicht trennscharf definiert ist. Dieser Ansatz lässt sich über den öffentlichen Personenverkehr hinaus, auch auf andere Mobilitätsangebote ausweiten, die ein entsprechendes System aus Tarifen besitzen.

Klassifikation mittels Nutzungsgrund

Die Klassifikation entsprechend dem Nutzungsgrund oder dem Wegezweck ermöglicht im Kontrast zur Einordnung mittels Tickets eine klarere Abgrenzung, die sich auf unterschiedliche Mobilitätsangebote anwenden lässt. Der Wegezweck wird definiert als:

„Kriterium für die Zuordnung einer Fahrt oder eines Weges zu einem Zweck ist die Aktivität am Zielort. Ausgenommen von dieser Regel sind Fahrten oder Wege, deren Ziel die eigene Wohnung ist. Hier ist die hauptsächliche Aktivität seit

Verlassen der Wohnung entscheidend für die Zweckzuordnung" (Kalinowska et al. 2005, S. 132).

Der Nutzungsgrund kann in Übereinstimmung mit der Definition des Wegezweckes und in Bezug zum Mobilitätsverhalten definiert werden als:

„Grund für die Fortbewegung im Raum ist die Ausübung von Aktivitäten. Für das Verständnis von Mobilitätsverhalten ist es nicht nur wichtig zu wissen, wann ein Mensch das Haus verlässt und mit welchem Verkehrsmittel er unterwegs ist, sondern auch warum er dies tut" (Follmer 2010, S. 116).

Allerdings muss festgehalten werden, dass die Zuordnung der Nutzer zu Gruppen über den Nutzungsgrund mit dem Aufwand verbunden ist, diese Daten erst zu erheben und dass die Aussagekraft der Ergebnisse von der Qualität der Erhebung abhängig ist. Die Verkaufszahlen der Tickets hingegen umfassen nicht nur eine Stichprobe, sondern alle verkauften Tickets eines bestimmten Zeitraums. Die Analyse des Wegezweckes findet sich u. a. in den Auswertungen der Untersuchung Mobilität in Deutschland 2008 für das gesamte Verkehrsaufkommen und für ausgewählte Zeiträume (Follmer 2010, S. 116–117). Zudem werden diese Analysen auch bei verschiedenen Verkehrsunternehmen in vermindertem Umfang durchgeführt (Wildhirt et al. 2005, S. 26–27; Krietenmeyer 2007, S. 10). Die in der Untersuchung Mobilität in Deutschland mit ca. 50.000 Haushalten (Follmer 2010, S. 1) ermittelten Daten, dienen weitgehend als Grundlage für die Analyse des Nutzungsgrundes auch durch andere Institutionen, bspw. das Statistische Bundesamt (Hütter 2013, S. 9). Dies verdeutlicht die zuvor beschriebene Herausforderung des Ansatzes und erklärt die zeitlichen Abstände zwischen den Erhebungen. Abbildung 2 zeigt die Ergebnisse für die Analyse des Wegezweckes für das gesamte Verkehrsaufkommen auf Basis der Daten der Studie Mobilität in Deutschland aus dem Jahr 2008.

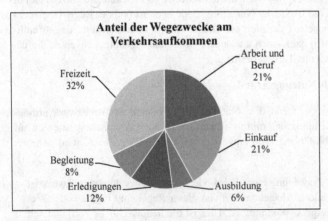

Abbildung 2: Wegezweck auf Basis des Gesamtverkehrsaufkommens nach (Follmer 2010, S. 116)

Tabelle 2 zeigt die beiden Ansätze im Vergleich anhand der für die Nutzerklassifikation wichtigen Kriterien. Für die Definition von Nutzergruppen im Mobilitätskontext sind neben der Schaffung der Datenbasis sowie der zugehörigen Struktur und Erhebungshäufigkeit, insbesondere die Breite der Mobilitätssysteme, die mit dem Ansatz abgedeckt werden können, sowie die Genauigkeit des Ansatzes für die Beschreibung der Nutzergruppen entscheidend.

Tabelle 2: Vergleich der Ansätze der Nutzerklassifikation im Kontext der Mobilität

Kriterien	Klassifizierung nach Tickets	Klassifizierung nach Grund
Datenbasis	Automatische Erhebung	Gezielte Erhebung notwendig
Datenstruktur	Datenstruktur ist nicht auf die Definition von Nutzergruppen abgestimmt.	Datenstruktur kann an das Erhebungsziel angepasst werden.
Erhebungshäufigkeit	Meist jährlich	Meist im Abstand mehrerer Jahre
Systembreite	Nur das aktuelle Mobilitätssystem	Umfang abhängig vom Studienendesign
Genauigkeit zur Definition von Nutzergruppen	Hoher Interpretationsgrad	Hohe Detailtiefe in Abhängigkeit des Studiendesigns

Grundsätzlich fokussieren beide Ansätze nicht auf eine umfassende Beschreibung von Nutzergruppen mit dem Ziel der Entwicklung oder Evaluation von Informationssystemen, sodass die jeweiligen Ergebnisse mit weiteren Daten und Analysen, u. a. zur Identifikation von Erwartungen, erweitert werden müssen. Die VDV-Schrift 720 zeigt beispielhaft, wie auf Basis der Analyseergebnisse zum Wegezweck eine Einteilung in Nutzergruppen durchgeführt werden kann (VDV-Schrift 720, S. 15–19):

- Berufsverkehr
- Schul- und Ausbildungsverkehr
- Geschäfts- und Dienstreiseverkehr
- Einkaufs- und Erledigungsverkehr
- Freizeitverkehr
- Urlaubsverkehr

Die Einteilung auf Basis des Wegezweckes findet in der VDV-Schrift 720 Ergänzung durch eine Betrachtung der Verkehrsmittelwahl, der Wegealternativen und des Informationsbedarfs (VDV-Schrift 720, S. 15–19). Dies zeigt, dass für die Klassifikation der Mobilitätsnutzer der Wegezweck alleine nicht ausreichend ist. Für das richtige Verständnis der Mobilitätsnutzer und eine Auseinandersetzung mit dem Mobilitätsverhalten, der Alternativenwahl sowie der Motivation und Anforderungen an die Mobili-

tätsinformation, muss die Beschreibung eine entsprechende Tiefe aufweisen. Bei einer
weitreichenderen Betrachtung der Mobilitätsnutzer vor dem Hintergrund vernetzter
Mobilität ist zudem eine Betrachtung der Wechselbereitschaft sowie der grundlegenden Einstellung gegenüber verschiedenen Mobilitätsangeboten notwendig, wie dies die
Ergebnisse des Projektes UseMobility grundlegend aufzeigen (Skalska 2012, S. 8–9).

Fazit: Stand der Forschung – Nutzerklassifikation

Eine einheitliche Klassifikation der Mobilitätsnutzer in Nutzergruppen existiert zum
aktuellen Zeitpunkt noch nicht. Wissenschaft und Praxis kennen Klassifizierungen
der Nutzer nach Tickets sowie Einteilungen nach Nutzungsgrund. Klassifizierungen, die sich auf eine Vielzahl demografischer Merkmale, Mobilitätsverhalten, Erwartungen und Motive stützen, sind im Anwendungsfeld weitgehend unbekannt.
Für die innerhalb der Mobilität bestehenden Herausforderungen scheint eine umfängliche Betrachtung der Nutzergruppen sinnvoll und notwendig. Herausforderungen sind u. a. die Abbildung neuer Informationskanäle und technischer Weiterentwicklungen. Vor dem zu Anfang beschriebenen steigenden Anspruch an die Mobilität und Qualität ist die Kenntnis der Erwartungen und Anforderungen der Nutzergruppen Voraussetzung für eine zuverlässige Qualitätsbeurteilung.

1.3.2 Qualitätskriterien und Erhebungsmethoden

Qualitätsevaluationen stellen zumeist eine Feststellung der Zufriedenheit der Nutzer,
der aktuellen Bedienungsqualität und der Beförderungsqualität einer bestimmten Region nach festgelegten Kriterien dar und sind insbesondere im Kontext des öffentlichen Personenverkehrs weit verbreitet. Im Zuge der Ausschreibung von Mobilitätsleis-
tungen und deren Kontrolle sowie der Qualitätssteigerung für die Mobilitätsnutzer
kommen Qualitätsstandards und Methoden zur Evaluation inzwischen steigende Bedeutung zu (Klein 2007, S. 31–32). Die Bedienungsqualität als Teil der Qualität des
öffentlichen Personenverkehrs ist definiert als „die Verfügbarkeit der angebotenen
ÖPNV-Dienstleistung im Hinblick auf Raum, Zeit und Häufigkeit" (BAG ÖPNV
2011, S. 6). Der Verband Deutscher Verkehrsunternehmen spezifiziert diese Definition
hinsichtlich der Faktoren Raum, Zeit und Häufigkeit wie folgt:

> „Die Bedienungsqualität, die Qualität der räumlichen und zeitlichen Bedienung,
> setzt sich zusammen aus der Erschließungsqualität mit den Kriterien räumliches
> Beförderungsangebot, Anbindung und Erreichbarkeit sowie aus der Angebots-
> qualität mit den Kriterien des zeitlichen Beförderungsangebotes (Bedienungshäu-
> figkeit, Betriebstage, Betriebszeit), Platzangebot, zeitliche Angebotskoordinie-
> rung (Anschlussplanung und -sicherung), marktgerechte Angebotsdiversifizie-
> rung" (Verband Deutscher Verkehrsunternehmen (VDV) 2014 Stichwort: Bedie-
> nungsstandards).

Die Beförderungsqualität beinhaltet u. a. die Fahrzeugstandards, die Pünktlichkeit der Verkehrsmittel sowie die Fahrgastinformation und die Sicherheit (BAG ÖPNV 2011, S. 7) und ist ein wesentlicher Bestandteil der Gesamtqualität des öffentlichen Personenverkehrs. Dieser Qualitätsanspruch kann auch auf andere Mobilitätsangebote übertragen werden und zeigt auf die Mobilitätsinformation bezogen, dass diese für die Beförderung eine hohe Relevanz aufweist.

Die Kundenzufriedenheit steht in Abhängigkeit zum Beförderungsangebot und der Beförderungsqualität und zeichnet sich nach DIN EN 13816 durch das Verhältnis zwischen erwarteter und wahrgenommener Qualität aus Sicht des Kunden aus (DIN EN 13816, S. 6). Daraus wird deutlich, dass die Qualität aus Sicht des Kunden insbesondere von persönlichen Einstellungen, Vorerfahrungen und Bedürfnissen abhängt.

Zur Erhebung der Qualität von Mobilitätsangeboten erfolgen regelmäßig Nutzerbefragungen. Das ÖPNV-Kundenbarometer, welches jährlich seit 1999 durchgeführt wird, zeigt ein Beispiel für die Messung der Kundenzufriedenheit mittels Befragung (TNS Infratest 2014, S. 3). Die erhobenen Leistungsmerkmale, die auch einzeln erhoben werden können, umfassen (Isfort et al., S. 6):

- Kundenbeziehung,
- Angebot und Verkehrsmittel,
- Sicherheit,
- Haltestellen und Stationen sowie
- Tarife.

Im Ergebnis erfolgt eine Bewertung der untersuchten Mobilitätsanbieter im Kontext des Durchschnitts aller erfassten Mobilitätsanbieter anhand der Leistungsmerkmale und der Gesamtzufriedenheit. Daraus ergibt sich, dass bei der für 2013 ermittelten durchschnittlichen Bewertung der Zufriedenheit mit den Mobilitätsanbietern von 2,92 eine Bewertung von 2,53 als sehr gut verbalisiert wird (Isfort et al., S. 7). Aus den Ergebnissen können zwar Handlungsfelder in bestimmten Bereichen der Leistungsmerkmale und zugehöriger Untermerkmale identifiziert werden, eine Zuordnung zwischen subjektiver Bewertung und objektivem Auslöser, die eine konkrete Verbesserung ermöglichen könnte, kann jedoch nur schwer erfolgen.

Für die Bestimmung der Qualität von Mobilitätsinformation ist entscheidend, dass die Kriterien an die Anforderungen des Mobilitätssystems angepasst und operationalisiert werden können, um dadurch einen detaillierten Schluss auf Verbesserungspotenziale zuzulassen. Die DIN EN 13816 beinhaltet acht Kategorien für die Definition der Qualität und eine Operationalisierung dieser in zwei weiteren Ebenen (DIN EN 13816, S. 12–16).

Für das Kriterium Information erfolgt die Operationalisierung auf Ebene zwei in den Bereichen (DIN EN 13816, S. 13):

- allgemeine Information,
- Information unter normalen Bedingungen und
- Information unter nicht normalen Bedingungen.

In der folgenden Ebene werden insgesamt 20 Qualitätsmerkmale benannt, die zur Beurteilung der Qualität herangezogen werden können, u. a. Information zur Sicherheit, Information über die Reiseroute oder Information über den aktuellen Status des Netzes (DIN EN 13816, S. 13). Die Anwendbarkeit der Kriterien ist entscheidend von der Operationalisierung für entsprechende Erhebungsmethoden abhängig.

Die DIN EN 13816 bietet erste Ansätze der Operationalisierung, die für eine genaue Analyse jedoch nicht ausreichend differenziert sind und stark auf die inhaltliche Ebene fokussieren, ohne diese zu prüfbaren Indikatoren zu verfeinern. Informationen über die Reiseroute besitzen bspw. zeitliche und räumliche Anteile, die sich auf Soll- oder Ist-Daten stützen können und in ihrer Gesamtheit nur im Zusammenspiel der Mobilitätsinformationssysteme evaluiert werden können. Sicherheit bzw. das Gefühl der Sicherheit muss für eine zielgerichtete Verwertung der Ergebnisse mindestens auf die Stationen der Reisekette abgebildet und durch Indikatoren operationalisiert werden.

Die Erhebung der Qualität von Mobilitätsangeboten kann mit verschiedenen etablierten Methoden aus Wissenschaft und Praxis erfolgen. Ein Beispiel ist der Leitfaden zur Kundenzufriedenheitsmessung im öffentlichen Personennahverkehr des Bundesministeriums für Verkehr, Bau und Stadtentwicklung, der eine Vielfalt von auf den öffentlichen Personenverkehr, aber auch Mobilitätsangebote allgemein, anwendbaren Methoden beinhaltet, u. a. (Bäumer und Pfeiffer, S. 13):

- Beobachtung,
- Inhaltsanalyse,
- Befragung und
- Analyse prozessproduzierter Daten.

In Tabelle 3 sind beispielhaft die Methoden verschiedener Qualitätsuntersuchungen gegenübergestellt. Teil der Auswahl sind solche Untersuchungen, die regelmäßig stattfinden, z. B. das ÖPNV Kundenbarometer (TNS Infratest 2014) oder der VCD Bahntest (Verkehrsclub Deutschland (VCD) 2013), sowie beispielhaften Charakter aufweisen, z. B. der ADAC-Taxitest (ADAC e.V. 2014) oder der Qualitätsbericht Westfalen-Lippe (Zweckverband Nahverkehr Westfalen-Lippe (NWL) 2011). Die DIN EN 13816 dient als Beispiel für Normen und Standards (DIN EN 13816).

Tabelle 3: Übersicht der Methoden in verschiedenen beispielhaften Qualitätsuntersuchungen

Methode Untersuchung	Befragung	Heuristik	Beobachtung/ Testnutzer	Datenanalyse
ADAC Taxitest (2014)			x	
ÖPNV-Kundenbarometer (seit 1999 - jährlich)	x			
VCD-Bahntest (seit 2001 - jährlich)	x			
Qualitätsbericht für den SPNV in Westfalen-Lippe (seit 2007 - jährlich)				x
Qualitätsbarometer (2013) für den Verkehrsverbund Bremen/Niedersachsen			x	
Analyse und Bewertung der Qualität von Stationen und Stationsumfeldern des SPNV VBB (2012 und 2013)			x	
VCD-Haltestellentest Frankfurt (2009)			x	
DIN EN 13816 (2002)		x		

Dieser Vergleich zeigt auf, dass die Befragung, persönlich oder webbasiert, und die Beobachtung nach vorgegebenen Kriterien einen hohen Stellenwert besitzen. Die Vor- und Nachteile dieser Methoden, u. a. hinsichtlich der Tiefe der Heuristiken und der Identifikation von Verbesserungspotenzialen wurden zuvor bereits dargestellt.

Des Weiteren sind im Rahmen der DIN EN ISO 9000 prozessorientierte Grundlagen und Verfahren zur Beurteilung der Qualität etabliert, auf die auch zur Beurteilung der Qualität der Mobilitätsinformation zurückgegriffen werden kann. In diesem Zusammenhang ist das Audit zu nennen, welches definiert ist als:

Ein Audit ist ein „... systematischer, unabhängiger und dokumentierter Prozess [...] zur Erlangung von Auditnachweisen [...] und zu deren objektiver Auswertung, um zu ermitteln, inwieweit Auditkriterien [...] erfüllt sind" (DIN EN ISO 9000, S. 31).

Fazit: Stand der Forschung – Qualitätskriterien und Erhebungsmethoden

Die Messung der Qualität der Mobilitätsinformation erfordert eine Definition und Operationalisierung von Kriterien in hinreichender Tiefe und eine Auswahl einer geeigneten Erhebungsmethode, sodass eine zielgerichtete Analyse zur Verbesserung der Qualität erfolgen kann. Insbesondere die Tiefe der operationalisierten Merkmale der Qualität ist zum aktuellen Zeitpunkt nicht ausreichend, um Verbesserungspotenziale zu identifizieren. Zudem sind Methoden, die die subjektive Zufriedenheit auf hohem Abstraktionsgrad erheben, lediglich zur Einschätzung möglicher Tendenzen, aber nur unzureichend zur objektiven Identifikation von Verbesserungspotenzialen einsetzbar.

1.3.3 Normen und Standards des öffentlichen Personenverkehrs

Der öffentliche Personenverkehr in Deutschland besteht aus über 900 Verkehrsunternehmen, -verbünden und Mobilitätsbetreibern (Statistisches Bundesamt 2013b), die einen Großteil der Mobilitätsangebote neben dem Individualverkehr bereitstellen. Nach Angaben des Verbands Deutscher Verkehrsunternehmen (VDV) sind 600 Unternehmen aus der Personen- und Güterbeförderung im VDV als Branchenverband Mitglied und repräsentieren damit einen hohen Anteil an den in Deutschland agierenden Mobilitätsanbietern (Dziambor und Weiß 2014, S. 1). Der Verband Deutscher Verkehrsunternehmen stellt für die Tätigkeitsfelder des öffentlichen Personenverkehrs verschiedene VDV-Schriften und VDV-Mitteilungen zur Verfügung, die für die technische und inhaltliche Gestaltung der Systemlandschaft standardisierenden und informierenden Charakter besitzen. VDV-Schriften entsprechen dabei Standards, die die Verkehrsunternehmen, u. a. bei der Ausschreibung unterstützen und unter den einzelnen Mobilitätsanbietern Interoperabilität ermöglichen. Dieser Ansatz bietet auch über den öffentlichen Personenverkehr hinaus die Möglichkeit, bestehende Systeme zu kombinieren und andere Mobilitätsangebote im Sinne einer vernetzten Mobilität zu integrieren, um eine qualitativ hochwertige Mobilitätsinformation zu ermöglichen. Aus diesem Grund sowie als Basis für die Anwendung auf das Fallbeispiel des öffentlichen Personenverkehrs, werden diese im Folgenden kurz dargestellt und hinsichtlich des aktuellen Standes der Forschung zur Identifikation des Forschungsziels, insbesondere im Bereich der Integration der Nutzerperspektive, analysiert.

Informationssysteme

Die Auseinandersetzung mit der Gestaltung der Informationssysteme sowohl hinsichtlich der Informationsinhalte als auch des Informationsdesigns findet verstärkt bei der Einführung neuer technischer Systeme oder im Anschluss an deren Einführung auf Grundlage von Praxiserfahrungen statt. Der öffentliche Personenverkehr besitzt für eine Vielzahl von Informationssystemen bereits entsprechende Standards und Mitteilungen, die das praktische Wissen bündeln. Nachfolgend sind in Tabelle 4 relevante

VDV-Schriften und VDV-Mitteilungen dargestellt, die dieses Praxiswissen und den aktuellen Wissensstand über die Gestaltung der Informationssysteme aufzeigen.

Tabelle 4: Übersicht der Regelwerke des öffentlichen Personenverkehrs - Informationssysteme

Regelwerk	Kurzanalyse
VDV-Schrift 705	**Grundsätze der dynamischen Fahrgastinformation** • Grundlegende Auseinandersetzung mit der Notwendigkeit, statische Informationssysteme durch dynamische Informationssysteme zu erweitern (VDV-Schrift 705, S. 5). • Unterteilung in ortsfeste Anlagen und Fahrzeuge, mit Hinweisen zu Informationsinhalten, Regelmäßigkeit von Anzeigen und Durchsagen sowie der Positionierung und Gestaltung der Systeme und Informationen (VDV-Schrift 705, S. 5–9). • Beschreibung der technischen Voraussetzungen für die Informationssysteme und die zur Datenbereitstellung notwendigen Erfassungs- und Verarbeitungssysteme (VDV-Schrift 705, S. 11).
VDV-Schrift 706	**Empfehlungen zur Gestaltung von Touch-Display-Ticketautomaten** • Stellvertretend für die Auseinandersetzung mit neuen Technologien kann die VDV 706 betrachtet werden, in der die Gestaltung von Touchdisplays für Ticketautomaten adressiert und dabei die Funktionalität, die Benutzerführung sowie Gestaltungsrichtlinien behandelt werden (VDV-Schrift 706, S. 9–24). • Fokussierung auf die Thematik des Nutzungsmotives der Mobilitätsnutzer (VDV-Schrift 706, S. 15–16). Ähnliche Fokussierungen finden sich auch in den VDV-Mitteilungen 7023 und VDV-Mitteilung 7029.
VDV-Schrift 713	**Fahrgastinformation an Haltestellen und Fahrzeugen** • Fokussierung auf die Bereiche Haltestelle und Fahrzeug und Detaillierung der VDV 705 hinsichtlich Anforderungen, Informationsmedien und Informationselemente (VDV-Schrift 713, S. 5–34). • Integration der Nutzersicht auf Basis der Fahrtdurchführung und Festlegung, dass die Fahrgastinformation „ein wichtiges Element der Marketingkommunikation des ÖPNV und eine wesentliche Voraussetzung für die Akzeptanz des Angebotes" ist (VDV-Schrift 713, S. 1). Die Betrachtung der Fahrgastinformation als Teil des Marketings sollte kritisch diskutiert werden, um die Durchführung der Reise des Fahrgastes nicht negativ durch andere Aspekte des Marketings zu beeinflussen. • Integration der Fahrgast- und Betriebssicht, u. a. in Form von betrieblichen Anforderungen, z. B. an die Montage oder Vandalismusgefahr (VDV-Schrift 713, S. 5).

VDV-Schrift 720	**Kundeninformationen über Abweichungen vom Regelfahrplan** • Die Mobilitätsinformation im Störungsfall stellt für alle Nutzergruppen eine wichtige Komponente der Fahrgastinformation dar und wird entsprechend der Kundenerwartungen und der Kommunikationskanäle in der VDV-Schrift 720 grundlegend behandelt (VDV-Schrift 720, S. 13–35). • Die VDV-Schrift definiert die Kundenerwartungen an die Mobilitätsinformation unter den Schlagwörtern: „zutreffend, aktuell, schnell, umfassend, selbsterklärend, international verständlich und jederzeit verfügbar" (VDV-Schrift 720, S. 13–14).

Schnittstellen und Hintergrundsysteme

Die Qualität der Mobilitätsinformation ist entscheidend von den technischen Hintergrundsystemen abhängig, die die notwendigen Daten erzeugen, erfassen und aufbereiten, damit diese den Mobilitätsnutzern zur Verfügung gestellt werden können. Für die mobilitätsanbieterübergreifende Information der Mobilitätsnutzer ist zudem ein Austausch von Daten zwischen den Anbietern bzw. die Verknüpfung der Systeme über entsprechende Plattformen notwendig. Im Folgenden wird am Beispiel des öffentlichen Personenverkehrs und relevanter VDV-Schriften und Mitteilungen für die Kommunikationsschnittstellen der Fahrgastinformation der aktuelle Stand der Entwicklungen dargestellt. Diese geben einen ersten Einblick in die technischen Zusammenhänge sowie Möglichkeiten der Systeme.

Tabelle 5: Übersicht der Regelwerke des ÖV - Schnittstellen und Hintergrundsysteme

Regelwerk	Kurzanalyse
VDV-Schrift 453/454	**Ist-Daten Schnittstelle** • Die VDV-Schriften 453 und 454 behandeln den Austausch von Daten und Informationen zwischen den Rechnergestützten Betriebsleitsystemen (RBL) der Verkehrsunternehmen sowie deren Koppelung zur Fahrplanauskunft (VDV-Schrift 453, S. 1; VDV-Schrift 454, S. 1). • Schwerpunkte für den Datenaustausch und damit die Bereitstellung von übergreifenden Informationen sind die Anschlusssicherung, die dynamische Fahrgastinformation, die Visualisierung von Fremdfahrzeugen und der allgemeine Nachrichtendienst für textuelle Botschaften innerhalb der VDV-Schrift 453 (VDV-Schrift 453, S. 5–15). • Innerhalb der VDV-Schrift 454 werden erweiternd der Austausch von Fahrplaninformationen auf Basis von Soll- und Ist-Daten und die Anschlusssicherung definiert (VDV-Schrift 454, S. 24–42).

	• Die Relevanz der VDV 453/454 zeigt sich insbesondere durch das Themenfeld des übergreifenden Datenaustausches und der Datenbereitstellung aus den RBL-Systemen für die nahtlose Reise der Mobilitätsnutzer.
VDV-Mitteilung 7022	**Echtzeitdaten im ÖPNV** • Der Austausch von Echtzeitdaten, über sogenannte Datendrehscheiben und auf Basis der Daten der RBL-Systeme bzw. perspektivisch durch Systeme zur intermodalen Transportsteuerung (itcs) ist Inhalt der VDV-Mitteilung 7022 (VDV-Mitteilung 7022, S. 7). • In Bezug zum Kundennutzen stellt die Mitteilung aktuelle Möglichkeiten und Ansprüche an den Austausch von Informationen über Datendrehscheiben auf Basis der VDV 453/454 dar und setzt die Schwerpunkte auf Datenkonsistenz und Echtzeitdaten (VDV-Mitteilung 7022, S. 14–15). • Behandelt wird zudem der Informationsbedarf der Mobilitätsnutzer entlang der Reise anhand von ausgewählten typischen Fragestellungen (VDV-Mitteilung 7022, S. 24–25).
VDV-Schrift 430, 431-1/2	**Mobile Kundeninformation im ÖV und Echtzeit Kommunikations- und Auskunftsplattform (EKAP)** • Die im Rahmen der VDV-Schriften 430 und 431 (VDV-Schrift 430; VDV-Schrift 431-1; VDV-Schrift 431-2) behandelten Schnittstellen zur mobilen Kundeninformation fokussieren auf die umfängliche Bereitstellung von Informationen entlang der Reise über verschiedene Dienste, Komponenten und Funktionen, z. B. Reiseplanung, Reiseinformation und individuelle Störungsinformation (VDV-Schrift 431-1, S. 12, 30). • Zugrunde liegt eine Systemarchitektur, die die Teilbereiche Fahrzeug, Echtzeit Kommunikations- und Auskunftsplattform (EKAP), Portalsystem und mobiles Kundenendgerät beinhalten. • Die VDV-Schriften sind das Ergebnis einer nutzerorientierten Herangehensweise an die Entwicklung von Schnittstellen und zeigen die Potenziale für eine standardisierte Kommunikation zum Mobilitätsnutzer.
VDV-Schrift 730	**Funktionale Anforderungen an ein itcs** • Das itcs stellt die Fortschreibung der im Rahmen der rechnergestützten Betriebsleitsysteme (RBL) begonnenen technischen Unterstützung der Leitstellen mit Funktionen zur Überwachung und Steuerung des Verkehrs dar (VDV-Schrift 730, S. 14). • Die Schwerpunkte bzgl. der Bereitstellung von Fahrgastinformationen für die Mobilitätsnutzer innerhalb der VDV-Schrift 730 liegen u. a. in den Funktionen: Ortung der Fahrzeuge, Visualisierung des Standortes, Vergleich von Soll- und Ist-Daten, Berechnung von Prognosen und Genauigkeit von Prognosen (VDV-Schrift 730, S. 23–99).

> • Die VDV-Schrift 730 zeigt exemplarisch für den öffentlichen
> Personenverkehr, dass für eine heutige Fahrgastinformation
> komplexe technische Systeme zur Erfassung, Aufbereitung und
> Management des Verkehrssystems notwendig sind.

Internationale Standards für den Datenaustausch von Mobilitätsinformationen

Auf europäischer und internationaler Ebene finden sich vergleichbare Themenschwerpunkte und Herausforderungen für die Mobilitätsinformation. Teilweise gründen sich diese Bestrebungen auf die bereits vorgestellten Branchenstandards des VDV und vereinen das Erfahrungswissen aus verschiedenen Ländern. Diese Standardisierung ist vor dem Hintergrund eines europäischen Mobilitätsraums eine wichtige Grundlage für die übergreifende Mobilitätsinformation in Europa. Die Basis für diesen europäischen Austausch bietet die DIN EN 12896 in der Version 'Transmodel 5.1'[1] (DIN EN 12896:2006). Der europäische Standard enthält ein Framework zur Definition von Datenmodellen und Strukturen für interoperable Systeme zur Bereitstellung von Fahrgastinformation, mit dem Ziel ein übergreifendes Verständnis und gleiche Begrifflichkeiten zu schaffen (DIN EN 12896:2006, S. 10). Basierend auf dem Transmodel Standard zeigt das ‚Service Interface for Real Time Information' (Siri) auf, wie Schnittstellen zum Austausch von Echtzeitdaten aufgebaut werden können (CEN/TS 15531-1, S. 4). Diese Norm basiert u. a. auf den VDV-Schriften 453/454. Weitere relevante Normen und Standards auf europäischer Ebene sind:

- • Identification of Fixed Objects in Public Transport (IFOPT) (CEN/TS 28701),
- • Network and Timetable Exchange (NeTex) (prCEN/TS 278307-1).

Fazit: Stand der Forschung – Normen des öffentlichen Personenverkehrs

Anhand der aufgeführten VDV-Schriften und Mitteilungen wird deutlich, dass die inhaltliche Auseinandersetzung mit den Mobilitätsnutzern zunehmend einen wichtigeren Schwerpunkt ergänzend zu technischen und organisatorischen Themenfeldern einnimmt. Diese Tendenz unterstützen auch die im Rahmen der VDV-Schrift 706 und der VDV-Mitteilungen 7023, 7025 und 7029 durchgeführten Analysen. Die benannten VDV-Schriften und Mitteilungen behandeln einzelne Elemente der Fahrgastinformation und geben situative und spezialisierte Vorgaben und Hinweise zur praktischen Umsetzung. Gemeinsamkeiten finden sich im Rahmen des Aufbaus einer Reise mit unterschiedlichen Stationen, der Wege- oder Reisekette sowie der Ziele der Fahrgastinformation aus Unternehmens- und Nutzersicht.

---

[1] Transmodel wird im Kontext der Systementwicklung für den öffentlichen Personenverkehr zur Referenzierung auf die DIN EN 12896 und von der Norm selbst verwendet (DIN EN 12896:2006).

Aus den nationalen und internationalen Normen und Standards wird deutlich, dass sowohl die technische Realisierung von Steuerungs- und Informationssystemen als auch der Austausch zwischen diesen Systemen eines hohen Abstimmungs- und Umsetzungsaufwandes bedarf. Dabei stehen insbesondere technische Herausforderungen im Fokus. Es zeigt sich eine Diskrepanz zwischen technisch getriebener Notwendigkeit der Anpassung der Systeme und Schnittstellen und dem Ziel, den Informationsbedarf der Nutzer zu decken.

Daraus ergibt sich der Bedarf nach einem Zusammenwirken technischer und nutzerorientierter Lösungsansätze, um die Herausforderungen der Mobilitätsinformation zu bewältigen. Die Erhebung der tatsächlichen Verbesserungspotenziale darf dabei nicht rein technisch getrieben sein, sondern muss von den realen Bedürfnissen der Mobilitätsnutzer ausgehen. Die Reisekette bildet dafür die Struktur, muss aber hinsichtlich des Zusammenwirkens von Nutzer, Aufgabe, Kontext und System (Frese und Brodbeck 1989, S. 101–103) weiter analysiert werden.

1.3.4 Informationskanäle und Hintergrundsysteme

Für die Mobilitätsinformation stehen heutzutage verschiedene technische Systeme zur Verfügung, die den Informationsbedarf der Mobilitätsnutzer mittels unterschiedlicher Informationskanäle decken sollen und die im Hintergrund die notwendigen Informationen für diese Kommunikation erzeugen.

Neben den klassischen papierbasierten Informationsträgern, u. a. Karten, Aushangfahrpläne, Fahrplanbücher, Liniennetzpläne, stehen durch die technologische Weiterentwicklung neue Informationskanäle, wie z. B. Navigationssysteme, mobile Applikationen oder öffentliche interaktive Bildschirme, zur Verfügung (Hörold et al. 2013c, S. 162; Kolski et al. 2011, S. 304). Neben statischen und kollektiven Informationen stellen diese auch individuelle und dynamische Informationen entlang der Reise bereit. Allgemein kann davon ausgegangen werden, dass die Information durch technische Systeme und nicht-technische Informationsträger sich über die Art der Information, die Mobilität und die Adressaten der Information, also statisch bis dynamisch, stationär bis mobil, sowie kollektiv bis individuell, definiert (Norbey et al. 2012, S. 33–35; Hörold et al. 2013c, S. 163).

Für die **Informationskanäle** kann festgestellt werden, dass es sich bei diesen nicht um für die Mobilitätsinformation neu entwickelte Technologien handelt, sondern die Mobilitätsanbieter neu geschaffene Informationskanäle, z. B. sozialen Medien, u. a. veranlasst durch den Wunsch bzw. die Erwartungen der Mobilitätsnutzer, nutzen. Jedoch erfordert die Nutzung dieser Informationskanäle, dass bestehende Konzepte an die Komplexität des Mobilitätsraums angepasst und weiterentwickelt werden. Essenziell ist dabei die Bereitstellung von qualitativ hochwertigen Informationen sowie die

Schaffung entsprechender Schnittstellen und die Weiterentwicklung der bestehenden Hintergrundsysteme.

Als zentrales **Hintergrundsystem** ist im öffentlichen Personenverkehr das sogenannte ‚Rechnergestützte Betriebsleitsystem (RBL)' weitgehend etabliert, welches immer häufiger unter dem vom VDV geschaffenen Begriff ‚itcs – intermodal transport control system' subsumiert wird (Scholz 2012, S. 233) und damit bereits einen Ausblick auf das zukünftige Potenzial eines solchen Systems für den vernetzten Mobilitätsraum gibt. Das RBL beinhaltet u. a. Daten zum Fahrplan sowie der Position der Fahrzeuge und kann zur Steuerung und Information sowie zur Kommunikation zwischen Personen und Teilsystemen, z. B. im Fahrzeug, eingesetzt werden (Scholz 2012, S. 488). Ähnliche Systeme in geringerer Komplexität kommen auch in anderen Mobilitätssystemen zum Einsatz, z. B. um die Standardorte der eignen Fahrzeugflotte zu bestimmen und den Mobilitätsnutzern zu kommunizieren.

Fazit: Stand der Forschung – Informationskanäle und Hintergrundsysteme

Die Vielfalt der Informationskanäle und -medien sowie die gewachsenen Strukturen der Hintergrundsysteme, die nur bedingt flexibel auf neue Entwicklungen angepasst werden können, stellen hinsichtlich der Qualität der Mobilitätsinformation Herausforderung und Chance zugleich dar. Die Hintergrundsysteme eignen sich für die Schaffung einer gemeinsamen Datenbasis und werden vielfältig bereits in diese Richtung entwickelt. Durch diese Weiterentwicklung und die Anzahl der involvierten Interessenshalter, z. B. Verkehrsunternehmen und -verbünde, besteht auch das Potenzial, dass die Konsistenz durch zu viele Informationskanäle für die Ein- und Ausgabe verloren geht. Einzubeziehen ist auch, dass die Beschaffung und der Betrieb solcher Systeme auch mit entsprechend hohem finanziellen Aufwand verbunden sind, der nicht in jeder Region erbracht werden kann. Dies bildet sich zwangsläufig auf die Qualität der Mobilitätsinformation ab. Eine Qualitätsevaluation muss diese Heterogenität berücksichtigen und flexibel auf unterschiedliche Mobilitätssysteme anwendbar sein.

1.3.5 Zusammenfassung und Herausforderungen

Die technischen Grundlagen für die Bereitstellung von Mobilitätsinformation sind durch Weiterentwicklungen allgemein und speziell im Mobilitätsraum bereits geschaffen, sodass auf diesen aufgebaut werden kann. Für die Qualitätsevaluation der Mobilitätsinformation ist dies entscheidend, um Verbesserungspotenziale nicht nur bestimmen, sondern auch umsetzen und die Auswirkungen der eingesetzten Lösungen evaluieren zu können. Einschränkungen sind hier hinsichtlich der regionalen Unterschiede in Deutschland, insbesondere in Abhängigkeit der Struktur der Mobilitätsangebote und -anbieter zu sehen.

Für die Qualitätsevaluation aus Perspektive der Nutzer ist entscheidend, die bestehenden Nutzerklassifikationen zu erweitern und an die Anforderungen einer nutzerzentrierten Weiterentwicklung der Systeme anzupassen. Ausgangsbasis für die Entwicklung von umfänglichen und interdisziplinär verständlichen Nutzerklassifikationen ist der Nutzungsgrund, der sich bereits in verschiedenen Ansätzen zur Klassifikation und in großen Studien, wie z. B. Mobilität in Deutschland 2008 (Follmer 2010), findet.

Die Verfeinerung der abstrakten Qualitätskriterien zu konkreten messbaren Indikatoren, die eine objektive Verbesserung der Mobilitätsinformation ermöglichen, ist die umfänglichste Herausforderung für die Entwicklung des Instrumentariums zur Qualitätsevaluation. Die zuvor beschriebenen Kriterien bilden zwar eine Ausgangsbasis, müssen aber anhand typischer Aufgaben der Nutzergruppen, des Informationsbedarfs und der Vielfalt der Systeme weiterentwickelt und in ein Qualitätsmodell integriert werden.

Aus Sicht der Kunden kann beim aktuellen Stand von Forschung und Praxis, die Herausforderung durch das Verlangen nach einer lückenlosen und medienübergreifenden Information entlang der Reise, bei gleichbleibend hoher Qualität, beschrieben werden. Der Anspruch der Kunden resultiert dabei aus Teilbereichen des Mobilitätsraums, z. B. dem Individualverkehr (Daduna et al. 2006, S. 60; Meier-Leu et al. 2011, S. 13–14) und wird auf andere Bereiche übertragen.

Aus Sicht der Mobilitätsanbieter bilden sich diese Herausforderungen insbesondere hinsichtlich der objektiven Identifikation von Informationslücken und Qualitätsdefiziten unter Einsatz von zielführenden Erhebungsmethoden und auf Basis der aktuellen technischen Möglichkeiten und Rahmenbedingungen ab, ohne die eine Qualitätssteigerung nicht zielgerichtet erfolgen kann.

1.4 Forschungsziel

Der aktuelle Stand von Forschung und Praxis zeigt, dass der nutzerzentrierten Mobilitätsinformation im Kontext der vernetzten Mobilität eine steigende Bedeutung zu kommt. Sich verändernde Erwartungen der Nutzer und sich weiterentwickelnde technische Möglichkeiten führen dazu, dass die Mobilitätsinformation von der Datengewinnung bis zur Kommunikation an den Mobilitätsnutzer an Komplexität zunimmt. Das vorhandene Wissen über nutzerzentrierte Mobilitätsinformation zu erweitern und Werkzeuge bereitzustellen, die aktuell und zukünftig in der Lage sind

- die Qualität der Mobilitätsinformation zu bestimmen sowie

- die Entwicklung und Evaluation von Mobilitätsinformationssystemen zu unterstützen, ist grundlegende Motivation und Ziel dieser Arbeit. Somit soll in Zukunft der Zugang zur Mobilität erleichtert und Nutzungshürden, z. B. durch Informationslücken, abgebaut werden. Für dieses Ziel stehen bereits grundlegende Ergebnisse und Methoden aus Forschung und Praxis zur Verfügung, die weiter verfeinert werden müssen. Forschungsbedarf besteht insbesondere hinsichtlich der:

- Lücken im Untersuchungsgegenstand der Mobilitätsinformation,
- Operationalisierung der Merkmale,
- Methoden zur systematischen und nutzerzentrierten Qualitätsevaluation.

Dies zeigt sich auch in der grundlegenden Betrachtung der Mobilitätsnutzer, für die zwar bereits Studien vorliegen, diese aber nicht hinreichend in differenzierte Nutzergruppenbeschreibungen überführt wurden. Der Einsatz dieser Beschreibungen zur Ermittlung des Informationsbedarfs der Mobilitätsnutzer und der Messung der Qualität ist weitgehend unbekannt oder erfolgt punktuell, ohne den Gesamtprozess der Reise und seine Rahmenbedingungen zu berücksichtigen. Vor dem Hintergrund der technischen Vielfalt und Weiterentwicklung mobiler und anderer Technologien ist ein nutzerzentrierter Ansatz, der die Anforderungen der Mobilitätsnutzer integriert, wie dies klassisch im Usability Engineering der Fall ist und in der DIN EN ISO 9241-210 dargestellt wird (DIN EN ISO 9241-210, S. 15), zwingende Ausgangsbasis für die Entwicklung eines Instrumentariums zur Qualitätsmessung.

Für diese Arbeit kann das Forschungs- und Entwicklungsziel in drei Bereiche eingeteilt werden:

- Entwicklung eines Qualitätsmodells für Mobilitätsinformation,
- Bestimmung der Qualitätsmerkmale unter Berücksichtigung des Nutzungskontextes,
- Entwicklung eines Methodensets zur Qualitätsevaluation der Mobilitätsinformation.

Übergeordnetes Ziel dieser Arbeit ist die Entwicklung eines Instrumentariums zur Qualitätsevaluation von Mobilitätsinformation, das es ermöglicht:

- Verbesserungspotenziale in bestehenden Mobilitätssystemen zu identifizieren,
- neue Informationssysteme zu entwickeln,
- die Auswirkungen der Integration neuer Mobilitätsangebote zu evaluieren,
- weiterführende Forschungsschwerpunkte abzuleiten.

Mit dem entwickelten Instrumentarium erhalten Mobilitätsanbieter und Entwickler Methoden und Werkzeuge, um den Stand der Mobilitätsinformation zu evaluieren und Verbesserungspotenziale in unterschiedlichen Detailstufen zu identifizieren. Auf diese

Weise soll die Qualität der Mobilitätsinformation aus Sicht der Mobilitätsnutzer verbessert werden, um diese zielgerichteter entlang der Reise von Tür zu Tür zu informieren und lückenlos begleiten zu können.

Grundlage für die Bestimmung der Qualität ist ein Qualitätsmodell mit entsprechenden
Merkmalen und Kriterien. Ergänzend zur Entwicklung des gesamten Instrumentariums
zur Qualitätsevaluation, sollen einzelne Werkzeuge in einem nutzerorientierten Ent-
wicklungsprozess eingesetzt werden können, um die notwendigen Informationen für
Entwickler und Mobilitätsanbieter bereits in einem frühen Entwicklungsstadium zur
Verfügung zu stellen. In diesem Sinne soll auch eine intensive Auseinandersetzung mit
dem Nutzungskontext entsprechend der Definition des Usability Engineerings
(DIN EN ISO 9241-210, S. 15) erfolgen.

Forschungsleitende Fragen lassen sich insbesondere durch die der Qualitätsevaluation
innewohnenden zentralen Herausforderungen benennen und stehen in engem Bezug zu
den drei Bereichen dieser Arbeit:

- Welche Qualitätsmerkmale bestimmen die nutzerorientierte Qualität der Mobilitätsinformation und welche Schlüsse können aus diesen für die Weiterentwicklung und Verbesserung der Mobilitätsinformation gezogen werden?

- Wie beeinflusst der Nutzungskontext die Bestimmung der Qualität der Mobilitätsinformation und welche typischen Herausforderungen können in Verbindung mit dem Nutzungskontext abgeleitet werden?

- Welche Erhebungsmethoden können für eine objektive Evaluation der Mobilitätsinformation mit dem Ziel der Identifikation von Verbesserungspotenzialen
in verschiedenen Detailstufen eingesetzt werden?

1.5 Aufbau und Inhalt

Aufbauend auf der Motivation, dem Stand der Forschung und der Definition des Forschungsziels im Kapitel 1 wird in den folgenden sieben Kapiteln schrittweise das Instrumentarium zur Qualitätsevaluation von Mobilitätsinformation entwickelt, evaluiert
und diskutiert sowie am Fallbeispiel des öffentlichen Personenverkehrs gespiegelt.

Entsprechend der zuvor definierten Forschungsziele beginnt die Entwicklung des Instrumentariums im Kapitel 2 mit einer Betrachtung der theoretischen Grundlagen der
Mobilität, insbesondere in den Bereichen Mobilitätsausprägung, Rejsekette und Mobilitätsinformation. Die daraus gewonnenen Perspektiven der Mobilität ermöglichen ein
grundlegendes Verständnis der Komplexität des Anwendungsfeldes als Voraussetzung
für die Definition des Qualitätsmodells in Kapitel 5. Das Qualitätsmodell für die
Mobilitätsinformation stellt einen Schwerpunkt der Entwicklung des Instrumentariums
dar und ist Voraussetzung für die Operationalisierung der Qualitätsmerkmale und

Entwicklung der Evaluationsmethoden. Das Qualitätsmodell basiert auf der Analyse des aktuellen Standes der Forschung und auf eigenen empirischen Untersuchungen.

Resultierend aus dem Qualitätsmodell folgt am Fallbeispiel eine detaillierte Analyse des Nutzungskontextes, unter dem das Qualitätsmodell Anwendung findet. Im Ergebnis dieser Analyse in Kapitel 4 stehen, neben den konkreten Beispielen für u. a. typische Mobilitätsnutzer, Aufgaben und Informationssysteme, auch die angewendeten Methoden als Grundlage für die nutzerorientierte Entwicklung. Auf Basis des Qualitätsmodells und dem zuvor definierten Nutzungskontext werden Qualitätsmerkmale definiert und Methoden entwickelt, die aufzeigen, wie das Modell operationalisiert und Informationsinhalte, -fluss und Systemgestaltung bestimmt werden können.

Kapitel 6 beinhaltet die eigentliche Entwicklung und Definition des Instrumentariums zur Qualitätsevaluation von Mobilitätsinformation basierend auf den zuvor ermittelten Anforderungen. Der Entwicklung folgt die Anwendung in zwei Mobilitätsräumen sowie die Evaluation des Instrumentariums auf Basis der Anwendungsergebnisse. Übergreifend erfolgt die Zusammenfassung der Evaluationsergebnisse in Kapitel 7 als typische Herausforderungen der Mobilitätsinformation im öffentlichen Personenverkehr und leitet zum abschließenden Fazit mit Zusammenfassung, Diskussion und Empfehlungen sowie Forschungsperspektiven in Kapitel 8 über. Der Aufbau der Arbeit ist in Abbildung 3 dargestellt.

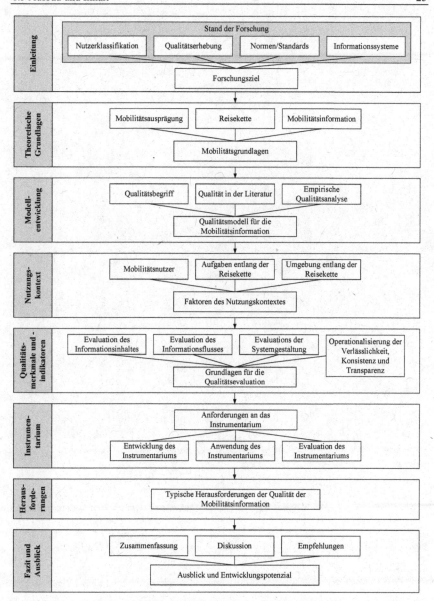

Abbildung 3: Aufbau und Inhalte der Arbeit

2. Perspektiven der Mobilität

Vorgehen	Methoden	
	analytisch	empirisch
...		
Analyse der Mobilität	Definition des Mobilitätsraums	
	Analyse der Reisekette	
	Definition des Informationsraums	

Abbildung 4: Vorgehen zur systematischen Analyse der Perspektiven der Mobilität

Ausgehend von einer Analyse der Bestandteile der Mobilität, auf Basis der bisherigen wissenschaftlichen und praktischen Auseinandersetzung nach dem Ansatz von Krannich (Krannich 2010, S. 19ff), erfolgt in diesem Kapitel die Ableitung der Definition des Mobilitätsraums und des Informationsraums mit dem Ziel der Entwicklung eines Ebenenmodells als Basis für die nutzerorientierte Entwicklung des Qualitätsmodells. Die Reisekette als Systematisierung der Reise der Mobilitätsnutzer von Tür zu Tür in einem vernetzten Mobilitätsraum wird hinsichtlich ihres generischen Potenziales für die Strukturierung der Qualitätsanalyse und des Aufbaues des Instrumentariums analysiert und weiterentwickelt. Das Ergebnis dieses Kapitels bildet die Analyse und Definition des Untersuchungsobjektes aus verschiedenen Perspektiven.

2.1 Begriffsklärung Mobilität

Für die vernetzte Mobilität, die gesellschaftliche Bereitstellung von Fortbewegungsmitteln und Infrastruktur sowie die Entwicklung von Informationskonzepten für intermodale und multimodale Reiseketten, ist das Verständnis über den Begriff der Mobilität wichtige Grundvoraussetzung. Die Definition des Begriffs Mobilität, obwohl Teil des alltäglichen Wortgebrauches (Scholze-Stubenrecht 2006, S. 697), ist durch die Vielfältigkeit der innewohnenden Bedeutungen hingegen schwierig.

Die Herkunft des Worts Mobilität vom lateinischen mobilis = beweglich (Scholze-Stubenrecht 2006, S. 697) zeigt die grundlegende Bedeutung des Wortes auf. Die Form der Beweglichkeit, z. B. physisch, geistig oder sozial, ist jedoch vom Kontext, in dem der Begriff genutzt wird, abhängig.

Die Herausforderung den Begriff Mobilität zu definieren und die dadurch entstehende Problematik, beschreiben Kristoffersen und Ljungberg unter der Fragestellung ‚Was ist Mobilität?', wie folgt:

„Mobility is one of those words that are virtually impossible to define in a meaningful way. You either come up with a definition that excludes obvious instances, or your definition is to too vague; it fails to shed light on important aspects. At the same time we all have a feeling of what it means" (Kristoffersen und Ljungberg 1999, S. 271).

Ausgehend von der durch Kristoffersen und Ljungberg beschriebenen Problematik stellt Krannich (Krannich 2010, S. 19ff) unterschiedliche Definitionen des Begriffs Mobilität gegenüber mit dem Ziel, den Mobilitätsbegriff für mobile Systeme auf Basis verschiedener Definitionen und unter Extraktion zentraler Begriffe zu definieren. Im Ergebnis unterscheidet Krannich zwischen der realen physischen Mobilität sowohl der Nutzer als auch der technischen Systeme und der digitalen Mobilität der Nutzer und der Information (Krannich 2010, S. 31).

Auf Basis des Ansatzes von Krannich (Krannich 2010, S. 19ff) kann der Mobilitätsbegriff im Kontext dieser Arbeit unter der Einschränkung der Anwendbarkeit auf andere Kontexte, wie sie von Kristoffersen und Ljungberg dargestellt werden, genauer analysiert werden.

Für den Begriff Mobilität definieren **Kristoffersen und Ljungberg** die drei Tätigkeiten ‚Travelling‘, ‚Visiting‘ und ‚Wandering‘, die die Bewegung des Nutzers charakterisieren (Kristoffersen und Ljungberg 1999, S. 272–273). Dabei verstehen diese unter dem ersten: „Travelling is the process of going from one place to another in a vehicle. [...] The travelling person can either drive the vehicle or be a passenger" (Kristoffersen und Ljungberg 1999, S. 272). Ergänzend definieren Kristoffersen und Ljungbergb ‚Visiting‘ als „Visiting is spending time in one place for a temporal period of time before moving on to another place" (Kristoffersen und Ljungberg 1999, S. 273) und ‚Wandering‘ als „Wandering is extensive local mobility in a building or local area. A wandering person spends much time walking around" (Kristoffersen und Ljungberg 1999, S. 273).

Roth definiert den Begriff der Mobilität allgemein unter den Gesichtspunkten der Reise und der Kommunikation. Nutzer „[...] legen zum Teil weite Strecken auf dem Weg zur Arbeit, auf Dienstreisen und in der Freizeit zurück. Während der Reise möchten wir oft erreichbar bleiben oder andere Personen erreichen, außerdem wollen wir die Reisezeit produktiv nutzen" (Roth 2005, S. XL).

Kakihara und Sørensen formulieren den Begriff Mobilität hinsichtlich der drei Dimensionen Raum, Zeit und Kontext in Beziehung zur menschlichen Interaktion und betonen den sozialen Aspekt der Mobilität als Erweiterung der klassischen Fokussierung auf die physische Mobilität alleine (Kakihara und Sørensen 2001, S. 33ff).

Die reale physische Mobilität definiert **Krannich** für den Nutzer als „ [...] temporäre physische Raumüberwindung oder körperliche Bewegung" (Krannich 2010, S. 31). Im

Gegensatz dazu definiert Krannich die digitale Mobilität des Nutzers als „Bewegung im virtuellen Raum durch ICT" (Krannich 2010, S. 31).

Ausgehend von den grundlegenden Überlegungen von **Zierer und Zierer** „[...] ist Mobilität etwa gleichzusetzen mit ‚Flexibilität'. Diese beinhaltet die Existenz von mehreren Alternativen, die gleichrangig nebeneinanderstehen und aus denen ausgewählt werden kann" (Zierer und Zierer 2010, S. 19). Basierend auf dieser grundlegenden Annahme kommen Zierer und Zierer zu dem Schluss, dass diese Definition alleine nicht ausreicht, um Mobilität hinreichend zu beschreiben (Zierer und Zierer 2010, S. 19). Mobilität hingegen wird erst durch die Verknüpfung mit Attributen inhaltlich definiert, sodass von sozialer, informationeller und räumlich-zeitlicher Mobilität ausgegangen werden muss (Zierer und Zierer 2010, S. 19–25).

Flade hingehen sieht Mobilität und damit Beweglichkeit als „eine Eigenschaft von Lebewesen. [...] Im weiteren Sinne wird Mobilität als Persönlichkeitseigenschaft verstanden, wobei Mobilität Beweglichkeit, Flexibilität und Offenheit für neue Erfahrungen bedeutet" (Flade 2013, S. 17).

Nach **Stopka und Scholz** stellt die Mobilität als Grundbedürfnis der Menschen ein zentrales Element in der Gesellschaft dar (Stopka 2012, S. 9, Scholz 2012, S. 9, S. 361). Um dieses Grundbedürfnis zu befriedigen, stehen verschiedene Verkehrsmittel und Möglichkeiten, vom Laufen über das Auto oder das Fahrrad bis hin zu Bussen, Bahnen und Flugzeugen zur Verfügung, die immer weiter vernetzt werden.

Die unterschiedlichen Definitionen zeigen, selbst unter den eng gesetzten Rahmenbedingungen für die Auswahl der angeführten Definitionen, dass die Mobilität aus unterschiedlichen Perspektiven betrachtet werden kann und die daraus resultierende Definition diese Vielschichtigkeit widerspiegeln muss. In Tabelle 6 sind die Kernaussagen als Grundlage für die Definitionsfindung aufgeführt.

Aus den angeführten Definitionen werden drei Strömungen deutlich, die hinsichtlich der Mobilität berücksichtigt werden müssen. Dies sind die räumliche Bewegung des Mobilitätsnutzers selbst, die Bewegung mit einem Fahrzeug oder Verkehrsmittel und die Erweiterung der physischen Mobilität durch technische Mittel. In allen Ausprägungen muss dies unter Berücksichtigung des physischen und sozialen Kontexts erfolgen.

Unterschiede sind insbesondere hinsichtlich der persönlichen Mobilität des Nutzers, mit oder ohne Unterstützung von Verkehrsmitteln und der Erweiterung der Mobilität mithilfe technischer Systeme zu sehen. Diese Unterschiede beziehen sich jedoch primär auf unterschiedliche Ausprägungen und Umsetzungen bestimmter Einflussfaktoren, beispielsweise der Infrastruktur. Die reale Bewegung des Nutzers setzt voraus, dass die Verkehrsinfrastruktur und Verkehrsmittel für die persönliche Bewegung zur Verfügung stehen. Im Vergleich dazu bedeutet Infrastruktur für die virtuelle Bewegung, dass die notwendigen technischen Netzwerke und Zugangsmöglichkeiten bereitgestellt werden, die eine informationelle Mobilität ermöglichen. Abbildung 5 zeigt relevante Einflussfaktoren für die drei Strömungen, definiert über Verkehrsmittel, Nutzer und Technik.

Tabelle 6: Schlüsselbegriffe für die Definition des Begriffes Mobilität im Kontext des ÖV

Quelle	Kernaussage
Kristoffersen & Ljungbergb, 1999	Prozess für die Bewegung von einem Punkt zum anderen mit oder ohne Fahrzeug.
Roth, 2005	Überwindung weiter Strecken zu festgelegten Zwecken unter Sicherstellung der Erreichbarkeit
Kakihara & Soerensen, 2001	Klassische physische Mobilität wird durch Interaktion und den sozialen Kontext erweitert.
Krannich, 2010	Temporäre physische Raumüberwindung oder Bewegung im virtuellen Raum
Zierer & Zierer 2010	Mobilität wird über Attribute definiert, sodass zwischen sozialer, informationeller und räumlich-zeitlicher Mobilität unterschieden werden kann.
Flade, 2013	Mobilität ist eine Eigenschaft der Nutzer und zeichnet sich u. a. durch die Flexibilität und Offenheit aus.
Scholz, 2012; Stopka, 2012	Mobilität ist ein Grundbedürfnis für dessen Befriedigung verschiedene (Verkehrs-)Mittel zur Verfügung stehen.

Neben der Infrastruktur als Kernelement für räumliche und virtuelle Bewegung ist für die drei Strömungen relevant, welches Ziel bzw. welcher Zweck verfolgt wird. Dieses Element für die Definition der Mobilität resultiert primär aus dem Verlangen der Nutzer nach Mobilität, u. a. für die persönliche Entfaltung, erzeugt durch einen Grund oder ein Bedürfnis (Verband Deutscher Verkehrsunternehmen 2012, S. 22). Fokussiert auf die Verkehrsmittel kann dieser Zweck auch die gesellschaftliche Bereitstellung sowie das Ziel einer mobilen Gesellschaft und die Daseinsfürsorge beinhalten (Lott 2008, S. 29–31). Dies lässt sich auch auf die Mobilität als virtuelle Bewegung übertragen, die sich insbesondere als Ersatz, Ergänzung oder Voraussetzung zur räumlichen Bewegung definiert.

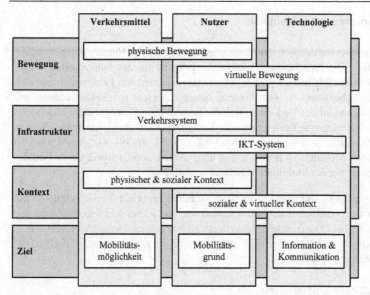

Abbildung 5: Auswirkungen identifizierter Kernaussagen auf die Teilbereiche Nutzer, Verkehrsmittel und Technik

Die Bereitstellung und Nutzung individueller, öffentlicher oder virtueller Mobilitätsformen erfordert in den meisten Fällen die Interaktion mit technischen Systemen, anderen Nutzern oder Personen. Der soziale Kontext, in dem diese Interaktion, sowohl real als auch virtuell durchgeführt wird, beeinflusst in vielen Fällen die Handlungen der Nutzer sowie die Nutzungsmöglichkeiten.

Für diese Arbeit, unter spezieller Fokussierung auf Mobilität von Menschen im Kontext des physischen Mobilitätsraums, kann als Definition für den Begriff Mobilität und unter Integration der Bereiche Nutzer, Verkehrsmittel und Technik, folgende Definition festgehalten werden:

Mobilität beschreibt die physische Bewegung des Nutzers in realen Umgebungen zur Befriedigung von Bedürfnissen mithilfe von individuellen oder kollektiven Fortbewegungsmitteln. Der soziale und physische Kontext in seinen verschiedenen Ausprägungen beeinflusst die Mobilität des Nutzers und des Fortbewegungsmittels. Technische Systeme unterstützen diese Mobilität durch die Bereitstellung von Informationen und Kommunikationsmöglichkeiten.

2.2   Ausprägungen der Mobilität

Die Mobilität kann hinsichtlich der räumlichen Bewegung des Nutzers unterschiedlich
ausgeprägt sein. Die Entscheidung, welche Ausprägung für den individuellen Nutzer
das Mobilitätsbedürfnis befriedigt, hängt von einer Vielzahl von Faktoren ab, die sich
im Laufe des Lebens und für verschiedene Altersgruppen unterscheiden können und
u. a. die Verfügbarkeit der Verkehrsmittel, die persönlichen Gewohnheiten und Priori-
täten, die zurückzulegende Entfernung oder verfügbare Zeit, aber auch finanzielle und
gesellschaftliche Einflüsse beinhalten (Kroj 2002, S. 31, 36-39). Für den Wandel zu
einer vernetzten Mobilität ist die Kenntnis über diese Faktoren sowie deren Einfluss
auf die Veränderung des Mobilitätsverhaltens unabdingbar.

Die Existenz eines Grundbedürfnisses nach Mobilität, in seiner Vielschichtigkeit auf
individueller und gesellschaftlicher Ebene, ist, wie von Zierer und Zierer (Zierer und
Zierer 2010, S. 28–29) dargestellt, kontrovers zu betrachten. Dennoch besteht eine „
[...] Dringlichkeit und Notwendigkeit der Mobilität in der modernen Gesellschaft"
(Zierer und Zierer 2010, S. 29).

2.2.1   Modell des Mobilitätsraums

Mobilität kann auch verstanden werden als die Flexibilität aus Alternativen auswählen
zu können, um die individuelle Mobilität zu gestalten (Zierer und Zierer 2010, S. 19).
Die Mobilität „beschreibt dann eine geistige Beweglichkeit, einen Mobilitätsraum, der
als Möglichkeitsraum zu verstehen ist." (Zierer und Zierer 2010, S. 19).

Die Ausgestaltung dieses Mobilitäts- oder Möglichkeitsraumes ist nach Canzler und
Knie mehrdimensional ausgelegt und beinhaltet sowohl eine physische Ebene, die die
Beweglichkeit begrenzt, als auch eine geistige und soziale Ebene, die das Vermögen,
die Mobilität in die individuellen und gesellschaftlichen Denkprozesse zu integrieren,
beinhaltet (Canzler und Knie 1998, S. 30–31).

Abbildung 6 zeigt für den physischen Mobilitätsraum anhand der drei Ebenen Mobilitätsrahmenbedingungen, Mobilitätsangebote und Mobilitätsgeschehen, die Ausgestaltung dieses Möglichkeitsraums.

Die physische Mobilität im Mobilitätsraum kann durch Rahmenbedingungen sowie die
Fähigkeiten und Eigenschaften der Mobilitätsnutzer zwar in seiner räumlichen Ausprägung begrenzt sein, der Mobilitätsraum selbst kann hinsichtlich seiner Definition
nicht in diese engen Grenzen gefasst werden. In Hinblick auf die Angebote können
diese räumlichen Grenzen gegebenenfalls nur im Zusammenspiel überwunden werden.
Der Mobilitätsraum bildet sich international, national, regional sowie kommunal und
lokal über die drei Ebenen ab.

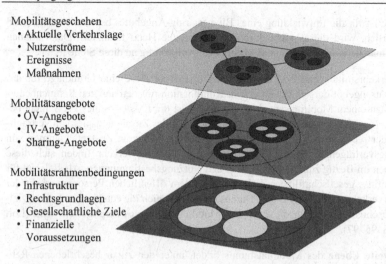

Mobilitätsgeschehen
* Aktuelle Verkehrslage
* Nutzerströme
* Ereignisse
* Maßnahmen

Mobilitätsangebote
* ÖV-Angebote
* IV-Angebote
* Sharing-Angebote

Mobilitätsrahmenbedingungen
* Infrastruktur
* Rechtsgrundlagen
* Gesellschaftliche Ziele
* Finanzielle
  Voraussetzungen

Abbildung 6: Ebenen des Mobilitätsraums

Die **erste Ebene** des Mobilitätsraums ist gekennzeichnet durch die Rahmenbedingungen, die definiert werden durch:

* die Infrastruktur und die Verkehrsmittel,

* rechtliche Vorgaben,

* finanzielle Voraussetzungen und Einschränkungen,

* gesellschaftliche Ziele.

Die von Canlzer und Knie beschriebene geistige und soziale Ebene findet sich insbesondere in den gesellschaftlichen Rahmenbedingungen wieder, die die Unterstützung der Flexibilität der Mobilitätsnutzer beinhalten (Canzler und Knie 1998, S. 30–31). Daraus ergibt sich, dass in der ersten Ebene die grundlegende Voraussetzung für die Entwicklung eines Mobilitätsangebotes geschaffen wird. Für ein Straßenbahnangebot sind dies u. a. die:

* Schaffung der Schieneninfrastruktur und Beschaffung geeigneter Verkehrsmittel,

* Erfüllung rechtlicher Maßgaben, u. a. festgehalten in der Verordnung über den Bau und Betrieb der Straßenbahnen (BOStrab, vom 11.12.1987),

* Bereitstellung ausreichender finanzieller Mittel, die bei öffentlichen Betrieben auch von der gesellschaftlichen Zielstellung abhängt.

Letztere ist für die Entwicklung eines Bike-Sharing-Angebotes bspw. nicht zwingend erforderlich, wird dieses nicht durch die öffentliche Hand finanziert. Dann können bspw. finanzielle Interessen und Zielstellungen vollständig an diese Stelle treten.

Die Verkehrsmittel sind Teil der untersten Ebene, da diese eine Grundlage für das Mobilitätsangebot darstellen und erst in Kombination mit den anderen Rahmenbedingungen zu einem Mobilitätsangebot werden. So ist die Existenz eines PKW nicht bereits ein Car-Sharing-Angebot. Dies wird erst durch das Zusammenspiel von vertraglichen oder rechtlichen Vorgaben, z. B. zur Nutzung oder zum Zustandekommen von Nutzungsverträgen, geschaffen. Im öffentlichen Personenverkehr finden sich diese Vorgaben im Bezug zum Nutzer, u. a. in den Nutzungsbestimmungen. Als Beispiel für den Einfluss gesellschaftlicher Ziele kann aus dem öffentlichen Personenverkehr der Schülerverkehr angeführt werden. Daraus ergibt sich auch die entsprechende finanzielle Bezuschussung, die für diese Art des Mobilitätsangebotes bereitgestellt wird (Lott 2008, S. 95–97).

Die **zweite Ebene** des Mobilitätsraums bildet, unter den zuvor beschriebenen Rahmenbedingungen, die Mobilitätsangebote ab. Mobilitätsangebote können dabei auch einen Verbund bilden, der bspw. von einem Mobilitätsanbieter angeboten wird. Ein allgemeines Zusammenwirken der Mobilitätsangebote, insbesondere für die Schaffung eines vernetzten Mobilitätsraums, ist auch von den entsprechenden Knotenpunkten auf Ebene der Infrastruktur abhängig.

Dabei kann zwischen Mobilitätsangeboten unterschieden werden, die auf Basis von individuellen Verkehrsmitteln Mobilität ermöglichen und auf Basis von öffentlichen Verkehrsmitteln und –systemen. Neue Entwicklungen von Mobilitätsangeboten, u. a. Bike- und Car-Sharing, bewegen sich an der Grenze dieser traditionellen Einteilung.

Die **dritte Ebene** des Mobilitätsraums bildet das aktuelle Geschehen unter Berücksichtigung der räumlichen Grenzen und Schnittpunkte der Mobilitätsangebote ab. Das Mobilitätsgeschehen beinhaltet neben den auf den Mobilitätsrahmenbedingungen basierenden Mobilitätsangeboten insbesondere auch die externen Einflüsse auf die Mobilität, u. a. verursacht durch den physischen und sozialen Kontext. Dabei ist für den Mobilitätsraum nicht die Ursache der Störung oder das Ereignis selbst relevant, sondern die Auswirkungen, die dies auf das Mobilitätsgeschehen hat. Neben Ereignissen können auch Eingriffe der Mobilitätsanbieter z. B. durch dispositive Maßnahmen, das Mobilitätsgeschehen verändern. Der Vergleich zwischen geplanter und tatsächlicher Mobilität hingegen ist nicht Aufgabe des Mobilitäts-, sondern des Informationsraums und der entsprechenden Systeme. Die Planung selbst ist Teil der Mobilitätsangebote, da diese nicht das Mobilitätsgeschehen, sondern das Angebotsspektrum widerspiegeln.

Nutzerseitig ermöglicht der Mobilitätsraum erst die individuelle geistige Flexibilität für die Ausprägung eines Nutzungsverhaltens (Canzler und Knie 1998, S. 30–31). Das

Nutzungsverhalten selbst wird nach Flade zusätzlich von den Lebensphasen geprägt (Flade 2013, S. 117). Daraus kann geschlossen werden, dass die Auswahl aus den Mobilitätsangeboten, trotz eines ggf. großen Möglichkeitsraums, durch die Ausprägung des Mobilitätsverhaltens bestimmt wird.

Resultierend kann der Mobilitätsraum definiert werden als der Möglichkeitsraum des Mobilitätsnutzers, der durch physische, rechtliche, finanzielle und gesellschaftliche Rahmenbedingungen geschaffen, begrenzt und gestaltet wird. Der Mobilitätsraum beinhaltet eine Vielfalt von Mobilitätsangeboten, die die Mobilitätsnutzer basierend auf dem eignen Nutzungsverhalten und unter Einfluss der sozialen und gesellschaftlichen Rahmenbedingungen zur Befriedigung des Mobilitätsbedürfnisses nutzen können. Die Mobilitätsangebote sowie deren Nutzung prägen das Mobilitätsgeschehen, das wiederum den Möglichkeitsraum verändert.

2.2.2 Nutzer im Mobilitätsraum

Der Mobilitätsraum lässt sich durch den Mobilitätsnutzer als Möglichkeitsraum betrachten (Zierer und Zierer 2010, S. 19). Beginnt der Mobilitätsnutzer seine Mobilität, wird dieser Teil des Mobilitätsraums und trägt durch die Nutzung selbst zum Mobilitätsgeschehen bei. Vereinfacht kann der Mobilitätsraum dann aus Nutzersicht in die Ebenen Mobilitätsnutzung, Mobilitätsangebote, Mobilitätsinfrastruktur eingeteilt werden.

Dabei bilden sich die Rahmenbedingungen in den Mobilitätsangeboten ab und die Infrastruktur stellt die physische Basis, in deren Rahmen sich die Mobilität des Nutzers bewegt.

Neben der Verfügbarkeit wird die Auswahl der Mobilitätsangebote u. a. durch die Gewohnheiten und das Nutzungsverhalten beeinflusst (Flade 2013, S. 117) und stellt auf Ebene der Mobilitätsangebote somit eine Auswahl der Angebote dar, die der Mobilitätsnutzer bereit ist zu nutzen und für die der Mobilitätsnutzer, bspw. durch einen Führerschein oder eine Fahrkarte, zur Nutzung berechtigt ist.

Das Mobilitätsgeschehen selbst umgibt den Mobilitätsnutzer während der Mobilitätsnutzung in Form des Nutzungskontextes (DIN EN ISO 9241-110, S. 6). Dieser wird durch die physische und die soziale Umgebung, z. B. in Form von anderen Mobilitätsnutzern oder auch Nicht-Nutzern charakterisiert. Gleichzeitig wird der Mobilitätsnutzer durch die Teilnahme am Mobilitätsgeschehen für andere Mobilitätsnutzer zum Nutzungskontext.

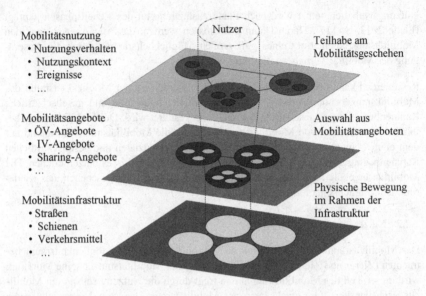

Abbildung 7: Durchdringung des Mobilitätsraums aus Nutzersicht

Aus Nutzerperspektive sind sowohl der Nutzungskontext als auch das Mobilitätsgeschehen nur insoweit relevant, wie diese die Mobilitätsnutzung der einzelnen Mobilitätsnutzer beeinflussen.

In diesem Zusammenhang kennzeichnet der Mobilitätsraum den individuellen Möglichkeitsraum, in dem sich der Nutzer bewegt und den dieser durch die Nutzung beeinflusst. Die Grenzen definieren sich durch das Nutzungsverhalten, die Auswahl der Angebote sowie die Infrastruktur.

2.2.3   Teilbereiche der vernetzten Mobilität

Innerhalb des Mobilitätsraums finden sich individuelle und öffentliche Mobilitätsangebote mit unterschiedlichen Nutzungsbedingungen und -voraussetzungen. Die Vernetzung dieser Angebote bedingt auch, die Bestandteile hinsichtlich ihrer Gemeinsamkeiten und Unterschiede zu analysieren und somit ein Verständnis für die unterschiedlichen Ausprägungen innerhalb des Mobilitätsraums sowie an den Übergängen zu gewinnen.

Individuelle Mobilität

Die individuelle Mobilität ist in einer vernetzten Mobilität die Voraussetzung, um individuelle Ziele und Orte zu erreichen und sollte als Möglichkeit betrachtet werden, die Mobilität intermodal zu gestalten und gemeinsame sowie individuelle Wege zu ermöglichen. Insbesondere für die sog. erste und letzte Meile, also den Weg zur Haltestelle und von der Haltestelle zum Ziel, stellen individuelle Mobilitätsmöglichkeiten eine Voraussetzung für die Nutzung des öffentlichen Personenverkehrs dar.

Für Deutschland zeigt die Studie Mobilität in Deutschland 2008, das 84% der Personenkilometer (PKM) mit individuellen Mobilitätsangeboten zurückgelegt werden und 16% mit öffentlichen Verkehrsmitteln (Follmer 2010, S. 21). Dies zeigt, dass aktuell die individuelle Mobilität im Mobilitätsraum einen hohen Stellenwert einnimmt. Im Vergleich zum Jahr 2002 kann bei der Nutzung des motorisierten Individualverkehrs jedoch ein leichter Rückgang bzw. eine Stagnation und für die öffentlichen Verkehrsmittel eine leichte Zunahme festgestellt werden (Follmer 2010, S. 21,). Der demografische Wandel und die fortschreitende Veränderung in ländlichen Räumen (Kindl et al. 2012, S. 5–7; Follmer 2010, S. 168–169) sowie die damit häufig verbundene Veränderung (Bormann et al. 2010, S. 18–19) und Ausdünnung des öffentlichen Personenverkehrs (Kindl et al. 2012, S. 7–9) erfordern neue Konzepte zur Verknüpfung von individuellen und öffentlichen Mitteln der Mobilität. Durch eine solche Kombination kann ein Grundbedürfnis nach Mobilität, sofern ein solches gesellschaftliches Ziel ist, auch hinsichtlich der neuen Herausforderungen des demografischen Wandels erfüllt werden.

Ausprägungen der individuellen Mobilität sind in Anlehnung an die Studie Mobilität in Deutschland 2008 (Follmer 2010, S. 17):

- Fortbewegung zu Fuß,
- Fahrräder,
- Automobile und Krafträder.

Dabei stellt die Fortbewegung zur Fuß, wenn sie als Teil der Nutzung bzw. des Zugangs zu anderen Mobilitätsangeboten gesehen wird, eine besondere Mobilitätsform dar. Innerhalb des öffentlichen Personenverkehrs entstehen Fußwege insbesondere an Haltestellen und Bahnhöfen, also den Übergängen zwischen den Verkehrsmitteln. Diese Übergänge sowie die Zu- und Abgänge werden bereits zunehmend in die Informationskonzepte eingebunden und können als Beispiel für die Vernetzung von Mobilitätsangeboten gesehen werden.

Hinsichtlich der individuellen motorisierten Mobilität kann zwischen Fahrendem und Mitfahrendem unterschieden werden. Automobile und Krafträder sind Teil der Gruppe des motorisierten Individualverkehrs (MIV), zu der auch Lastkraftwagen zählen (Follmer 2010, S. 17). Diese besitzen an der Mobilität im Sinne des Personenverkehrs jedoch nur einen geringen Anteil und werden demnach im Folgenden nicht separat betrachtet.

Die individuelle Mobilität zeichnet sich im Kontrast zur öffentlichen und kollektiven Mobilität mit Mitteln des Personennah- und -fernverkehrs, insbesondere hinsichtlich der Flexibilität der Nutzung aus (Knuth, S. 4, 8). Für die Kombination dieser individuellen Flexibilität mit kollektiven öffentlichen Verkehrsmitteln bedarf es neben infrastrukturellen Knotenpunkten, z. B. in Form von Park & Ride Plätzen und Fahrradabstellbereichen oder -boxen, auch entsprechend flexible Angebotsplanungen und Informationssysteme (Canzler 2014, S. 233–236).

Durch neue Mobilitätskonzepte, wie das Car-Sharing oder Bike-Sharing, und die Entwicklung im Bereich der Elektromobilität ergeben sich auch für eine individuelle Mobilität neue Angebotsformen (Lienkamp 2012, S. 35–36), die mit den öffentlichen Verkehrsmitteln kombiniert und von ihren Trägern angeboten werden können.

Öffentlicher Personenverkehr

Der öffentliche Personenverkehr zeichnet sich nach DIN EN 13816 durch verschiedene Merkmale aus, die nicht durch die Art des Verkehrsmittels, die Länge einer Reise oder Rechtsform des Anbieters oder der Leistung beschränkt werden (DIN EN 13816, S. 5–6).

Im Sinne der Norm ist der öffentliche Personenverkehr als Dienstleistung definiert, die (DIN EN 13816, S. 5):

- für alle potenziellen Nutzer offen ist,
- der Öffentlichkeit entsprechend bekannt gemacht wird,
- feste Fahrzeiten und Betriebszeiten besitzt,
- auf festen Strecken mit entsprechenden Zugangspunkten basiert,
- innerhalb der Betriebszeiten durchgehend durchgeführt wird,
- festgelegte und öffentlich bekannt gemachte Fahrpreise besitzt.

Das Personenbeförderungsgesetz (PBefG) definiert für seinen Geltungsbereich den öffentlichen Personenverkehr als „die entgeltliche oder geschäftsmäßige Beförderung von Personen mit Straßenbahnen, mit Oberleitungsomnibussen (Obussen) und mit Kraftfahrzeugen" (Bundesministerium für Verkehr, Bau und Stadtentwicklung 1961, S. 1). Damit legt das Personenbeförderungsgesetz für seinen Geltungsbereich im Gegensatz zur DIN EN 13816 zumindest teilweise konkrete Verkehrsmittel fest.

Teilbereiche des öffentlichen Personenverkehrs sind der öffentliche Personennahverkehr und der öffentliche Personenfernverkehr (Ammoser und Hoppe 2006, S. 13). Zur Abgrenzung zwischen den beiden Bereichen werden die zeitliche oder räumliche Entfernung angeführt, die nach Ammoser und Hoppe für den öffentlichen Personennahverkehr unter 50 km und unter einer Stunde Fahrzeit zu sehen sind (Ammoser und

Hoppe 2006, S. 13). Diese Definition findet sich auch im Regionalisierungsgesetz und im Personenbeförderungsgesetz. Dieses definiert den öffentlichen Personennahverkehr als Verkehre, die „überwiegend dazu bestimmt sind, die Verkehrsnachfrage im Stadt-, Vorort- oder Regionalverkehr zu befriedigen. Das ist im Zweifel der Fall, wenn in der Mehrzahl der Beförderungsfälle eines Verkehrsmittels die gesamte Reiseweite 50 Kilometer oder die gesamte Reisezeit eine Stunde nicht übersteigt" (Bundesministerium für Verkehr, Bau und Stadtentwicklung 1961, S. 3). Die Definition des öffentlichen Personenfernverkehrs ergibt sich entsprechend aus der Abgrenzung, die für den Personennahverkehr besteht (Bundesministerium für Verkehr, Bau und Stadtentwicklung 1961, S. 21). Dieser Ansatz findet sich auch im österreichischen Bundesgesetz über die Ordnung des öffentlichen Personennah- und Regionalverkehrs, wobei die Definition sich lediglich auf Nah- und Regionalverkehr bezieht und nicht auf den Fernverkehr eingeht. Im Kontrast zum deutschen Personenbeförderungsgesetz sowie Ammoser und Hoppe nennt das Gesetz keine konkreten Entfernungen oder Zeiten, sondern definiert öffentlichen Personennahverkehr als solche Angebote, „die den Verkehrsbedarf innerhalb eines Stadtgebietes (Stadtverkehre) oder zwischen einem Stadtgebiet und seinem Umland (Vorortverkehre) befriedigen" (Bundesministerium für Wissenschaft und Verkehr (Österreich), S. 1). Regionalverkehr sind im Ausschluss der Definition des Personennahverkehrs, solche Verkehre, die „den Verkehrsbedarf einer Region bzw. des ländlichen Raumes befriedigen" (Bundesministerium für Wissenschaft und Verkehr (Österreich), S. 1).

Neben der Unterscheidung in Nah-, Regional- und Fernverkehr kann des Weiteren in Schienen- und Straßenverkehr unterschieden werden. Nach Statistiken des Verbands Deutscher Verkehrsunternehmen (VDV) nutzten im Jahr 2011 48% der 9,816 Milliarden Fahrgäste den Bus, 36% die Tram und 21% den Personenverkehr mit Eisenbahnen (Verband Deutscher Verkehrsunternehmen (VDV) 2012, S. 17). Daraus wird deutlich, dass es im öffentlichen Personenverkehr hinsichtlich der Fahrgäste um eine etwa gleiche Verteilung zwischen den beiden Bereichen handelt und somit beide für die Definition des öffentlichen Personenverkehrs Beachtung finden müssen.

In Anlehnung an Dziekan (Dziekan 2011, S. 318) kann der öffentliche Personenverkehr, basierend auf den angeführten Definitionen und Standpunkten, wie in Abbildung 8 gegliedert werden. Daraus wird deutlich, dass die Betrachtung des öffentlichen Personenverkehrs auch die Entfernung und die Vielfältigkeit der Ziele der Nutzer beinhalten sollte. Für diese Arbeit wird der öffentliche Personenverkehr im Gesamten betrachtet und insbesondere hinsichtlich der unterschiedlichen zu befriedigenden Mobilitätsbedürfnisse unterschieden. Somit dienen konkrete Entfernungen, wie sie u. a. bei Ammoser und Hoppe aufgeführt werden, lediglich im Sinne des Personenbeförderungsgesetztes als Rückfallebene und nicht als alleiniges Definitionsmerkmal (Bundesministerium für Verkehr, Bau und Stadtentwicklung 1961, S. 3).

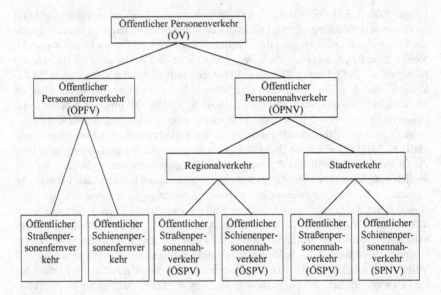

Abbildung 8: Aufbau des öffentlichen Personenverkehr nach (Dziekan 2011, S. 318)

Ergänzend zu dieser Betrachtung des öffentlichen Personenverkehrs mit den Ebenen des Nah-, Regional- und Fernverkehrs sowie des Schienen- und Straßenverkehrs beinhaltet der öffentliche Personennahverkehr nach dem Personenbeförderungsgesetz auch die Mobilitätsangebote von Taxen und Mietwagen, sofern der öffentliche Personennahverkehr nach Definition des Personenbeförderungsgesetzes durch diese „ersetzt, ergänzt oder verdichtet" (Bundesministerium für Verkehr, Bau und Stadtentwicklung 1961, S. 3) wird. Da für diese Angebote besondere Regelungen vorgesehen sind, werden diese im Verlauf dieser Arbeit explizit erwähnt, falls diese als Teil des öffentlichen Personenverkehrs einbezogen werden.

Neben den klassischen Verkehrsmitteln des öffentlichen Personenverkehrs etablieren sich, u. a. resultierend aus veränderten Nachfragesituationen in Verbindung mit dem demografischen Wandel, neue Verkehrskonzepte. Beispielsweise werden beim Konzept des Anrufbusses Haltestellen nur dann angefahren, wenn Reisende sich vorher für diesen Bus angemeldet haben (Böhler 2009, S. 30). Das Angebot des Anrufsammeltaxis (AST) ermöglicht in Kooperation mit lokalen Taxiunternehmen von zentralen Startpunkten die Anfahrt definierter oder freier Ausstiegspunkte, sodass in Abhängigkeit vom Bedarf ein variables Bediennetz aufgespannt werden kann (Böhler 2009, S. 32). Für die Betrachtung eines zukünftigen vernetzten öffentlichen Personenverkehrs und eines entsprechenden Informationsangebotes müssen diese, vom klassischen linien- und fahrplangebundenen Angebot abweichenden, Mobilitätsformen integriert werden.

Öffentlicher Personenverkehr in Deutschland

Der öffentliche Personenverkehr in Deutschland und Europa baut auf eine lange Historie auf (Pingel 1997, S. 54–55), die grundlegend dazu beigetragen hat, das Mobilitätsangebot von heute zu schaffen. Eine grundlegende Wandlung fand in den neunziger Jahren statt, die auf die Deregulierung des Marktes von Seiten Europas zurückgeht und in einer Verschiebung der Verantwortlichkeit vom Bund auf die Länder resultierte (Forst 2000, S. 26). Wie in Kapitel 2.2.3 dargestellt gliedert sich der öffentliche Personenverkehr in verschiedene Teilbereiche. Zentraler Bestandteil ist dabei der öffentliche Personennahverkehr mit Bussen, Straßenbahnen bzw. Tram und Eisenbahnen. Tabelle 7 zeigt die Verteilung der beförderten Personen und Personenkilometer sowie die Anzahl der agierenden Unternehmen für die verschiedenen Verkehrsmittel und für die Bereiche Nah- und Fernverkehr im 1. Quartal 2013.

Tabelle 7: Statistik Personenverkehr in Deutschland, 1. Quartal 2013 (Statistisches Bundesamt 2013b)

Verkehrsart	Unternehmen (Anzahl)	Beförderte Personen (in 1000)	Personenkilometer (in 1000)
Liniennahverkehr mit Eisenbahnen	53	623.329	12.509.391
Liniennahverkehr mit Stadtbahnen	60	958.566	4.214.753
Liniennahverkehr mit Omnibussen	840	1.373.534	9.077.099
Linienfernverkehr mit Omnibussen	21	556	205.471
Linienfernverkehr mit Eisenbahnen	4	30.700	8.478.608

Aus Tabelle 7 wird deutlich, dass insbesondere auf der Ebene des öffentlichen Personennahverkehrs (ÖPNV) eine Vielzahl von Unternehmen, insbesondere im Busverkehr, den öffentlichen Personenverkehr in Deutschland gestalten. Zu den zentralen Aufgaben dieser Verkehrsunternehmen gehören die Planung, Disposition, Betriebslenkung, das Ticketing und die Fahrgastinformation sowie die Auswertung des Betriebs (Scholz 2012, S. 14), z. B. zur Erfüllung der Statistikpflicht im Personenverkehr nach dem Verkehrsstatistikgesetz (Bundesministerium für Verkehr, Bau und Stadtentwicklung 1999, S. 7–9), aber auch für die Weiterentwicklung des Mobilitätsangebotes.

In der Vergangenheit haben sich für die Zusammenarbeit dieser einzelnen Verkehrsunternehmen unterschiedliche Konzepte entwickelt. Dabei stellt die partielle Kooperation, z. B. als Tarifgemeinschaft, die geringste Kooperationsstufe dar (Knieps 2004, S. 11–12). Weiterführende Kooperationsmöglichkeiten schließen die Abstimmung des Netz- und Fahrplans als Verkehrsgemeinschaft oder als Verkehrsverbund mit entsprechender eigener Kompetenz und eigenem Personal ein (Knieps 2004, S. 11–13). Für den Fahrgast können diese Zusammenschlüsse ein besser abgestimmtes Mobilitätsangebot, die Anerkennung von Tickets bzw. gemeinschaftliche Tarifsysteme und eine

Bündelung der Fahrgastinformation bedeuten. In Deutschland ist die gemeinsame Koordination von Angeboten, Tarifen und Information unter Einbezug der in einem bestimmten Gebiet agierenden Verkehrsunternehmen die bevorzugte Lösung (Weiss 1999, S. 20).

Die Finanzierung des öffentlichen Personenverkehrs in Deutschland erfolgt über verschiedene Quellen, zu denen u. a. die folgenden Finanzierungs- und Förderungsvarianten gehören (Bormann et al. 2010, S. 9; Lott 2008, S. 95–102):

- Nutzerfinanzierung, z. B. Fahrgeldeinnahmen und Werbung,

- Tarifersatzleistungen, z. B. Schülerbeförderung,

- Steuerliche Regelungen, z. B. verringerter Mehrwertsteuersatz,

- Investitions- und Betriebsförderungen,

- Ausgleichszahlungen.

Durch dieses Finanzierungskonzept wird es den Verkehrsunternehmen ermöglicht, dem Versorgungsauftrag (Lott 2008, S. 89) nachzukommen und entsprechende Mobilitätsangebote zur Verfügung zu stellen. Des Weiteren können arbeits- und sozialpolitische Ziele sowie der Schutz der Umwelt oder regionale Ziele der Stadtentwicklung vorangetrieben werden (Lott 2008, S. 91–95). Diese Ziele und eine primäre Orientierung an der Nachfrage können auch aus den entsprechenden gesetzlichen Regelungen der Bundesländer entnommen werden (Landesregierung Nordrhein-Westfalen 1995, § 2; Freistaat Bayern 1999, §§ 1,2,3).

Internationaler öffentlicher Personenverkehr

Mit dem deutschen öffentlichen Personenverkehr vergleichbare Systeme finden sich auf europäischer und internationaler Ebene. Diese können jedoch lokale Besonderheiten, z. B. kultureller Natur, aufweisen (Duchène 2011, S. 13), die sich u. a. auf die Gestaltung der Fahrgastinformation auswirken können. Aufbauend auf der Definition des öffentlichen Personenverkehrs aus Kapitel 2.2.3 ist für eine erste Beurteilung der Vergleichbarkeit mit dem deutschen öffentlichen Personenverkehr und einer Beurteilung der Übertragbarkeit von Ergebnissen, insbesondere der Vergleich der Verkehrsmittel und des Verkehrsnetzes interessant.

In der Studie ‚International Review of Public Transport Systems‘ (Temple et al. 2012) vergleichen Temple und Leviny 34 internationale öffentliche Personenverkehrssysteme zur Identifikation von guten Lösungen für die Entwicklung eines Verkehrssystems in Wellington Neuseeland. Die Auswahl der 34 Systeme und die Analyse zeigen, dass vergleichbare Systeme nicht nur in Europa, Nordamerika und Australien, sondern auch in Asien, Arabien und Südamerika gefunden werden können (Temple et al. 2012, S. 13).

Unterschiede können hinsichtlich der Verknüpfung der Mobilitätsanbieter, der Tarif-gestaltung und der Bereitstellung von anbieterübergreifender Fahrgastinformation so-wie der Mobilitätsrahmenbedingungen bereits zwischen dem deutschen und amerika-nischen öffentlichen Personenverkehrssystem festgestellt werden (Buehler et al. 2009, S. 19). Neben der Struktur des öffentlichen Personenverkehrs, der Verkehrsmittel, Netze und Fahrpläne, beeinflusst auch das Mobilitätsverhalten die Vergleichbarkeit auf internationaler Ebene. So ist es für die Beschreibung von Fahrgästen, Kontexten und insbesondere bei der Betrachtung von intermodalen Reiseketten entscheidend, Einflüsse aus dem Mobilitätsverhalten zu berücksichtigen. Buehler, Pucher und Kunert zeigen diese Unterschiede auf und sehen insbesondere bei der Nutzung des motorisier-ten Individualverkehrs bedeutende Unterschiede (Buehler et al. 2009, S. 8–9).

Auf Basis der Gemeinsamkeiten und Unterschiede kann beurteilt werden, inwieweit das Instrumentarium zur Qualitätsevaluation an die lokalen Gegebenheiten angepasst werden muss. Hinsichtlich der objektiven Qualität der Mobilitätsinformation kann je-doch davon ausgegangen werden, dass diese bei ähnlichen Verkehrssystemen auf den gleichen Grundlagen beruht und übertragen werden kann.

Intermodale und Multimodale Mobilität

Für eine Reise von Tür zu Tür ist häufig eine Kombination von Mobilitätsangeboten notwendig, sodass die Reisenden z. B. Wege zum Einstiegspunkt oder vom Ausstiegs-punkt des öffentlichen Verkehrsnetzes mit anderen Mitteln zurücklegen müssen. Eben-so können Faktoren wie Gepäck, späte oder frühe Reisezeiten oder lange Taktzeiten, z. B. in ländlichen Räumen, die Kombination von Mobilitätsangeboten notwendig ma-chen. Zukunftsszenarien sehen diese Verknüpfung von Mobilitätsangeboten, insbe-sondere für Großstädte, als Weg von der individuellen zur gemeinsamen Mobilität (Jaekel und Bronnert 2013, S. 2, 130; Institut für Mobilitätsforschung (Hrsg.) 2010, S. 24, 36-37, 62). Diese Verknüpfung von Mobilitätsangeboten bzw. Verkehrsmitteln wird hinlänglich als Intermodalität oder intermodales Reisen bezeichnet.

Der Begriff der Intermodalität geht auf den Güterverkehr zurück (Sauter-Servaes 2007, S. 28) und wurde in diesem Zusammenhang durch die Europäische Kommission definiert, als:

> „Intermodalität im Verkehrssystem bedeutet, daß mindestens zwei verschiedene Verkehrsträger integriert in einer Transportkette von Haus zu Haus genutzt wer-den können" (Kommission der Europäischen Gemeinschaften 1997, S. 7).

Nach Sauter-Servaes kann der Begriff aus verschiedenen Sichten betrachtet werden. Diese sind die Systemsicht, die Nutzersicht und die verkehrspolitische Strategie (Sau-ter-Servaes 2007, S. 8–9). Zugrunde liegt den jeweiligen Sichten aber eine einheitliche Definition von Intermodalität, die hinsichtlich der jeweiligen Sicht fokussiert wird. Für die Mobilitätsinformation und den öffentlichen Personenverkehr, aber auch für den Güterverkehr kann Intermodalität nach Cerwenka definiert werden als:

> „Nachfragegerechte Kooperation verschiedener Teilverkehrssysteme (Verkehrsträger, Verkehrsmittel, Verkehrsunternehmen), wobei den Schnitt- und Übergabestellen (Umsteigepunkten) besondere Bedeutung zukommt" (Cerwenka, S. 47).

Neben der Definition des Mobilitätsaspektes der Intermodalität ist besonders die hervorgehobene Bedeutung der Umsteigepunkte ein wesentlicher Schlüsselfaktor für die vernetzte Mobilität. Weitere Schlüsselfaktoren für eine lückenlose intermodale Mobilität sind die Bereitstellung der Information, die Buchungs- und Ticktingsysteme sowie die intermodale Kooperation und die rechtlichen Rahmenbedingungen (Zumkeller und Last 2008, S. 8).

Pousttchi definiert als Voraussetzung für intermodale Verkehrsdienstleistungen, dass Teildienstleistungen innerhalb einer Reisekette erbracht werden und die Transportkette aus mindestens zwei Teilbeförderungsstrecken mit unterschiedlichen Verkehrsmitteln besteht (Pousttchi et al. 2002, S. 115). Diese Teildienstleistungen können im Sinne einer vollständigen Integration auch durch ein System angeboten werden, sofern für alle Teildienstleistungen ein durchgängiges Qualitätsniveau gewährleistet werden kann (Pousttchi et al. 2002, S. 115–116).

Wird das ‚zu Fuß gehen' in diese Definition einbezogen, würde dies bereits für den Fußweg zur oder von der Haltestelle in Kombination mit der Fahrt mit dem öffentlichen Personenverkehr bedeuten, dass die Kriterien der Intermodalität erfüllt sind. Da dies aber von der originären Zielstellung der Begrifflichkeit, wie sie aus dem Güterverkehr abgeleitet wird und aus dem Wort Verkehrsmittel zu interpretieren ist, abweicht, soll dieser Fall nicht zu einer Intermodalität im engen Sinne gezählt werden (Sauter-Servaes 2007, S. 9).

Intermodale Reisen werden für diese Arbeit basierend auf den Definitionen der Europäischen Kommission, Cerwenka und Pouttchi wie folgt abgegrenzt:

> Intermodal sind Reisen, die vom Reisenden mithilfe von mindestens zwei Verkehrsmitteln zurückgelegt werden. Die Teilstrecken dieser Reisekette werden über ein integriertes Gesamtsystem oder über getrennte Teilsysteme angeboten.

In Ergänzung oder als Alternative zur Intermodalität oder intermodalen Reisen kann das Verkehrsverhalten der Reisenden auch multimodal oder monomodal erfolgen. Das Gegensatzpaar aus Multi- und Monomodalität beschreibt Beutler als:

> „Multimodalität als Verkehrsverhalten bildet den Gegensatz zu Monomodalität. Damit wird das Verhalten von Menschen beschrieben, die sich ganz überwiegend nur mit einem Verkehrsmittel bewegen" (Beutler 2004, S. 10).

Die Abgrenzung zwischen Multimodalität und Intermodalität ist nach Beckmann zu sehen, indem Multimodalität als „die Verwendung verschiedener Verkehrsmittel im Verlauf eines Zeitraums, der üblicherweise mehrere Wege beinhaltet" (Beckmann et al. 2006, S. 138) zu definieren ist und Intermodalität „als die Nutzung unterschiedlicher Verkehrsmittel im Verlauf eines Weges" (Beckmann et al. 2006, S. 138). Nach Petersen wird „unter Multimodalität ein Verkehrsverhalten verstanden. Multimodal ist derjenige, der seine Verkehre mit verschiedenen Verkehrsmitteln abwickelt" (Petersen 2003, S. 6). Die Definition von Multimodalität in diesem Sinne ist davon abhängig, in welcher Zeit die Abwicklung der Verkehre bzw. Aufgaben und Ziele erfolgt. Als Eingrenzung definiert Petersen den Zeitrahmen einer Woche (Petersen 2003, S. 6). Somit kann das Verkehrsverhalten der Nutzer in einem überschaubaren Zeitraum betrachtet und hinsichtlich der Multimodalität analysiert werden.

Inwieweit die Mobilitätsnutzer mono-, multi- oder intermodal reisen, wird zum einen durch die Faktoren, die aus der Gestaltung der Verkehrssysteme, insbesondere ihrer Linien und Taktungen sowie der Haltepunkte resultieren und zum anderen durch die Ziele und Aufgaben des Einzelnen, als personenbezogene Faktoren, beeinflusst. Nach Zumkeller ist auf Ebene der Mobilitätsnutzer z. B. der Zugriff auf einen PKW mit entsprechender Stellung in der Zugriffshierarchie zu nennen (Zumkeller 2008, S. 354–355).

Zudem stellen Chlond und Manz fest, dass nur ein kleiner Teil der Nutzer „das Spektrum der zur Verfügung stehenden Verkehrsmittel nach rationalen Gesichtspunkten" (Chlond und Manz 2001, S. 204) nutzt.

Im Allgemeinen und unter Beachtung des demografischen Wandels und der damit verbundenen Veränderungen in der Gesellschaft und in den Verkehrssystemen werden zukünftig Konzepte des multi- und intermodalen Reisens wesentliche Bestandteile der Mobilitätsangebote bzw. des daraus entstehenden Möglichkeitsraums sein.

2.3 Stationen entlang der Reise

2.3.1 Reisekette

Die Durchführung einer Reise ist durch eine Abfolge von Stationen und Etappen gekennzeichnet, die vom Mobilitätsnutzer durchlaufen werden, um vom Startort aus ans Ziel zu gelangen.

Die Abfolge dieser Stationen entlang einer Reise definiert sich in Form der Reisekette (Verband Deutscher Verkehrsunternehmen 2001, S. 200). Abbildung 9 zeigt die acht Stationen der Reisekette von Tür zu Tür. Für die Phasen Planung und Reise sowie die kontinuierliche Phase Umgang mit Störungen, stellt Tabelle 8 die Reisekette in Abhängigkeit der Station und dem Ort der Reise dar.

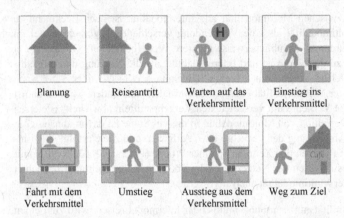

Abbildung 9: Reisekette im öffentlichen Personenverkehr (Hörold et al. 2013a, S. 86)

In der einfachsten Form beinhaltet die Reisekette in der Phase Reise nur eine Fahrt mit einem Verkehrsmittel und keine Umstiege. Reisen können jedoch auch aus Fahrten mit verschiedenen Verkehrsmitteln bestehen. Bei diesen intermodalen Reisen sind insbesondere die Übergänge zwischen den einzelnen Stationen und eine intermodale Mobilitätsinformation für eine unkomplizierte Bewältigung der Reise durch den Mobilitätsnutzer wichtig (Alles 2000, S. 6,9). Für die Mobilitätsinformation kann die Reisekette somit als strukturierendes Element für die Analyse des Informationsbedarfs sowie für die Klassifizierung von Informationssystemen dienen. Die Herkunft der Reisekette, aus dem Bereich des öffentlichen Personenverkehrs, stellt kein Hindernis für die Abbildung der Vielfalt der Mobilitätsangebote dar. Der öffentliche Personenverkehr ist gekennzeichnet durch komplexe Strukturen von der Planung über die Reisedurchführung bis zur Bewältigung von Störungen, wodurch die Reisekette auf einfachere Mobilitätsangebote, bspw. den MIV leicht übertragen werden kann.

Die detaillierte Erfassung des Informationsbedarfs und der Aufgaben entlang einer Reise zur besseren Gestaltung und zur Evaluation der Mobilitätsinformation macht es notwendig, die Stationen und Etappen der Reisekette noch weiter zu untergliedern. Untersuchungen im Feld zeigen (Hörold et al. 2014b, S. 121–123, 2014a, S. 490–492), dass insbesondere der Bereich Fahrt in den Verkehrsmitteln und der Umsteigevorgang, u. a. aufgrund der hohen Dynamik und Aufgabenvielfalt, einer Verfeinerung bedarf.

Der Einstieg in das Verkehrsmittel, der in der Reisekette primär von außen am Fahrzeug beschrieben wird, setzt sich im Inneren, mit der ersten Orientierung im Fahrzeug fort. Tätigkeiten, wie das Abstempeln einer Fahrkarte oder das Auffinden und Einstellen von Informationssystemen im Fahrzeug, sind wichtige Aufgaben, die in dieser kurzen Phase nach dem Einstieg stattfinden. Im Anschluss folgt eine Phase des Mitfahrens bzw. Fahrens des Fahrzeugs, welche endet, wenn sich der Mobilitätsnutzer auf den Aus- oder Umstieg vorbereitet. Ähnlich der Einstiegsphase ist dieser Vorgang in zwei Teile geteilt. Der erste Teil des Ausstiegs betrachtet die Vorbereitungen und Handlungen innerhalb des Fahrzeuges, die den Ausstieg ermöglichen, während der zweite Teil die Handlungen am Um- oder Ausstiegspunkt beinhaltet.

Tabelle 8: Reisekette mit Phasen, Stationen und Orten nach (Hörold et al. 2013b, S. 333)

Phase			Station	Ort
Planung		1	Planung der Reise	Startpunkt: jede Art von Ort
Reise	Umgang mit Störungen	2	Reiseantritt und Beginn der Reise	Weg zum Verkehrsmittel
		3	Warten auf das Verkehrsmittel	Warte- oder Haltepunkt
		4	Einstieg ins Verkehrsmittel	Außerhalb des Verkehrsmittels
		5	Fahrt mit dem Verkehrsmittel	Innerhalb des Verkehrsmittels
		6	Umstieg in anderes Verkehrsmittel	Warte- oder Haltepunkt
		7	Ausstieg aus dem Verkehrsmittel	Warte oder Haltepunkt
		8	Weg zum Ziel	Weg zum Zielpunkt

Der Umstieg in ein anderes Fahrzeug bedeutet für die Reisekette, dass nach einer Orientierungsphase nach dem Ausstieg, die Kette erneut an Station drei oder vier einsetzt und sich wiederholt, bis sich der Mobilitätsnutzer für einen Ausstieg und das Ende der Fahrt entscheidet. Das Verlassen des Ausstiegspunktes ist ein wichtiger Teilbereich auf dem Weg zum Ziel. Die Suche nach dem richtigen Ausgang und die Orientierung in der Umgebung kennzeichnen unterschiedliche Schritte, die der Mobilitätsnutzer in dieser Phase unternimmt. Aus diesem Grund sollte dem Ausstieg aus dem Verkehrsmittel, erst die Phase des Verlassens des Ausstiegspunktes folgen und dann die Bewältigung des Weges zum Ziel. Die erweiterte Reisekette, mit besonderem Fokus auf die Übergänge zwischen den Stationen, enthält somit die Phasen:

- Reiseplanung
- Reiseantritt
- Orientierung und Vorbereitungen am Einstiegspunkt
- Einstieg in das Verkehrsmittel (außen)
- Orientierung im Verkehrsmittel (innen)
- Fahrt mit dem Verkehrsmittel

- Vorbereiten des Ausstiegs aus dem Verkehrsmittel (innen)
- Ausstieg aus dem Verkehrsmittel (außen)
- Umstieg in ein anderes Verkehrsmittel
- Verlassen des Ortes des Ausstiegs
- Weg zum Ziel

Abbildung 10 zeigt, wie diese erweiterte Reisekette sich in einem vernetzten Mobilitätssystem eignet, um die Reisen mit verschiedenen Mobilitätsangeboten abzubilden. Die beispielhaft gewählten Aufgaben für den öffentlichen Personenverkehr, die Fahrt mit einem PKW als Beispiel für den MIV sowie die Fahrt mit einem Car-Sharing-Auto zeigen, dass die Aufgaben sowie die Ausprägung der Phase voneinander abweichen können, die grundlegende Phase sich aber auf allen Ebenen abzeichnet. Abbildung 10 beinhaltet lediglich monomodale Reiseketten. Ein Umstieg vom PKW auf den öffentlichen Personenverkehr oder vom Car-Sharing-Fahrzeug auf ein anderes Mobilitätsangebot, können über die Reisekette ebenfalls abgebildet werden. Dazu muss lediglich auf den Punkt der Vorbereitung und Orientierung auf der Ebene eines anderen Mobilitätsangebotes zurückgesprungen werden. Dies zeigt, dass die Reisekette als Grundlage für die weitere Analyse und als Strukturierungselement innerhalb einer vernetzten Mobilität geeignet ist und im weiteren Verlauf der Entwicklung des Instrumentariums eingesetzt werden kann.

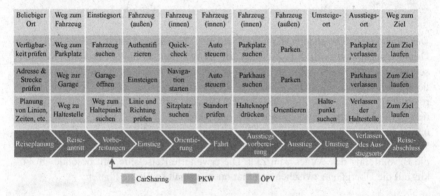

Abbildung 10: Erweiterte Reisekette mit Beispielaufgaben aus Car-Sharing, MIV und ÖPV

2.3.2 Mobilität im Tageskontext

In weiten Teilen dient Mobilität der Erreichung eines lokalen Ziels und stellt keinen Selbstzweck dar. Ausnahmen sind dabei bspw. Fahrten mit historischen Verkehrsmitteln, die zum Zwecke der Freizeitgestaltung, aus Interesse o. ä. erfolgen. Die Mobilität ordnet sich viel mehr in den Tagesablauf der Mobilitätsnutzer ein, sodass in Deutschland von jedem Mobilitätsnutzer durchschnittlich 3,4 Wege mit insgesamt 39 km Länge jeden Tag zurückgelegt werden (Follmer 2010, S. 3). Daran zeigt sich, dass Mobilität zwar entsprechend der Reisekette zwischen einem Start- und einem Zielpunkt erfolgt, aber nicht ungeachtet des Kontextes und des Gesamttagesablaufes betrachtet werden kann.

Dieser Gesamttagesablauf kann für die Analyse und Beschreibung von Nutzern sowie die Entwicklung von Informationssystemen aufgegriffen werden, um auch die Planung und Integration von Mobilität in den Tagesablauf zu erleichtern (Mayas et al. 2014b, S. 214–216). Dieser Ansatz ermöglicht auch die Einbeziehung von unterschiedlichen Gründen für die Mobilität, bspw. Termine, Aufgaben oder Aktivitäten und eine entsprechende Gestaltung von Informations- und Planungssystemen (Wienken et al. 2014, S. 537–540).

Eine Einbeziehung dieses agendaorientierten Ansatzes ermöglicht auch die Identifikation von Zusatzinformation, die die Reiseerfahrung zusätzlich bereichert und über die reine Mobilitätsinformation hinausgeht. Dies ist z. B. der Fall, wenn sogenannte Mehrwertdienste in die Mobilitätsinformation integriert werden sollen. Allerdings muss hinsichtlich der Qualität der Mobilitätsinformation bedacht werden, dass die Information zur Nutzung der Mobilität und Durchführung der Reise, nicht durch entsprechende Zusatzdienste überlagert werden darf (Hörold et al. 2014b, S. 115).

2.4 Mobilitätsinformation

Der Begriff der Mobilitätsinformation umfasst ein breites Spektrum an Informationen zu verschiedenen Mobilitätsangeboten, die häufig nicht als Einheit, sondern als spezielle Information für ein Mobilitätsangebot gesehen werden. Die Vernetzung der Mobilitätsangebote, wie sie aktuell zu verzeichnen ist, versucht diese Verknüpfung herzustellen.

Im öffentlichen Personenverkehr erfolgt die Mobilitätsinformation in Form der Fahrgastinformation, welche ein Schlüsselelement für die Akzeptanz und die Entscheidung zur Nutzung des öffentlichen Personenverkehrs durch den Fahrgast darstellt (Verband Deutscher Verkehrsunternehmen 2001, S. 198).

Die DIN EN 12896 in der Version 'Transmodel 5.1'[2] definiert Fahrgastinformation als:

---

[2] Transmodel wird im Kontext der Systementwicklung für den öffentlichen Personenverkehr zur Referenzierung auf die DIN EN 12896 und von der Norm selbst verwendet (DIN EN 12896:2006).

„all activities related to informing the users either on the planned or on the actual transportation services"[3] (DIN EN 12896:2006, S. 15).

Entsprechend dieser Definition enthält die Fahrgastinformation somit zum einen die auf der Planung der Verkehrsunternehmen basierenden Informationen, die Soll-Daten und zum anderen die Ist-Daten, die den aktuellen Zustand des Transportsystems widerspiegeln.

Die Mobilitätsinformation kann im Kontext des Individualverkehrs auch rein als Information über das aktuelle Verkehrsgeschehen, wie dies bspw. über den Rundfunk in Deutschland praktiziert wird, definiert werden (Franken und Lenz 2007, S. 167–168). Dies kann übereinstimmend mit der Fahrgastinformation als Information über den aktuellen Zustand des Transportsystems in Form von Echtzeitdaten angesehen werden.

Übergreifend kann das Ziel der Mobilitätsinformation und der damit verbundenen Dienste nach Franken und Lenz definiert werden als:

„The intention of the so-called 'mobility information services' is to support individuals before and on travels" (Franken und Lenz 2007, S. 167).

Dieser Ansatz findet sich auch in der VDV-Schrift 713 wieder, die die Fahrgastinformation aus Nutzersicht als Informationsangebot zur Erfüllung des durch die Fahrt mit dem öffentlichen Personenverkehr entstandenen Informationsbedarfs beschreibt (VDV-Schrift 713, S. 1–2).

Mobilitätsinformation wird basierend auf diesen Definitionen somit durch den Inhalt der Information, der u. a. durch den Informationsbedarf geprägt wird, die Informationssysteme, die die Versorgung mit Soll- und Echtzeit-Daten gewährleisten sowie durch die Reisekette des Mobilitätsnutzers, welche die Stationen einer Reise vom Startort zum Zielort repräsentiert, charakterisiert. Zudem ist zu analysieren, wie sich der aufgespannte Informationsraum in den Mobilitätsraum einfügt bzw. diesen abbildet und ergänzt.

2.4.1 Informationsbegriff

Der Informationsbegriff ist ähnlich des Mobilitätsbegriffes unterschiedlich besetzt bzw. ausgeprägt, sodass zwar übergreifend über eine allgemeine Bedeutung Einigkeit herrscht, die Detaillierung, z. B. in Ebenen der Information oder in die Kommunikation zwischen Sender und Empfänger, in den Fachdisziplinen unterschiedlich betrachtet wird (Rechenberg 2003, S. 317–318). Im Folgenden werden deshalb die relevanten Ebenen der Information für die Mobilitätsinformation kurz angeführt, die die Grundla-

---

[3]   Die DIN EN 12896 wurde durch das Deutsches Institut für Normung e.V. in der englischen Version übernommen und nicht in die deutsche Sprache übersetzt (DIN EN 12896:2006) .

ge für die Qualität der Mobilitätsinformation darstellen. Eine Neubetrachtung des Informationsbegriffs sowie die Aufarbeitung der unterschiedlichen Anwendungen und Interpretationen sowie der Kommunikationsmodelle werden nicht angestrebt.

Allgemein kann Information nach dem Ansatz der Semiotik in die drei Ebenen Syntax, Semantik und Pragmatik eingeteilt werden (Grimm 2005, S. 7). Zudem ist aus Sicht der Informationsübermittlung noch die Kodierung relevant, die sich mit den Fragestellungen zur kürzesten zu übermittelnden Codelänge, zu Fragen der Störung von Kommunikationskanälen sowie der Dekodierung von Nachrichten unter verschiedenen Parametern beschäftigt (Rechenberg 2003, S. 318). Die Grundlagen zu dieser Ebene sind auf C. E. Shannon aus dem Jahre 1948 zurückzuführen (Shannon 1948), die an dieser Stelle nicht weiter ausgeführt werden, um den Fokus der Mobilitätsinformation beizubehalten. Tabelle 9 zeigt die Ebenen und deren kurze inhaltliche Einordnung nach dem Ansatz der Semiotik.

Tabelle 9: Ebenen der Semiotik nach (Grimm 2005)

Ebene	Erläuterung
Syntax	„Unter Syntax einer Sprache versteht man das Regelwerk, das entscheidet, ob eine Zeichenfolge Wörter und Sätze einer Sprache bildet oder nicht." (Grimm 2005, S. 8)
Semantik	Unter Semantik „… versteht man die Zuordnung von Zeichen zu einer Bedeutung. […] [Auf] der semantischen Ebene abstrahiert man von konkreten Handlungszusammenhängen." (Grimm 2005, S. 8)
Pragmatik	„Die Zuordnung einer abstrakten Bedeutung eines Zeichens auf einen konkreten Handlungszusammenhang ist der pragmatische Aspekt der Information."(Grimm 2005, S. 9)

Die Unterscheidung zwischen Semantik und Pragmatik findet häufig jedoch nicht statt, stattdessen werden diese gemeinsam betrachtet (Rechenberg 2003, S. 321; Grimm 2005, S. 9). Für die Mobilitätsinformation ist dieser Unterschied insofern relevant, dass Informationsinhalte, bspw. Haltestellenbezeichnungen oder Wegangaben, nur in einem konkreten Zusammenhang für den einzelnen Mobilitätsnutzer zu einer sinnvollen Information werden, die den Informationsbedarf decken. Die pragmatische Ebene der Mobilitätsinformation muss sich somit am konkreten Nutzungskontext sowie dem vorhandenen Wissen der Nutzer orientieren.

Für den Informationsbegriff kann demnach für die Mobilitätsinformation festgehalten werden, dass die konkrete Bedeutung der Information in einer verständlichen Syntax und Semantik, die ggf. auch durch spezifische Konventionen der Mobilität geschaffen werden, erzeugt wird.

2.4.2 Informationskette

In Anlehnung an die Reisekette stellt die Informationskette die Teilbereiche der
Mobilitätsinformation dar, die entlang der unterschiedlichen Aufgaben im Kontext der
Mobilität entstehen. Im Sinne einer Informationskette definieren Brown und Faber die
benötigte Information in sechs Teilbereichen (Brown und Faber 1995, S. 90–91):

- Informationen, die vor der Reise benötigt werden, z. B. zur Auswahl von Rou-
  ten, Mobilitätsangeboten oder Fahrzeiten,

- Informationen zur Unterstützung des Fahrers während der Fahrt, z. B. zu Staus
  und Baustellen,

- Informationen während der Reise mit dem öffentlichen Personenverkehr, z. B.
  Umsteigehinweise und Echtzeit-Informationen,

- Reiseunterstützungsinformationen, z. B. Tankstellen, Parkplätze, Öffnungszei-
  ten

- Informationen zur gewählten Route, z. B. Richtungsangaben auf Basis der aktuellen Position,

- Informationen über individuelle Merkmale und Voraussetzungen der Reise,
  z. B. in Form von Buchungsbestätigung oder Reservierungen von Sharing-
  Angeboten.

Der Ansatz von Brown und Faber bezieht bereits individuelle und öffentliche Mobili-
tätsangebote ein und deckt dabei auch die Ansprüche der Multi- und Intermodalität ab.
Aus Sicht des im Vergleich zum Individualverkehr deutlich komplexeren öffentlichen
Personenverkehrs ist jedoch eine Detaillierung zwingend erforderlich.

Die Informationskette bei der Durchführung einer Fahrt mit dem öffentlichen Personenverkehr stellt nach Daduna und Voß für diese Detaillierung sechs Informationsbe-
reiche dar, die die Informationsinhalte bündeln (Daduna und Voß 2000, S. 9; Daduna
et al. 2006, S. 48–49):

- Grundinformationen (Tarifstrukturen, Bedienungsräume),

- Vorinformation (Fahrplanauskunft, Fahrplanbuch),

- Zugangsinformation (Weg zum Verkehrsmittel, Wegweiser),

- Haltestelleninformation (Ausstattung der Haltestelle, Liniennetzpläne),

- Fahrzeuginformation (Fahrzeugausstattung, Beschilderungen),

- Umgebungsinformation (Weg zum Ziel, Umgebungsplan).

Dabei enthält die Informationskette sowohl Hinweise auf mögliche Fahrgastinformationssysteme als auch Beschreibungen, welche Informationen diese beinhalten können.

Im Kontrast zu Brown und Faber stellen Daduna und Voß die unterschiedlichen Phasen der Reise nicht direkt in Beziehung zur Informationskette. Die Informationen bilden sich zwar bspw. über die Integration von Fahrzeug und Haltestelleninformationen sowie Umgebungsinformationen ab, die unterschiedlichen Charakteristika werden dabei aber nicht deutlich. Die Informationskette von Daduna und Voß muss entsprechend in die Phasen der Planung vor Beginn der Reise sowie in die Information während der Reise, nach dem Modell von Brown und Faber einbezogen werden und vervollständigt somit die komplexeren Anforderungen des ÖV-Systems. Tabelle 10 zeigt die Kombination der Informationsketten von Brown und Faber (Brown und Faber 1995, S. 90–91) sowie Daduna und Voß (Daduna et al. 2006, S. 48–49).

Aus den zwei dargestellten Ansätzen sowie der Kombination wird deutlich, dass sowohl die Unterscheidung in die Stationen der Reisekette, aber auch in die Art der Information sinnvoll und eine weitere Detaillierung bis zu den Informationsinhalten notwendig ist. Die DIN EN 12896 stellt für die Informationsinhalte im öffentlichen Personenverkehr fest, dass diese in die folgenden Bereiche eingeteilt werden können (DIN EN 12896:2006, S. 145):

- Räumliche Informationen,

- Zeitliche Informationen,

- Ticketinformationen,

- Störungsinformationen,

- Werbung zu Ereignissen und Angeboten.

Ergänzend sind aus der Informationskette von Daduna et. al noch die Fahrzeuginformationen sowie die Informationen über die speziellen Eigenschaften des Mobilitätsangebotes, z. B. Netzpläne, Informationen zu Knotenpunkten etc. (Daduna et al. 2006, S. 48–49) zu berücksichtigen. Auf die Mobilität allgemein bezogen sind unter dem Begriff der Ticketinformation, alle Informationen, die sich mit den finanziellen Rahmenbedingungen der Mobilitätsnutzung in Form von Buchungen, Nutzungsentgelten etc. zu verstehen. Eine Gruppierung und Analyse der Informationsinhalte muss diese Bereiche und solche, die erst durch das Mobilitätsangebot entstehen, berücksichtigen.

In diesem Sinne ist die Mobilitätsinformation über die Informationsinhalte und die Station der Reisekette, abhängig von den genutzten Mobilitätsangeboten sowie den unterschiedlichen Phasen der Informationskette, charakterisiert. Eine Analyse des nutzerseitigen Informationsbedarfs entlang der Reisekette scheint eine sinnvolle Erweiterung der Informationskette in Hinblick auf die Qualität der Information.

Tabelle 10: Informationskette mit Phasen und Beispielen für die Information nach (Brown und Faber 1995, S. 90–91; Daduna et al. 2006, S. 48–49)

Phase	Information
Vor Reisebeginn	Mono-/intermodale Auswahl an Mobilitätsangeboten
	Grundinformationen zu konkreten Mobilitätsangeboten
	Routeninformation, Vorinformation und Zugangsinformation
Unterstützung der Reisenden im IV	Informationen zur Verkehrslage
	Informationen zu Ereignissen
	Grundlegende Informationen zur Durchführung der Reise
	Mehrwertinformationen zu Tankstellen, Parkplätzen, etc.
Unterstützung der Reisenden im ÖPV	Informationen zur Echtzeit-Situation im ÖV
	Informationen zu Störungen und Ereignissen
	Grundlegende Informationen zur Durchführung der Reise, insbesondere zu Zugängen, Haltestellen, Fahrzeugen, Umgebungsinformationen
	Mehrwertinformationen zu Öffnungszeiten, Toiletten, Verpflegung, etc.
Routinginformationen	Informationen zur Bewegung im Mobilitätsraum entsprechend der aktuellen Position und in Form von räumlichen Anweisungen
	Information über die aktuelle Position und die nächsten Stationen
Informationen zu individuellen Reisemodalitäten	Information zu Buchungen und Reservierungen
	Informationen zur Verfügbarkeit auf Basis individueller Reisemodalität

2.4.3 Informationsraum

Der Begriff des Informationsraums findet sich insbesondere in Verbindung mit der Arbeitswelt und sich wandelnder Formen der Zusammenarbeit über weite Entfernungen und kann in diesem Zusammenhang bereits als etabliert angesehen werden (Boes und Kämpf 2010, S. 38–44). Im Kontext der Mobilität findet sich eine solche, über die Arbeitswelt hinausgehende Definition, noch nicht.

Der Informationsraum im Kontext der Mobilität stellt in Anlehnung an den Mobilitätsraum einen Möglichkeitsraum dar. Dieser Möglichkeitsraum zeichnet sich durch die Vielfalt von Informationssystemen und die angebotenen Informationsinhalte aus, die in diesem Informationsraum bereitgestellt werden. Ziel des Informationsraums ist es,, „Informationen zur Erzeugung handlungsbestimmender Kenntnisse bei (potenziellen) Kunden zur Verfügung" (Daduna et al. 2006, S. 47) zu stellen. Daduna et. al definieren für dieses Ziel die Ebenen der Informationsplanung und -bereitstellung, der Informations- und Kommunikationssysteme sowie der der Infrastruktur (Daduna et al. 2006, S. 47).

Eine Definition des Modells des Informationsraums muss sowohl den Möglichkeitsraum widerspiegeln als auch die Komplexität der Informationssysteme und des Informationsaustausches zwischen System und Nutzer berücksichtigen.

2.4.3.1 Modell des Informationsraums

Die Grundlage des Informationsraums bilden die IT-Systeme und die Rahmenbedingungen, die es ermöglichen, Informationen aus dem Mobilitätsraum an den Mobilitätsnutzer zu kommunizieren. Scholz führt für den öffentlichen Personenverkehr an, dass die „IT-Systeme im öffentlichen Personenverkehr [...] fachlich erstaunlich kompliziert und zudem technisch recht komplex" (Scholz 2012, S. 2) sind. Dies bedingt nach Scholz, dass die Systeme, auch unterschiedlicher Hersteller, übergreifend miteinander kommunizieren müssen und dafür eine gemeinsame Basis geschaffen werden muss (Scholz 2012, S. 3–4). Ein Auszug der dafür notwendigen Standards auf nationaler und internationaler Ebene wurde bereits im Kapitel 1.3.3 dargestellt und bildet auf unterster Ebene des Informationsraums die Rahmenbedingungen für die Mobilitätsinformation. Die Bereitstellung der Information ist auf dieser Ebene ebenfalls wie im Mobilitätsraum von gesellschaftlichen Zielen und finanziellen sowie rechtlichen Voraussetzungen abhängig (Germann und Schmidt 2012, S. 56–60). Beispielsweise gründet sich der Aufbau einer Datendrehscheibe oder Metaplattform zum Informationsaustausch zwischen Mobilitätsanbietern häufig auf ein gesellschaftliches oder politisches Ziel, z. B. der Qualitätssteigerung (Bundesministerium für Wirtschaft und Technologie 2008, S. 40–41). Somit ist das Informationsangebot, welches dem Mobilitätsnutzer zur Verfügung steht auch von diesen Rahmenbedingungen abhängig.

Für die Bereitstellung von Informationsangeboten und -inhalten ist unter Berücksichtigung der zuvor genannten Rahmenbedingungen, insbesondere eine Informationsinfrastruktur notwendig. Diese deckt sowohl die Quellen zur Erhebung und Verarbeitung von Daten sowie die Aufbereitung zu Informationsinhalten für die Mobilitätsnutzer als auch die dafür notwendigen Kommunikationsstrukturen ab. Quellen für die Erhebung von Echtzeit-Daten von Fahrzeugen können bspw. fest installierte Ortsbarken sein, die in Form eines Transponders vorbeifahrende Fahrzeuge registrieren (Scholz 2012, S. 237). Übergeordnete Systeme, wie das RBL oder itcs (VDV-Schrift 730, S. 222 & 224) bilden die Steuerungs- und Verarbeitungssysteme, die die Daten verknüpfen und als Informationsinhalte bereitstellen.

Abbildung 11 zeigt die Ebenen des Informationsraums, für den die Rahmenbedingungen und Infrastruktur die unterste **erste Ebene** bilden. Aus den Möglichkeiten der IT-Systeme und der Infrastruktur sowie den Rahmenbedingungen, bilden sich die Informationsangebote entlang der Reisekette mit unterschiedlichen Merkmalen ab.

Informationsinhalte
* geografische Informationen
* zeitliche Informationen
* Zugangsinformation
* ...

Informationsangebote
* Anzeiger
* Mobile Applikationen
* Aushänge
* ...

Informationsrahmenbedingungen
* Infrastruktur
* Rechtsgrundlagen
* Gesellschaftliche Ziele
* Finanzielle
  Voraussetzungen

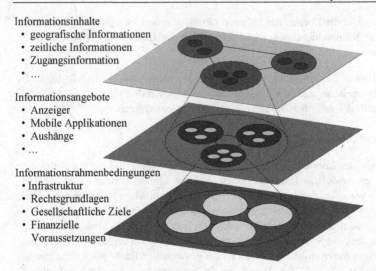

Abbildung 11: Ebenen des Informationsraums

Informationsangebote müssen dabei in ihrer Charakteristik nicht zwangsläufig direkt an die Kommunikationsinfrastruktur angeschlossen sein. Eine Vielzahl von Informationsangeboten basiert auf statischen gedruckten Informationsinhalten, die bspw. aus den Planungswerkzeugen der Mobilitätssysteme gewonnen und anschließend verteilt werden sowie auf der persönlichen Auskunft durch Servicemitarbeiter, Fahrer oder Hotlines (Daduna et al. 2006, S. 50).

Durch die technische Entwicklung ist jedoch ein Trend zu verzeichnen, der einen Wandel von den zuvor benannten Informationsangeboten zu dynamischen Informationsangeboten auf unterschiedlichen Informationskanälen, z. B. Webseiten, mobile Applikationen, dynamische Anzeiger, aufzeigt und dabei auch die Verknüpfung von Mobilitätsangeboten im Mobilitätsraum vereinfacht (Deffner et al. 2011, S. 206).

Die Gesamtheit dieser verschiedenen Informationsangebote bildet die **zweite Ebene** des Informationsraums und bietet die Plattform für die Informationsinhalte auf der obersten und dritten Ebene des Informationsraums. Ein Informationsangebot kann eine Auswahl oder perspektivisch alle Informationsinhalte kommunizieren. Die Charakteristika der Informationsangebote sind, z. B. hinsichtlich ihrer geografischen Lokalisierung, auch für die Schaffung eines lokalen Informationsraums entscheidend. So ermöglichen bspw. alle Informationsangebote an einer Haltestelle die Kommunikation einer Vielzahl von Informationsinhalten, auch dann, wenn einzelne Angebote bspw. keine Echtzeitinformation anbieten können.

Die Informationsinhalte, in der **dritten Ebene**, bilden den Möglichkeitsraum der Information über den Mobilitätsraum ab und bieten dadurch Zugang zum Mobilitätsraum, wie dies in der Informationskette dargestellt ist. Für die Informationsinfrastruktur, z. B. für die Datenquellen, ist auch die Mobilitätsinfrastruktur entscheidend, da sich in dieser das abzubildende Geschehen bewegt.

Mobilitäts- und Informationsraum bilden damit eine gemeinsame Basis für die Mobilität als Ganzes. Zwar ist Mobilität auch mit minimaler Information möglich bzw. auf Basis des eigenen Vorwissens, in Hinblick auf die steigende Komplexität bei der Verknüpfung von Angeboten zu intermodalen Reisen (Wienken et al. 2014, S. 537), ist der Informationsraum ein Möglichkeitsraum für ein sich änderndes Mobilitätsverhalten.

2.4.3.2 Nutzer im Informationsraum

Der Mobilitätsnutzer durchdringt den Informationsraum, wie in Abbildung 12 dargestellt, mit dem Ziel der Deckung des Informationsbedarfs, der sich entlang der Reisekette ergibt (Hörold et al. 2013b, S. 332). Die Nutzung der Information ist dabei auch von dem Vorwissen und der Charakteristik der Mobilitätsnutzer (Mayas et al. 2013, S. 826) sowie vom Nutzungskontext (Hörold et al. 2013a, S. 88) abhängig. Zur Erlangung der Informationsinhalte ist die Interaktion mit einem oder mehreren Informationsangeboten notwendig. Hierbei kann die Interaktion aus dem reinen Lesen von Informationsinhalten bis hin zu komplexen Planungsprozessen reichen. Bei einer solchen Interaktion ist neben dem Vorhandensein der Information auch die Befähigung des Mobilitätsnutzers, effektiv und effizient sowie zufriedenstellend (DIN EN ISO 9241-210, S. 7) an die Information zu gelangen, im Sinne des Usability Engineerings, entscheidend.

Ist die Basis der Mobilität im Mobilitätsraum die Infrastruktur, auf der sich die Mobilitätsnutzer bewegen, so ist dies im Informationsraum die Informationsinfrastruktur. Auf dieser bewegen sich die Informationsinhalte zum Mobilitätsnutzer und von diesen zu den Systemen. So hängt der Zugang zu den Informationsinhalten auch vom Zugang zu Kommunikationsnetzwerken, zu Hintergrundsystemen, die Eingaben verarbeiten und Daten bereitstellen, sowie von den Sensoren und Quellen für die Information ab. Zwar ist sich der Mobilitätsnutzer in den meisten Fällen dieser Komplexität nicht bewusst, wird jedoch mit den Auswirkungen durch ggf. fehlerhafte Informationsinhalte, Ungenauigkeiten oder die fehlende Erreichbarkeit von Informationsangeboten konfrontiert.

Aus Nutzersicht ist der Informationsraum ein Möglichkeitsraum zur Deckung des Informationsbedarfs, der im Mobilitätsraum seinen Ursprung hat und auf dem Wunsch der Mobilität oder dem Grund für diese Mobilität beruht.

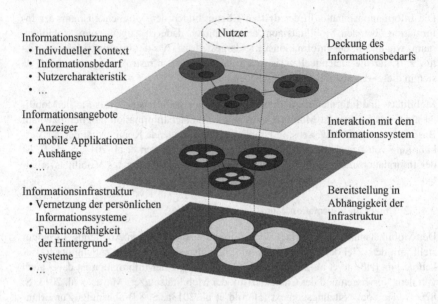

Informationsnutzung
• Individueller Kontext
• Informationsbedarf
• Nutzercharakteristik
• …

Informationsangebote
• Anzeiger
• mobile Applikationen
• Aushänge
• …

Informationsinfrastruktur
• Vernetzung der persönlichen
  Informationssysteme
• Funktionsfähigkeit
  der Hintergrund-
  systeme
• …

Nutzer

Deckung des
Informationsbedarfs

Interaktion mit dem
Informationssystem

Bereitstellung in
Abhängigkeit der
Infrastruktur

Abbildung 12: Durchdringung des Informationsraums aus Nutzersicht

2.4.4 Klassifikation der Informationssysteme

Die Kommunikation der Informationsinhalte über Informationsangebote erfolgt auf Basis verschiedener Informationssysteme, die von Papieraushängen und Karten bis hin zu vernetzten mobilen Applikationen mit Zugriff auf aktuelle Verkehrsdaten, Position von Fahrzeugen und Prognosedaten reichen. Die Fähigkeiten der einzelnen Systeme, Informationsinhalte zu kommunizieren, hängt von den Merkmalen dieser Systeme ab. Für die Qualitätsevaluation geben diese Merkmale bereits frühzeitig Aufschluss, über das Potenzial den Informationsbedarf zu befriedigen und die notwendigen Informationsinhalte bereitzustellen.

Eine Klassifikation dieser Informationssysteme kann über die folgenden drei Merkmale erfolgen (Hörold et al. 2013c, S. 163):

• Charakteristik der verwendeten Daten,

• Adressatenkreis,

• Standort und Mobilität.

Die **Charakteristik** der verwendeten Daten ermöglicht die Klassifizierung in statische oder dynamische Mobilitätsinformationssysteme und basiert auf der Einteilung in Soll- und Echtzeit-Daten, die u. a. auf der Definition der Fahrgastinformation nach DIN EN

12896 beruht (DIN EN 12896:2006, S. 16). Diese Klassifikation führt auch bei den Mobilitätsanbietern zu unterschiedlichen technischen und organisatorischen Abläufen, da insbesondere die Gewinnung von Echtzeit-Daten zusätzlicher Ortungs- und Kommunikationssysteme in den Fahrzeugen und Leitstellen bedarf (Dobeschinsky 2000, S. 96–97). Neben den statischen Mobilitätsinformationssystemen, die auf Soll-Daten beruhen, z. B. Taschenfahrpläne, Fahrplanaushänge oder Fahrplanbücher, stehen dem Mobilitätsnutzer heutzutage dynamische Anzeiger sowie umfangreiche Informationsmöglichkeiten im Internet zur Verfügung, die die technischen Voraussetzungen bieten, Echtzeit-Daten an den Mobilitätsnutzer zu übermitteln.

Im Bereich des Individualverkehrs kann diese Unterscheidung in Soll-Daten und Echtzeit-Daten am Beispiel von Karten und Navigationssystemen dargestellt werden. Karten spiegeln die statischen Daten wider, die den geplanten Zustand darstellen. Veränderungen durch Staus und Baustellen werden von diesen jedoch nicht wiedergegeben. In Navigationssystemen werden diese Informationen dynamisch verarbeitet und als Informationsinhalte integriert. Dabei kann die dynamische Information über Rundfunkanstalten oder das Internet kommuniziert werden und damit in der Qualität ggf. abweichen, was der generellen Unterscheidung jedoch nicht im Wege steht.

Die Charakteristik der verwendeten Daten führt demnach zu einer Klassifizierung in:

- Statische Informationssysteme,
- Dynamische Informationssysteme.

Dabei stellt die Unterscheidung keine strikte bipolare Trennung in zwei Bereiche dar, sondern zwei Ausprägungen, in deren Zwischenraum sich Systeme befinden, die beide Arten von Daten und Informationsinhalten bereitstellen.

Der **Adressatenkreis**, der mit der Mobilitätsinformation erreicht werden soll, ist das zweite Merkmal, das zur Klassifikation von Informationssystemen herangezogen werden kann. Zu unterscheiden sind Systeme, die kollektiv alle Mobilitätsnutzer eines oder mehrerer Mobilitätsangebote ansprechen und Systeme, die individuell auf den einzelnen Mobilitätsnutzer eingehen (Daduna et al. 2006, S. 47). Beispielsweise ermöglichen Auskunftssysteme im Internet und Terminals an Bahnhöfen eine an die Reiseanforderungen des Mobilitätsnutzers angepasste individuelle Information. Meldungen über die Verkehrssituation im Radio hingegen adressieren alle Mobilitätsnutzer, die dieses Informationsangebot nutzen. Die Auswahl der für die Mobilitätsnutzer individuell relevanten Informationsinhalte erfolgt dann bei diesen selbst.

Der Adressatenkreis führt demnach zu einer Klassifizierung in:

- Kollektive Informationssysteme,
- Individuelle Informationssysteme.

Wiederum können Informationssysteme sowohl kollektive als auch individuelle Informationsangebote vereinen, bspw. wenn diese individuelle Planungen ermöglichen, jedoch Störungsinformationen ungefiltert für den gesamten Mobilitätsraum anbieten.

Charakteristisch für eine vernetzte Mobilität ist der Wechsel zwischen Verkehrsmitteln, der Ein- und Ausstieg an Knotenpunkten und die Bewältigung des Weges zu den Knotenpunkten und von diesen zum Ziel. Unterschiedliche Umgebungen erfordern unterschiedliche Informationsinhalte (Alles 2000, S. 8–11). Diese können von verschiedenen Informationssystemen bereitgestellt werden.

Die Klassifizierung mit dem Merkmal **Standort und Mobilität** ermöglicht es, Mobilitätssysteme einem bestimmten Standort zuzuordnen und ggf. den Grad der Mobilität, also in wieweit das System durch den Mobilitätsnutzer mitgenommen bzw. mobil genutzt werden kann, zu bestimmen. Fahrplanaushänge oder DFI-Anzeiger sind typische Vertreter von stationären Informationssystemen an Haltestellen. Beschilderung zu Fahrtrichtungen, Autobahnnummern und Distanzen sind typische Vertreter aus dem Kontext des Individualverkehrs. Karten und Taschenfahrpläne hingegen sind nicht ortsgebunden und können vom Mobilitätsnutzer zu jedem Zeitpunkt mobil genutzt werden. Die technologische Weiterentwicklung mobiler Endgeräte und neuer Übertragungskanäle sowie die damit verbundenen mobilen Nutzungsmöglichkeiten eröffnen ein neues Feld für Mobilitätsinformationssysteme. Diese können an allen Stationen entlang der Reisekette übergreifend über die Mobilitätsangebote den Mobilitätsnutzern notwendige Informationsinhalte zur Verfügung stellen, diese leiten und auf Basis von festgelegten Informationskategorien und -inhalten automatisch informieren.

Der Standort und die Mobilität führen demnach zu einer Klassifizierung in:

- Stationäre Informationssysteme,

- Mobile Informationssysteme.

Die Kombination eines stationären und gleichzeitig mobilen Informationssystems findet sich bei breiter Auslegung, wenn stationäre Informationsangebote in Fahrzeugen des öffentlichen Personenverkehrs, die sich entlang ihrer Linien bewegen, in diesen Zwischenbereich einbezogen werden. Aus Sicht des Mobilitätsnutzers kann dieser Fall als stationäres Informationssystem betrachtet werden, da es sich im Kontext des Fahrzeuges nicht bewegt und der Mobilitätsnutzer das System nicht mitnehmen kann. In diesem Zwischenraum sind deshalb viel mehr Informationssysteme denkbar, die über verschiedene Zugänge, bspw. über den Computer in der eigenen Wohnung oder das mobile Endgerät zugänglich sind. Soziale Netzwerke können bspw. in diesen Zwischenraum eingeordnet werden. Zukünftig sind jedoch Systeme denkbar, die auf Basis eines mobilen Endgerätes und eines stationären Gegenstücks an festgelegten Orten eine Information ermöglichen. Diese würden sich dann im benannten Zwischenraum bewegen, da sie vom Vorhandensein beider Systeme bestimmt wären.

Bereits jetzt zeichnet sich ein weiteres Merkmal für die Klassifizierung von Informationssystemen ab, das die klassische Zuordnung von Informationsanbieter und -nutzer auflöst. Solche bidirektionalen Systeme nutzen den Mobilitätsnutzer als Informationslieferanten sowohl zur Rückmeldung an den Mobilitätsanbieter als auch zur Kommunikation von Informationsinhalten an andere Mobilitätsnutzer. Erste Systeme beim Münchner Verkehrs- und Tarifverbund (MVV) in Form eines MVV-Staumelders (Münchner Verkehrs- und Tarifverbund 2014) oder die in der VDV-Schrift 431-1 dokumentierten Schadensmeldungsfunktionen (VDV-Schrift 431-1, S. 19) zeigen bereits auf, wie diese Systeme funktionieren können.

Daraus ergibt sich eine weitere Klassifizierung nach der Kommunikationsrichtung in:

- Unidirektionale Informationssysteme,
- Bidirektionale Informationssysteme.

Abbildung 13 zeigt die Ebenen der abgeleiteten Klassifizierung der Mobilitätsinformationssysteme.

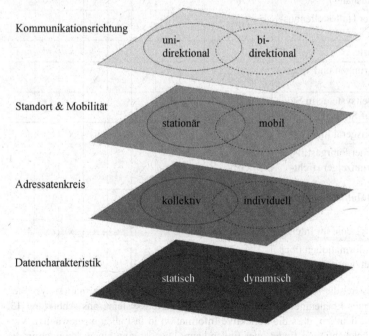

Abbildung 13: Ebenen der Klassifizierung von Mobilitätsinformationssystemen

Vorteile dieser Systeme können sich sowohl auf Seiten der Mobilitätsanbieter als auch auf Seiten der Mobilitätsnutzer, durch die Schaffung einer besseren Informationsbasis manifestieren (Stelzer et al. 2014, S. 29–30). Informationsinhalte, die auf Basis von Angaben, z. B. zu Start- und Zielort erzeugt werden, fallen in dieser Klassifizierung nicht unter bidirektionale Systeme, da keine neue Informationsbasis geschaffen wird, sondern lediglich eine Individualisierung.

Tabelle 11: Klassifizierung für beispielhafte Vertreter der Mobilitätsinformation

Informationssystem	Kategorie	statisch	dynamisch	kollektiv	Individuell	stationär	mobil	unidirektional	bidirektional
Taschenfahrplan	ÖPV	x		x			x	x	
Fahrplanaushang	ÖPV	x		x		x		x	
Interaktiver Haltestellenaushang	ÖPV	x	x	x	x	x		x	x
Straßenkarte	IV	x			x		x	x	
Beschilderungen und Wegweiser	ÖPV/IV	x		x		x		x	
Verkehrsleitsysteme in Städten und auf Straßen	IV		x	x		x		x	
Navigationsgerät mit TMC[4]	IV	x	x		x		x	x	
Dynamischer Fahrgastinformationsanzeiger (Echtzeit)	ÖPV		x	x		x		x	
Mobile Mobilitätsapplikationen	ÖPV	x	x	x	x		x	x	x
Planungssysteme im Internet	IV/ÖPV	x	x		x	x	x	x	
Störungsinformationen über soziale Netzwerke	ÖPV		x	x		x	x		x

Tabelle 11 zeigt die beispielhafte Klassifizierung von Mobilitätsinformationssystemen nach dem vier Ebenenmodell der Mobilitätsinformationssysteme aus Abbildung 13. Daraus wird deutlich, dass die kollektive Information in fast allen ausgewählten Vertretern Berücksichtigung findet oder finden kann. Dies ist zum einen den noch in der

---

[4]   TMC – Traffic Message Channel zur Kommunikation von Verkehrsmeldungen über UKW-Frequenzen

Entwicklung befindlichen und noch nicht ausgeschöpften Möglichkeiten der Individualisierung zuzuschreiben und zum anderen dem in Kapitel 1.3.1 beschriebenen noch nicht abgeschlossenen Wandel zur Wahrnehmung unterschiedlicher Nutzer und Nutzergruppen.

Fazit: Perspektiven der Mobilität

Zusammenfassend kann festgestellt werden, dass die Informationssysteme ein hohes Potenzial zur nutzergerechten Bereitstellung von Informationsinhalten bieten, welches bezogen auf den Mobilitäts- und Informationsraum, den Informationsbedarf und die unterschiedlichen Eigenschaften der Nutzer zielgerichtet ausgeschöpft werden muss. Dabei müssen auch finanzielle und gesellschaftliche Rahmenbedingungen berücksichtigt werden, die ggf. den besten Weg zur Information der Nutzer erschweren.

3. Qualitätsmodell für die Mobilitätsinformation

Vorgehen	Methoden	
	analytisch	empirisch
...		
Entwicklung des Qualitätsmodell	Literaturanalyse der Qualität von Mobilitätsinformation	Empirische Analyse der Qualität von Mobilitätsinformation
	Ableiten des Qualitätsmodells	
...		

Abbildung 14: Vorgehen zur systematischen Entwicklung des Qualitätsmodells für die Mobilitätsinformation

Die systematische Entwicklung des Qualitätsmodells umfasst methodisch, nach einer allgemeinen Begriffsklärung unter Einbezug des Dienstleistungsqualitätskreises (DIN EN 13816, S. 6), die Analyse der Qualität aus Perspektive des Usability Engineerings, der Mobilitätsdienstleistung sowie der Mobilitätsinformationssysteme. Ergänzend werden in der empirischen Analyse mit Experten und Mobilitätsnutzern offene Fragestellungen adressiert, die zur Ableitung des Qualitätsmodells zielführend sind. Diese Ableitung erfolgt auf Basis der analytischen und empirischen Ergebnisse in den Schritten:

- Definition der Qualitätsmerkmale,
- Bestimmung der Einflussfaktoren auf die Qualitätsmerkmale,
- Systematische Verknüpfung der Teilergebnisse zu einem Qualitätsmodell.

Abschließend werden basierend auf dem Qualitätsmodell solche Fragestellungen identifiziert, die für die Entwicklung des Instrumentariums und damit die Qualitätsevaluation im Kontext der Mobilität weiter zu untersuchen sind. Ziel dieses Kapitels ist die Definition der Qualität unter Integration nutzerorientierter und systemorientierter Ansätze zur Definition eines allgemeinen Modells zur Bestimmung der Qualität der Mobilitätsinformation.

3.1 Perspektiven des Qualitätsbegriffs

Grundlegend lässt sich Qualität vom lateinischen Wort ‚qualitas‘, in der Übersetzung ‚Beschaffenheit‘ oder ‚Eigenschaft‘ ableiten (PONS 2015, Stichwort: 'qualitas'). In Übereinstimmung mit diesem Ursprung beschreibt der Duden das Wort Qualität als „Beschaffenheit, Güte [und/oder] Wert" (Scholze-Stubenrecht 2006, S. 821).

Hinsichtlich des Qualitätsmanagements, also dem „Leiten und Lenken einer Organisation [...] bezüglich der Qualität" (DIN EN ISO 9000, S. 20), insbesondere zur Steigerung der Kundenzufriedenheit (DIN EN ISO 9000, S. 6) kann Qualität allgemein definiert werden als „Grad, in dem ein Satz inhärenter **Merkmale** [...] **Anforderungen** [...] erfüllt" (DIN EN ISO 9000, S. 18). Dabei bleibt in der allgemeinen Definition offen, welcher Art die zu erfüllenden Merkmale sind. Die Norm weist hier u. a. Anforderungen der Kunden oder Anforderungen an das Produkt aus, welche es zu erfüllen gilt (DIN EN ISO 9000, S. 19). Zu den inhärenten, also innewohnenden (Scholze-Stubenrecht 2006, S. 530), Merkmalen werden entsprechend der DIN EN ISO 9000 verschiedene qualitative oder quantitative Eigenschaften, z. B. physikalischer, ergonomischer, verhaltensbezogener oder funktionaler Natur, gezählt (DIN EN ISO 9000, S. 25–26). Die Merkmale selbst und deren Einfluss auf die Kundenzufriedenheit können sich je nach Kontext und Merkmal unterschiedlich ausprägen (Jentsch 2009, S. 7). Kano definiert hinsichtlich der Merkmale, die die Qualität anhand der Kundenanforderungen beschreiben und damit die Kundenzufriedenheit beeinflussen, fünf Kategorien (Kano et al. 1996, S. 169–171):

- Ansprechende Qualitätsmerkmale (*attractive quality elements*) lösen beim Nutzer eine Zufriedenheit aus, wenn sie vorhanden sind. Die Abwesenheit dieser Merkmale wird jedoch vom Nutzer akzeptiert (Kano et al. 1996, S. 170).

- Eindimensionale Qualitätsmerkmale (*one-dimensional quality elements*) repräsentieren die Standardmerkmale zur Bestimmung der Qualität. Diese Merkmale erzeugen Zufriedenheit, wenn sie erfüllt werden und Unzufriedenheit, wenn sie nicht erfüllt werden (Kano et al. 1996, S. 170).

- Muss-Qualitätsmerkmale (*must-be quality elements*) werden vom Nutzer als vorhanden vorausgesetzt und resultieren in Unzufriedenheit, wenn diese nicht vorhanden sind oder erfüllt werden (Kano et al. 1996, S. 170).

- Indifferente Qualitätsmerkmale (indifferent quality elements) tragen weder zu einer Steigerung noch zu einer Senkung der Zufriedenheit bei (Kano et al. 1996, S. 170).

- Umgekehrte Qualitätsmerkmale (reverse quality elements) erzeugen beim Nutzer Unzufriedenheit, wenn diese erfüllt werden und Zufriedenheit, wenn sie nicht erfüllt werden (Kano et al. 1996, S. 170).

Die Beurteilung der Qualität erfolgt nach Kano sowohl auf einer subjektiven als auch einer objektiven Ebene, wobei Erstere aus Nutzersicht überwiegt (Kano et al. 1996, S. 169). Zudem besteht die Qualität eines Produktes oder einer Leistung aus der Beurteilung des Gesamten und seiner Einzelteile (Kano et al. 1996, S. 169).

Es wird deutlich, dass Qualität, Qualitätsmanagement und Kundenzufriedenheit ein weites Anwendungsfeld und unterschiedliche Branchen betreffen. Die Beurteilung der Qualität aus Nutzersicht beinhaltet für den Bereich Dienstleistungen, zu denen auch die Mobilitätsinformation gezählt werden kann, eine stark subjektive Prägung (Kumar 2012, S. 68), die mit entsprechenden Merkmalen erfasst werden muss. Auf Basis dieser allgemeinen Begriffsbestimmung wird im Folgenden Qualität in Bezug zur Mobilitätsinformation weiter betrachtet und relevante Merkmale des Anwendungsfeldes identifiziert. Festzuhalten ist, dass für die Evaluation der Qualität das Gesamte sowie seine Einzelteile analysiert und entsprechende Merkmale bestimmt und operationalisiert werden müssen.

Allgemein kann hinsichtlich der Qualität von Mobilitätsinformation von zwei Perspektiven ausgegangen werden:

- Perspektive der Nutzer der Mobilität und der Mobilitätsinformation,
- Perspektive der Anbieter der Mobilität und der Mobilitätsinformation.

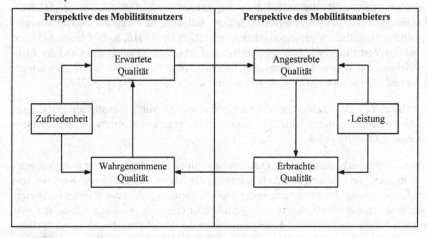

Abbildung 15: Dienstleistungs-Qualitätskreis nach (DIN EN 13816, S. 6)

Die DIN EN 13816 beschreibt im Kontext der Dienstleistungsqualität von Mobilitätsangeboten am Beispiel des öffentlichen Personenverkehrs die dem Qualitätsbegriff innewohnenden Perspektiven für die Mobilität. Dabei hat die Norm das Ziel, eine „Qualitätsphilosophie für öffentliche Verkehre zu fördern sowie das Augenmerk auf die Bedürfnisse und Erwartungen der Kunden zu lenken" (DIN EN 13816, S. 4) und damit zu einer Steigerung der Qualität beizutragen (DIN EN 13816, S. 4). Die Norm definiert für ihren Anwendungsbereich die Dienstleistungsqualität als „Reihe von Qualitätskriterien und geeigneten Maßnahmen, für die der Dienstleistungsanbieter (derjenige, der Anspruch erhebt, die Norm zu erfüllen) verantwortlich ist" (DIN EN 13816, S. 6). Als Teil der Dienstleistungsqualität ist die Information der Mobilitätsnutzer eines von acht Teilbereichen (DIN EN 13816, S. 8).

Grundlage für die Messung der Qualität, sowie die Festlegung von Qualitätszielen ist der Dienstleistungsqualitätskreis, der die Qualität in vier Bereiche untergliedert (DIN EN 13816, S. 6). Abbildung 15 zeigt diese vier Bereiche und ihre Verknüpfung.

Aus Nutzersicht ist die erwartete Dienstleistungsqualität, also die „explizit oder implizit vom Kunden" (DIN EN 13816, S. 7) erwartete Qualitätsstufe, die Ausgangsbasis für die Bestimmung der Qualität. Diese Qualitätsstufe stellt eine Summe von Merkmalen dar, die z. B. auf Basis von Studien identifiziert und gewichtet werden können (DIN EN 13816, S. 7). Bei der angestrebten Dienstleistungsqualität aus Sicht der ' Dienstleistungsanbieter sind neben der vom Mobilitätsnutzer erwarteten Qualitätsstufe auch die Einflüsse von z. B. finanziellen oder rechtlichen Rahmenbedingungen sowie der eigenen Zielsetzungen zu beachten (DIN EN 13816, S. 7). Die erbrachte und wahrgenommene Dienstleistungsqualität stellen die aus Sicht des Mobilitätsnutzers angemessene Qualität dar, wobei die wahrgenommene Qualität aus den persönlichen Erfahrungen des Mobilitätsnutzers resultiert, während die erbrachte Dienstleistungsqualität u. a. statistisch gemessen werden kann (DIN EN 13816, S. 7). Für die Anbieter stellt das Verhältnis zwischen angestrebter und erbrachter Qualität den Grad der Zielerreichung dar, während die Kundenzufriedenheit über das Verhältnis zwischen erwarteter und wahrgenommener Qualität bestimmt wird (DIN EN 13816, S. 7–8).

Somit kann für den Qualitätsbegriff im Kontext von Mobilitätsdienstleistungen festgestellt werden, dass dieser sich über die erwartete, angestrebte, erbrachte und wahrgenommene Qualität definiert.

Daraus ergibt sich, dass für eine Qualitätsbeurteilung alle vier Bereiche integriert werden müssen und eine eingehende Betrachtung der Nutzer, Aufgaben und Kontexte unter Einbeziehung der Erwartungen der Mobilitätsnutzer sowie der Rahmenbedingungen unabdingbar ist. Die Kundenzufriedenheit ist dabei ein wichtiger Faktor, der sich auch auf die wirtschaftlichen Erfolgsaussichten der Mobilitätsanbieter auswirkt (Bäumer und Pfeiffer, S. 11–12; Homburg und Bucerius 2012, S. 80; Schnippe 2000, S. 147–159).

Zusätzlich kann der Qualitätsbegriff nach Bevan (Bevan 1995, S. 116) und Garvin (Garvin 1984, S. 25–30) aus vier weiteren Perspektiven sowie der bereits im Qualitätskreis dargestellten Nutzerperspektive wahrgenommen werden:

- Übergeordneter Qualitätsbegriff der auf Erfahrung beruht,
- Produktqualität auf Basis definierter Kriterien,
- Herstellungsqualität in Abhängigkeit von definierten Anforderungen,
- Ökonomische Qualität in Abhängigkeit von Leistung und Preis,
- Vom Nutzer wahrgenommene Qualität auf Basis der Zufriedenstellung.

Die Perspektiven des Qualitätskreislaufes müssen, sofern diese nicht reine Dienstleistungen betreffen, zusätzlich in Abhängigkeit des Produktes um weitere Perspektiven ergänzt werden. Da die Mobilitätsinformation sowohl Dienstleistung als auch System und damit Produkt ist, müssen diese weiteren Perspektiven zumindest als Rahmenbedingung integriert und bei der Qualitätsevaluation berücksichtigt werden.

3.2 Qualität von Mobilitätsinformation in der Literatur

Die Analyse des Qualitätsbegriffes und der innewohnenden Perspektiven zeigt die weiterführenden Bereiche auf, die für die Entwicklung des Qualitätsmodells auf Basis der wissenschaftlichen Auseinandersetzung in der Literatur zu analysieren sind.

3.2.1 Qualität im Usability Engineering

Für das Usability Engineering stellt Bevan fest: „Work on usability has led to another broader and potentially important view of quality" (Bevan 1995, S. 117).

Das Usability Engineering kennt verschiedene Methoden zur nutzerzentrierten Entwicklung und Evaluation von Systemen und umfasst damit die zuvor betrachtete Nutzerperspektive der Qualität. Nach Nielsen ist die Akzeptanz von Systemen verschiedenen Einflussfaktoren zuzuordnen (Nielsen 1993, S. 25).

Diese Einflussfaktoren sind in Abbildung 16 dargestellt und zeigen insbesondere auf, dass die Utility und Usability eng über die ‚Usefulness' als Teil der praktischen Akzeptanz verbunden sind (Nielsen 1993, S. 25). Nielsen stellt fest: „utility is the question of whether the functionality of the system in principle can do what is needed, and usability is the question of how well users can use the functionality" (Nielsen 1993, S. 25). Der Ansatz, die Usability als Teil der Qualität eines Produktes oder Systems einzuordnen, hat sich im Verlaufe der letzten zwanzig Jahre stark auf die Qualität von Software und den Softwareentwicklungsprozess fokussiert (Bevan und Azuma 1997, S. 169–171; Bevan 1995, 2009, S. 13–16; Lew et al. 2010, S. 218–221). Im Rahmen dieser Entwicklung und Spezifizierung ist die Usability im Qualitätsmodell der ISO 9126 als Teil der Qualitätsmerkmale von Software etabliert (ISO/IEC 9126-1, S. 7):

- Funktionalität,

- Zuverlässigkeit,

- Usability,

- Effizienz,

- Wartbarkeit,

- Portierbarkeit.

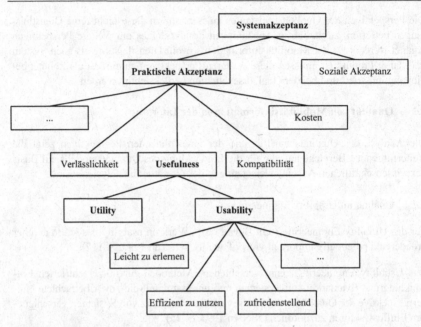

Abbildung 16: Systemakzeptanz nach (Nielsen 1993, S. 25)

Bevan interpretiert die Verbindung zwischen der Usability und den weiteren Qualitätsmerkmalen in Abhängigkeit der Nutzer, der Aufgabe und daraus resultierender
Szenarios als Teil der Nutzungsqualität (Bevan 1997, S. 6). In dieser Nutzungsqualität
ist die Software nur ein Teil des Systems und die Qualität wird nicht als Teil der Software, sondern als Resultat der Software- oder Systemnutzung gemessen (Bevan 1997,
S. 6).

Die Usability, welche das Zusammenspiel zwischen System und Nutzer betrachtet,
kann über die Benutzbarkeit und Gebrauchstauglichkeit definiert werden. Die DIN EN
ISO 9241-210 definiert die Gebrauchstauglichkeit als „Ausmaß, in dem ein System,
ein Produkt oder eine Dienstleistung durch bestimmte Benutzer in einem bestimmten
Nutzungskontext genutzt werden kann, um festgelegte Ziele effektiv, effizient und
zufriedenstellend zu erreichen" (DIN EN ISO 9241-210, S. 7). Grundlage für die Usability ist die Utility, die die funktionalen Faktoren des Systems beinhaltet und damit
die grundsätzliche Nützlichkeit bereitstellt (Richter 2012, S. 203).

Die Integration der Usability in den Qualitätsgedanken kann u. a. durch die mit der
Umsetzung von nutzerzentrierten Entwicklungsmethoden erzielbaren Effekte begrün-
det werden. Die DIN EN ISO 9241-210 nennt in diesem Bezug u. a. die Steigerung

von Produktivität, die Erhöhung der Zugänglichkeit für unterschiedliche Nutzergruppen oder die Reduzierung von Stress (DIN EN ISO 9241-210, S. 8).

Diese Kriterien können auch für die Mobilitätsinformation als Ziele der Qualität definiert werden. Zudem kann hinsichtlich der Vielfalt der Mobilitätsinformationssysteme festgestellt werden, dass diese sich in Hinblick auf die technische Weiterentwicklung in hohem Maße interaktiver Systeme bedienen oder bedienen werden, die im Sinne der Dialoggestaltung nach DIN EN ISO 9241-110 und 9241-210 einer nutzerzentrierten Entwicklung unterliegen sollten.

Aus der Definition der Gebrauchstauglichkeit bzw. Usability wird deutlich, welche Aspekte für die Bestimmung der Qualität aus Sicht des Usability Engineerings ausschlaggebend sind (DIN EN ISO 9241-210, S. 7). Die Einflussfaktoren Nutzer, Aufgabe, System und Kontext bestimmen das Ausmaß, in dem ein System gebrauchstauglich ist (DIN EN ISO 9241-210, S. 7) und sind ausschlaggebend für die nutzerzentrierte Entwicklung, wie diese bereits im sogenannten ABC-Modell von Frese und Brodbeck dargestellt wird (Frese und Brodbeck 1989, S. 101–102). Die Wechselbeziehung zwischen Aufgabe, Nutzer und System beinhaltet dabei sowohl Fragestellungen der Funktionalität sowie der Aufgabenbewältigung und der Nutzbarkeit (Frese und Brodbeck 1989, S. 101–102). Im Mobilitätsraum kann hier von einer hohen Anzahl unterschiedlicher Nutzer und Aufgaben sowie bezogen auf die Informationssysteme von einer Breite unterschiedlichster technischer und nicht-technischer Systeme ausgegangen werden (Hörold et al. 2013c, S. 160–162).

Der Mobilitätsinformation wohnt dabei bereits die spezielle Herausforderung der Mobilität inne, die sich im Sinne der mobilen Usability auch auf die nutzerzentrierte Entwicklung und Evaluation abbildet. Nielsen stellt im Vergleich zur Web-Usability fest, dass sich die grundlegenden Usability Guidelines nicht maßgeblich unterscheiden, jedoch im mobilen Kontext die Guidelines in ihrer Anwendung noch kritischer und strikter zu befolgen sind (Nielsen und Budiu 2013, S. ix). Nach Krannich lassen sich die Herausforderungen der mobilen Systeme im Gegensatz zu stationären Systemen auf die Bereiche Informationsdarstellung, Art und Motivation der Benutzung, den Kontext, die Interaktion sowie die Ein- und Ausgabemodalitäten zurückführen (Krannich 2010, S. 37). Da sich die Mobilitätsinformation verschiedener Systeme bedient, die sowohl mobil als auch stationär sein können, muss die Qualität aus Sicht des Usability Engineerings demnach die Mobilität des Nutzers, die Art des Systems, die durchzuführende Aufgabe sowie den Kontext berücksichtigen. Ergänzend müssen die Wechselwirkung und das Zusammenspiel zwischen den Systemen integriert werden.

Aus Sicht des Usability Engineerings können für die Qualität der Mobilitätsinformation demnach zwei Felder identifiziert werden, die für eine Bestimmung und Evaluation der Qualität zu berücksichtigen sind:

- Usability im Sinne der Effektivität, Effizienz und Zufriedenstellung,

- Integration der Einflussfaktoren Nutzer, Aufgabe, System und Kontext.

Eine Bestimmung der Qualität bedarf zudem einer Operationalisierung der Kriterien zu messbaren Indikatoren. Die Methoden des Usability Engineerings sind grundlegend dazu geeignet, den Nutzungskontext sowie die Einflussfaktoren zu identifizieren und als Ausgangspunkt für die Entwicklung von Methoden zur Qualitätsevaluation von Mobilitätsinformation zu dienen.

3.2.2 Qualität von Mobilitätsdienstleistungen

Die Vielschichtigkeit des Qualitätsbegriffes und der Betrachtung der Qualität im Mobilitätskontext spiegelt sich auch in der Vielfalt der die Qualität beeinflussenden Faktoren wider, wie die Analyse des Qualitätsbegriffs bereits zeigt. Die DIN EN 13816 ordnet die Kriterien der Dienstleistungsqualität den folgenden acht Teilbereichen zu (DIN EN 13816, S. 8):

- Verfügbarkeit,

- Zugänglichkeit,

- Information,

- Zeit,

- Kundenbetreuung,

- Komfort,

- Sicherheit,

- Umwelteinflüsse.

Für die Entwicklung eines Instrumentariums zur Qualitätsevaluation von Mobilitätsinformation ist die Differenzierung der Mobilitätsinformation in Teilbereiche ebenfalls zwingend erforderlich. Die Betrachtung der Teilbereiche der DIN EN 13816 erfolgt insbesondere in Hinblick auf die Qualität als Gesamtwahrnehmung aus Perspektive des Mobilitätsnutzers als auch hinsichtlich der Wechselbeziehungen zwischen den Teilbereichen und deren Abgrenzung. Den Schwerpunkt bildet dabei der Teilbereich Information der DIN EN 13816.

3.2.2.1 Verfügbarkeit & Zugänglichkeit

Die Gestaltung eines „attraktiven Verkehrsangebotes" (Verband Deutscher Verkehrsunternehmen 2001, S. 198) ist die Grundlage für die Verfügbarkeit und Zugänglichkeit sowie die Akzeptanz und Zufriedenheit des Kunden mit dem Mobilitätsangebot (Verband Deutscher Verkehrsunternehmen 2001, S. 198). Die DIN EN 13816 nennt in Bezug zu diesen zwei Teilbereichen die Kriterien der räumlichen und zeitlichen Verfüg-

barkeit der Angebote, die Bereitstellung von Zugangspunkten zum eigenen Mobilitätsangebot sowie die Verknüpfung mit anderen Verkehrsmitteln und Mobilitätsangeboten
(DIN EN 13816, S. 8).

Tabelle 12: Verfügbarkeit - Kriterien und Operationalisierung nach (DIN EN 13816, S. 12)

Kriterien	Operationalisierung
Verkehrsmittel	Differenzierte Bereitstellung von Verkehrsmitteln
Netz	Entfernung der Haltestellen zueinander und zu Wohn- und Arbeitsbereichen
	Notwendigkeit von Umstiegen, um das gewünschte Ziel zu erreichen
	Festgelegtes zu bedienendes Gebiet
Betrieb	Zeiten in denen der Betrieb durchgeführt wird
	Taktung der Verkehrsmittel auf den Linien
	Auslastung der Verkehrsmittel
Eignung	Eignung der angebotenen Verkehrsmittel, des Netzes und des Betriebs für die Erfüllung der Aufgaben und Anforderungen.
Zuverlässigkeit	Zuverlässigkeit der angebotenen Dienstleistung

Tabelle 13: Zugänglichkeit - Kriterien und Operationalisierung nach (DIN EN 13816, S. 12)

Kriterien	Operationalisierung
Externe Schnittstellen	Zugänglichkeit für externe Mobilitätsmöglichkeiten und -angebote, z. B. Fußgänger, Radfahrer, MIV
Interne Schnittstellen	Bereitstellung und Zugänglichkeit von Ein-/Ausgängen
	Zugänglichkeit zu den notwendigen Schnittstellen innerhalb des ÖV
	Unterstützung beim Umstieg in andere Verkehrsmittel
Ticketing/Fahrausweise	Kaufmöglichkeiten innerhalb des Systems
	Kaufmöglichkeiten außerhalb des Systems

Tabelle 12 und Tabelle 13 zeigen die nach DIN EN 13816 für die Verfügbarkeit und
Zugänglichkeit entscheidenden Qualitätskriterien sowie die Operationalisierung und
Detaillierung dieser für die Beurteilung der Kriterien innerhalb des Anwendungsfeldes
des öffentlichen Personenverkehrs, die aber auf andere Mobilitätsangebote grundsätzlich übertragbar sind. Die Zugänglichkeit und Verfügbarkeit bezieht sich auf alle potenziellen Nutzer des Mobilitätsangebotes und muss das allgemeine Kriterium der
Mobilität für alle (Verband Deutscher Verkehrsunternehmen 2012, S. 22–24) berücksichtigen. Dies umfasst nicht nur die nutzerspezifischen Unterschiede, z. B. resultierend aus Alter, Fähigkeiten oder Wissen, sondern auch den Grund der Mobilität, der
neben beruflichen Gründen und der Erledigung von Alltagsaufgaben, explizit auch

freizeitliche Aktivitäten beinhalten kann (Verband Deutscher Verkehrsunternehmen 2012, S. 22).

Die Gestaltung des Verkehrsangebotes mit dem Ziel einer hohen Qualität für die verschiedenen Nutzer und Aufgaben muss jedoch auch die Rahmenbedingungen, insbesondere den demografischen Wandel und die Wirtschaftlichkeit der angebotenen Leistungen berücksichtigen. Im Sinne der öffentlichen Daseinsvorsorge kann dem öffentlichen Personenverkehr und angrenzenden Mobilitätsangeboten eine wichtige Rolle zugesprochen werden, die eine Erschließung des Mobilitätsraums, auch jenseits von wirtschaftlichen Gesichtspunkten, als Aufgabe öffentlicher Unternehmen definiert (Lott 2008, S. 76–77). Scholz bezeichnet die Wechselwirkung zwischen Daseinsvorsorge, Qualität und Wirtschaftlichkeit als Spannungsfeld, in dem sich der ÖPNV kontinuierlich bewegt (Scholz 2012, S. 363–364). Innerhalb dieses Spannungsfeldes und unter Berücksichtigung der aus der Urbanisierung, Reduzierung des Schulpendlerverkehrs und allgemein dem demografischen Wandel resultierenden Herausforderungen, entstehen aktuell neue Bedienformen, u. a. Bedarfsverkehre, die die Verfügbarkeit und Zugänglichkeit sicherstellen sollen (Böhler 2009, S. 3, 17 - 20; Pingel 1997, S. 118–119) und langfristig eine vernetzte und intelligente Mobilität ermöglichen.

3.2.2.2 Information

Die Verfügbarkeit notwendiger Informationen für die Mobilitätsnutzer und die Bereitstellung dieser Informationen unter Berücksichtigung der Qualität durch die Mobilitätsanbieter (DIN EN 13816, S. 8) sind eine Grundlage für vernetzte Mobilitätssysteme. Die Qualitätskriterien für den Teilbereich der Information sowie ihre Operationalisierung sind in Tabelle 14 dargestellt.

Unter Berücksichtigung der ansteigenden Vielfalt von Informationssystemen entlang der Reisekette ist über die inhaltliche Bereitstellung der Information hinaus, wie sie in der DIN EN 13816 definiert wird, auch die Nutzung und Verknüpfung der Angebote entlang der Reisekette durch die Mobilitätsnutzer zu betrachten (Daduna et al. 2006, S. 47–48; VDV-Mitteilung 7035, S. 16–17). Daduna, Schneidereit und Voß zeigen zudem auf, dass die Mobilitätsinformation in ihrer Ausgestaltung, individuell auf die Bedürfnisse des Einzelnen oder kollektiv auf alle Mobilitätsnutzer zugeschnitten werden kann (Daduna et al. 2006, S. 47). Ergänzend zu dieser Unterscheidung können, wie in Kapitel 2.4.4 dargestellt, die Mobilitätsinformationssysteme weiterhin nach ihren Charakteristika klassifiziert werden (Norbey et al. 2012, S. 33–34; Hörold et al. 2013a, S. 85). Diese Einteilung ermöglicht eine Qualitätsbeurteilung der Information hinsichtlich der Potenziale der einzelnen Informationssysteme und hinsichtlich der Vernetzung verschiedener Informationssysteme zur Deckung des Informationsbedarfs. Eine detailliertere Betrachtung des Informationsbedarfs in Abhängigkeit der Stationen der Reisekette und der unterschiedlichen Nutzergruppen (Hörold et al. 2013b, S. 331–333) erfolgt im Kapitel 5.1.

Tabelle 14: Information - Kriterien und Operationalisierung nach (DIN EN 13816, S. 13)

Kriterien	Operationalisierung
Allgemeine Information	über Verfügbarkeit und Zugänglichkeit
	über Informationsquellen
	über Fahrzeit
	über Kundenbetreuung
	über Komfort und Sicherheit
	über Umwelteinflüsse
Reiseinformation unter Normalbedingungen	Beschilderung im öffentlichen Raum
	Kennzeichnung der Haltestellen
	Anzeiger der Fahrzeuge
	über Strecke und Zeit
	über Fahrpreis und Fahrausweis
Reiseinformation unter Sonderbedingungen	über aktuellen/zukünftigen Netzzustand
	über Alternativen
	über Entschädigung und Beschwerdemöglichkeiten
	über verlorene Objekte und Fundbüros

3.2.2.3 Zeit

In Verbindung mit der Verfügbarkeit und der Zugänglichkeit zu Mobilitätsangeboten besitzt auch die Zeit, konkret die Zeit für die Planung und Durchführung der Reise, Bedeutung für die Qualität (DIN EN 13816, S. 8). Die zeitlichen Aspekte wirken sich dabei in Bezug zur zurückzulegenden Distanz sowie im Vergleich zu anderen Mobilitätsangeboten aus. Die Einhaltung der kommunizierten Zeiten innerhalb der Planung definiert die zweite Ebene der zeitlichen Qualitätsaspekte (DIN EN 13816, S. 13). Abweichungen von diesen Zeiten können in Verbindung mit dem Qualitätskriterium Information in Form von sog. Echtzeitdaten bereitgestellt werden. Bei Echtzeitdaten handelt es sich weitgehend um Prognosedaten, die basierend auf den aktuellen Informationen aus der Verkehrssteuerung bestimmt werden (VDV-Mitteilung 7022, S. 10). Tabelle 15 zeigt diese Operationalisierung des Qualitätskriteriums Zeit.

Tabelle 15: Zeit - Kriterien und Operationalisierung nach (DIN EN 13816, S. 13)

Kriterien	Operationalisierung
Reisezeit	Reisezeit der gesamten Reise und der Teilstrecken innerhalb der Reisekette, u. a. Zu- und Abgang und Umstiege
Einhaltung des Fahrplans	Durchführung der Fahrt entsprechend dem gültigen Soll-Fahrplan

3.2.2.4 Kundenbetreuung

Die Bereitstellung von Informationen durch technische Systeme, die Verfügbarkeit und Zugänglichkeit von Mobilitätsangeboten sowie der Komfort und die Sicherheit sind grundlegende Qualitätskriterien der Mobilität. Die Integration von Serviceelementen zur Adressierung einzelner Kundenanforderungen und die Möglichkeit, persönlichen individuellen Kontakt zu Mitarbeitern der Mobilitätsanbieter aufzunehmen, wird nach DIN EN 13816 als Teil der Kundenbetreuung definiert (DIN EN 13816, S. 8). Kumar zeigt in seiner Analyse zu Erwartungen und Wahrnehmung von Servicequalität im öffentlichen Personenverkehr, dass ein schneller, kompetenter und kundenorientierter Service, in Form von Kundenbetreuung, zu den meist erwarteten Qualitätsattributen des öffentlichen Personenverkehrs gehört (Kumar 2012, S. 74–75). Tabelle 16 zeigt die Kriterien der Kundenbetreuung nach DIN EN 13816.

Tabelle 16: Kundenbetreuung - Kriterien und Operationalisierung nach (DIN EN 13816, S. 13)

Kriterien	Operationalisierung
Engagement	Allgemeine Kundenorientierung und Integration von sinnvollen Innovationen zur Steigerung der Kundenorientierung
Schnittstelle zum Kunden	Bereitstellung von entsprechender Kundenbetreuung und Bearbeitung von Anfragen und Beschwerden
Personal	Allgemeines Auftreten des Personals in Bezug auf Verhalten, Erscheinungsbild
Personal	Verfügbarkeit und Fähigkeit, zur Durchführung der Kundenbetreuung
Unterstützung des Kunden	im Regelfall
Unterstützung des Kunden	im Störungsfall
Fahrausweisoptionen	Optionen zur flexiblen nachvollziehbaren Gestaltung der Tarif- und Bezahlstrukturen

Deutlich wird neben der Kundenorientierung allgemein und dem Auftreten des Personals, dass ein wesentlicher Aspekt die Unterstützung im Störungsfall ist. Für diesen Fall definiert die VDV-Schrift 720, dass sich der Kunde betreut fühlen soll und dazu der Mobilitätsinformation eine entsprechende Deckung des Informationsbedarfs obliegt (VDV-Schrift 720, S. 1).

3.2.2.5 Komfort & Sicherheit

Der Qualitätsfaktor Komfort wird durch die Nutzer unterschiedlich eingeordnet und steht in enger Beziehung zu anderen Qualitätsfaktoren, in denen dieser teilweise aufgeht (Fellesson und Friman, S. 99–100). Die DIN EN 13816 definiert Komfort insbesondere in Form einer angenehmen und erholsamen Reise (DIN EN 13816, S. 8). Sicherheit als Qualitätsfaktor betrifft die entlang der Reise getroffenen und durch den

Kunden wahrnehmbaren Einrichtungen und Maßnahmen zur Gewährleistung der Sicherheit (DIN EN 13816, S. 8).

Die Verbindung zwischen Komfort und Sicherheit wird insbesondere in Bezug zu einer erholsamen und angenehmen Reise deutlich, die nur unter der persönlichen Wahrnehmung von Sicherheit erreicht werden kann. Kumar definiert unter dem Qualitätsfaktor Komfort, in Bezug auf den Bus als Verkehrsmittel, die Kriterien (Kumar 2012, S. 74):

- Angebot und Verfügbarkeit von Sitzgelegenheiten,
- Komfort der Sitzgelegenheit,
- Fahrkomfort der Reise im Bus,
- Reisezeit mit dem Bus.

Die DIN EN 13816 weitet diese enge Operationalisierung auf Einrichtungen, Fahrkomfort aller Verkehrsmittel sowie die Ergonomie, wie in Tabelle 17 dargestellt, aus.

Tabelle 17: Komfort - Kriterien und Operationalisierung nach (DIN EN 13816, S. 13)

Kriterien	Operationalisierung
Benutzbarkeit von Einrichtungen	Allgemeiner Zugang zu und die Möglichkeit der Nutzung von Fahrgasteinrichtungen an Haltestellen und Fahrzeugen entsprechend ihrem Zweck
Raumangebot	Platzangebot in Fahrzeugen und an Haltestellen
Fahrkomfort	Komfort der einzelnen Fahrten, insbesondere in Bezug auf Anfahren und Anhalten sowie die Fahrt selbst auch unter externen Einflüssen
Umfeld	Schutz vor Wettereinflüssen
	Sauberkeit
	Lärm
	Gestaltung der Einrichtungen/Fahrzeuge
Einrichtungen	zur Erfrischung, Unterhaltung, Einkauf, Kommunikation
	zur Gepäckaufbewahrung sowie sanitäre Anlagen
Ergonomie	zur Sicherstellung der Bewegungsfreiheit
	für die Gestaltung der Einrichtungen

Die in Tabelle 18 dargestellte Operationalisierung für den Qualitätsfaktor Sicherheit, erweitert den Komfort, um die Aspekte der Unfall- und Verbrechensvermeidung sowie des Notfallmanagements (DIN EN 13816, S. 14).

Tabelle 18: Sicherheit - Kriterien und Operationalisierung nach (DIN EN 13816, S. 13)

Kriterien	Operationalisierung
Verbrechensvermeidung	Bauliche Maßnahmen, u. a. Beleuchtung
	Technische Maßnahmen, u. a. Videoüberwachung
	Personelle Maßnahmen, u. a. Sicherheitspersonal
	Notfalleinrichtungen
Unfallvermeidung	Bauliche Maßnahmen, u. a. Haltegriffe
	Kennzeichnung von Gefahrenbereichen
	Einsatz von Personal
Notfallmanagement	Ausweisen entsprechender Maßnahmen und Pläne

3.2.2.6 Umwelteinflüsse

Die Bereitstellung von Mobilität im Sinne des öffentlichen Personenverkehrs folgt neben anderen, dem Ziel der Schonung der Umwelt und Schonung von Ressourcen (Verband Deutscher Verkehrsunternehmen 2001, S. 12; Pousttchi et al. 2002, S. 114; Eichmann et al. 2006, S. 5–6). Diese Sichtweise kann auch auf Mobilitätsangebote ausgeweitet werden, die bspw. das Teilen von Fahrzeugen beinhalten. Zudem beeinflussen Aspekte der Umweltorientierung, insbesondere die in Tabelle 19 dargestellte Operationalisierung des Kriteriums Verschmutzung, auch den Komfort und Gesamteindruck der Qualität (DIN EN 13816, S. 8, 14).

Tabelle 19: Umwelteinflüsse - Kriterien und Operationalisierung nach (DIN EN 13816, S. 13)

Kriterien	Operationalisierung
Verschmutzung	physische Verschmutzung, z. B. durch Abfall
	visuelle Verschmutzung, z. B. durch Verschandlung
	Lärm- und Geruchsverschmutzung
	Elektronische Signale und Störungen
Ressourcen	Nutzung von Energie und physischem Raum
Infrastruktur	Auswirkungen auf Straße, Schiene sowie die vorhandenen Ressourcen

3.2.3 Qualität von Mobilitätsinformationssystemen

Die Vielfalt der Mobilitätsinformationssysteme und der Mobilitätsinformation selbst, die sich auch hinsichtlich des Mobilitätsangebotes differenzieren, stellen die größte Herausforderung für die Definition spezifischer sowie übergreifender Qualitätsmerkmale dar. Allgemein kann entsprechend der Definition des Informationsraums in Kapitel 2.4.3 bei der Qualität von Mobilitätsinformationssystemen in eine Betrachtung in drei Bereiche unterschieden werden:

- inhaltliche Merkmale,

- technische Merkmale sowie

- organisatorische und rechtliche Rahmenbedingungen.

Dabei wirken sich die technischen, organisatorischen und rechtlichen Merkmale und Rahmenbedingungen auch auf die inhaltlichen Merkmale aus, da diese die Bereitstellung von Informationsinhalten, den Aufbau der Systeme sowie die Qualität der Information maßgeblich mit beeinflussen.

Für die Qualität der Information stellen Lew et al. einen ergänzenden Ansatz zum Qualitätsmodell der ISO/IEC 9126 vor, der die Informationsqualität als gleichrangiges Qualitätsmerkmal der Softwarequalität definiert (Lew et al. 2010, S. 220–224). Qualitätsindikatoren sind Genauigkeit, Angemessenheit, Zugänglichkeit und Übereinstimmung mit rechtlichen Vorgaben (Lew et al. 2010, S. 220).

Der VDV beschreibt den Anspruch an die Qualität der Mobilitätsinformation unter den Leitmotiven qualifiziert und aktuell (Verband Deutscher Verkehrsunternehmen 2001, S. 198).

Dies wird für die dynamische Information beispielhaft konkretisiert durch die nachfolgenden Ziele (Verband Deutscher Verkehrsunternehmen 2001, S. 198):

- Ergänzung bestehender, insbesondere statischer Systeme und Informationen,

- Aktuelle Information, insbesondere zu Abfahrtszeiten,

- Frühzeitige Information, insbesondere im Störungsfall,

- Bereitstellung der Anschlussinformation,

- Aufgaben- und nutzerorientierte Positionierung der Systeme,

- Prägnanz der Informationsgestaltung und -inhalte,

- Definition wiederkehrender medien- sowie ortsübergreifender Begrifflichkeiten.

Die dargestellten Leitmotive lassen sich auch auf die Mobilitätsinformation und das Zusammenspiel der Informationssysteme übertragen, sodass diese als Ausgangsbasis für die Einführung neuer und Verbesserung bestehender Systeme angesehen werden können. Allgemein kann, auch unter Berücksichtigung der Breite der Nutzergruppen, die

- Auswahl geeigneter Informationsmedien und -kanäle,

- die in Anzahl und Standort ausreichende Ausstattung mit Informationssystemen und

- die Qualität der Darstellung und Kommunikation der Information

als übergreifende Herausforderungen aus inhaltlicher, technischer und organisatorischer Sicht definiert werden (Verband Deutscher Verkehrsunternehmen 2012, S. 494). Konkrete Vorgaben bieten hier insbesondere auf Praxiserfahrungen aufbauende Normen und Guidelines, wie z. B. (VDV-Mitteilung 7035; VDV-Mitteilung 7029; Europäische Union 2008). Inhaltlich kann für die Mobilitätsinformation eine grobe Einteilung in die drei Phasen

- vor Reiseantritt,

- während der Reise,

- nach der Reise,

festgestellt werden, die die Erfüllung des Informationsbedarfs in Abhängigkeit mit dem zeitlichen Ablauf der Reise bringt (Verband Deutscher Verkehrsunternehmen 2012, S. 492). Daduna, Schneidereit und Voß verfeinern diesen Ansatz, wie in Kapitel 2.4.2 dargestellt, in der Informationskette, die sich über die Grundinformation, Vorinformation, Zugangsinformation, Haltestelleninformation, Fahrzeuginformation und Umgebungsinformation definiert (Daduna et al. 2006, S. 48–49). Daraus kann abgeleitet werden, dass die Qualität der Information vom zeitlichen und räumlichen Punkt der Reise beeinflusst wird. Dies steht in Übereinstimmung mit der nutzerzentrierten Betrachtung, die von einer Wechselwirkung zwischen Nutzer, Aufgabe und System ausgeht (Frese und Brodbeck 1989, S. 101–102).

Technisch kann die Qualität von Mobilitätsinformation auf zwei Ebenen betrachtet werden. Dies ist zum einen die Ebene des Informationssystems selbst, beispielsweise eines DFI-Anzeigers an der Haltestelle und zum anderen die Ebene der Hintergrundsysteme, die die für den Mobilitätsnutzer sichtbaren Informationssysteme mit Informationsinhalten versorgen. Scholz beschreibt die Unterschiede und Zusammenhänge der beiden Ebenen am Beispiel der DFI-Systeme als:

„Man könnte bildlich sagen, dass das Verkehrsunternehmen durch die DFI dem Fahrgast einen direkten Blick in die Leitstelle gewährt." (Scholz 2012, S. 270)

Der Anzeiger übernimmt somit die Kommunikation der Information aus dem Mobilitätsraum an den Mobilitätsnutzer. Die Hintergrundsysteme, z. B. in der Leitstelle, erstellen auf Basis der im Mobilitätsraum gesammelten Daten und Prognosen die Informationsinhalte und übermitteln diese über die entsprechenden Kanäle zum Mobilitätsnutzer (Scholz 2012, S. 270–271).

Die Qualität der inhaltlich angezeigten Information ist also entscheidend von den Hintergrundsystemen und deren Vernetzung, auch über Mobilitätsanbieter hinweg, abhängig.

Neben den inhaltlichen und technischen Kriterien sollen der Vollständigkeit halber noch Rahmenbedingungen aufgeführt werden, die die Qualität der Mobilitätsinformation, insbesondere im öffentlichen Personenverkehr, beeinflussen. Zu nennen sind hierbei insbesondere:

- Vorgaben zu vorgeschriebenen Informationsinhalten, beispielsweise für Straßenbahnhaltestellen nach BOStrab (BOStrab, vom 11.12.1987, § 31) oder für die Beförderungsentgelte nach PBefG (Bundesministerium für Verkehr, Bau und Stadtentwicklung 1961, § 39).

- Finanzielle Vorgaben und Strukturen sowie Konzepte, u. a. zum Ausgleich spezieller Beförderungsleistungen für den Ausbildungs- und Schwerbehindertenverkehr (Lott 2008, S. 96–98).

- Vorgaben resultierend aus der gewählten Kooperationsart mit anderen Mobilitätsanbietern (Lott 2008, S. 11–14), u. a. in Form von Verbünden, die sich beispielsweise in der Gestaltung einzelner Informationselemente und -systeme oder organisatorischer Zuständigkeiten manifestieren können.

Die umfängliche Betrachtung dieser Kriterien erfordert insbesondere eine rechtliche und organisatorische Analyse der Mobilitätsanbieter, die nicht Teil dieser Arbeit sein soll. Der Einfluss dieser Kriterien kann zwar einer Verbesserung der Mobilitätsinformation im Wege stehen, nicht aber der Evaluation dieser.

Ergänzend zu den aufgeführten Bestandteilen der Qualität von Mobilitätsinformation beschreibt Neßler im Sinne umgekehrter Qualitätsmerkmale (Kano et al. 1996, S. 170), dass die Nichtnutzung von öffentlichen Verkehrsmitteln im Bereich der Fahrgastinformation aus den folgenden Gründen resultiert (Neßler 1997, S. 133–134):

- Unsicherheit über die Information,

- fehlende Einheitlichkeit,

- hohe Komplexität der Systeme.

Die Beseitigung dieser Gründe muss nach Neßler hohe Priorität für die Gestaltung der Mobilitätsinformation aufweisen (Neßler 1997, S. 133–134) und steht in Übereinstimmung mit den weiteren Rahmenbedingungen und Kriterien der Qualität der Mobilitätsinformation. Im Sinne eines Qualitätsmerkmales können diese Gründe transferiert werden in das Ziel der **Verlässlichkeit, Konsistenz** und **Transparenz** der Information, wobei eine weitere Analyse dieser Merkmale erforderlich bleibt. Abschließend zeigt Tabelle 20 die aus der Analyse extrahierten Anforderungen und Definitionen entsprechend der betrachteten Teilbereiche.

Tabelle 20: Bestandteile der Qualität der Mobilitätsinformation

Teilbereich	Analyseergebnisse
Allgemeine Qualitätsmerkmale	Inhaltliche Merkmale
	Technische Merkmale
	Organisatorische und rechtliche Rahmenbedingungen
Spezifische Qualitätsmerkmale	Verlässlichkeit
	Konsistenz
	Transparenz
Software	Qualität der Information als gleichrangiges Qualitätsmerkmal
Informationssysteme	Informationsmedien und -kanäle
	in Anzahl und Standort ausreichende Ausstattung
	Qualität der Darstellung und Kommunikation der Information
Inhaltliche Einteilung	nach dem Ort der Reise
	nach dem zeitlichen Ablauf der Reise
	in Abhängigkeit von Nutzer, Aufgabe und Umgebung
Technische Einteilung	Ebene des Informationssystems
	Ebene der Hintergrundsysteme
Rahmenbedingungen	Rechtliche Vorgaben
	Finanzielle Vorgaben
	Vorgaben resultierend aus der Vernetzung der Mobilitätsangebote

3.2.4 Offene Fragestellungen der Literatur

Offen bleibt, inwieweit die aktuelle Mobilitätsinformation den Informationsbedarf und die breiten Anforderungen der Mobilitätsnutzer bereits erfüllt. Die Beantwortung der Frage, inwiefern eine Verbesserung der Qualität notwendig ist und welche Teilbereiche noch Potenziale für eine Verbesserung bieten, wird von der Literatur angedeutet, aber nicht beantwortet und steht auch in Bezug zur stetigen Weiterentwicklung der Mobilitätsinformation.

Im komplexen Umfeld der Mobilitätsinformation bleibt zudem weitgehend offen, wie die Mobilitätsnutzer sich im Informationsraum bewegen und die notwendigen Informationsinhalte entlang der Reise beschaffen. Zumeist wird auf die Nutzung einzelner Systeme fokussiert und nicht auf die Qualität, die durch die Nutzung verschiedener Systeme entsteht. Des Weiteren ist die Qualität der Mobilitätsinformation in den Teilbereichen zumeist bereits über Kriterien und Merkmale definiert, wie sie in Kapitel

3.2.2 dargestellt sind. Welche übergreifenden Anforderungen an den Prozess von der Datenerhebung bis zur Nutzung der Mobilitätsinformation aus Sicht der Nutzer bestehen, und wie diese von Nutzern und Experten eingeordnet werden, bleibt weitgehend offen. In empirischen Analysen sind damit die folgenden Fragestellungen zu betrachten:

- Wie ist die aktuelle Qualität der Mobilitätsinformation sowie die zukünftige Entwicklung der Mobilitätsinformation einzuschätzen?

- Wie ist das Nutzungsverhalten der verschiedenen Informationssysteme innerhalb des Informations- und Mobilitätsraums charakterisiert?

- Wie werden die durch den Prozess von der Datenerhebung bis zur Nutzung beeinflussten Qualitätsmerkmale durch Nutzer und Experten beurteilt und priorisiert?

3.3 Empirische Analyse zur Qualität von Mobilitätsinformation

Die vorangegangenen und aus der Literatur abgeleiteten Qualitätsmerkmale Effizienz, Effektivität und Zufriedenstellung sowie Verlässlichkeit, Konsistenz und Transparenz zeigen bereits die Komplexität der Qualität im Kontext der Mobilitätsinformation auf. Für die Verfeinerung zu einem Qualitätsmodell und Instrumentarium ist eine empirische Analyse notwendig, die die Nutzung der Mobilitätsinformation auf verschiedenen Ebenen erfasst.

3.3.1 Methodisches Vorgehen

Das methodische Vorgehen zur Verfeinerung der Ergebnisse der Literaturanalyse beinhaltet die folgenden Schritte:

- Expertenbefragung mittels Online-Fragebogen,

- Feldstudie mittels Usability Evaluation.

Als Grundlage für die Untersuchung dient das Fallbeispiel des öffentlichen Personenverkehrs, da dieser eine hohe Vielfalt der Systeme und Inhalte im Informationsraum bietet. Die Ergebnisse der Expertenbefragung und der Feldstudie werden entsprechend der folgenden drei Untersuchungsgebiete ausgewertet:

- Aktuelle und zukünftige Entwicklung der Mobilitätsinformation,

- Nutzung der Mobilitätsinformation unter Berücksichtigung der Systemvielfalt,

- Identifikation und Bewertung prozessorientierter Qualitätsmerkmale.

Für die Identifikation und Bewertung der prozessorientierten Qualitätsmerkmale liegen die aus den Untersuchungen von Neßler (Neßler 1997, S. 133–134) abgeleiteten Merkmale der

- Verlässlichkeit,
- Konsistenz und
- Transparenz

im Kontext der Mobilitätsinformationssysteme zugrunde. Zudem wird untersucht, ob diese die aus dem Usability Engineering bekannten Merkmale der Effizienz, Effektivität und Zufriedenstellung ergänzen. Eigene Voruntersuchungen im Rahmen der Patternanalyse für mobile Mobilitätsinformation, veröffentlicht in der VDV-Mitteilung 7035 (VDV-Mitteilung 7035, S. 52–55) zeigen im Kontext einer Laboruntersuchung bereits eine hohe Gültigkeit der benannten Merkmale. Allerdings ist eine direkte Befragung der Experten zur Priorisierung sowie eine Untersuchung im Feld für die Integration in das Qualitätsmodell unerlässlich, um diese ersten Ergebnisse weiter zu verfeinern. Die Individualisierbarkeit dient für die Befragung als Referenz zu den Merkmalen des Usability Engineerings, abgeleitet aus den Grundsätzen der Dialoggestaltung (DIN EN ISO 9241-210, S. 15).

3.3.2 Konzeption und Durchführung

Expertenbefragung

Zur Analyse der aktuellen und zukünftigen Entwicklung der Mobilitätsinformation ist die Befragung von Experten unerlässlich, die aufgrund ihres Tätigkeitsfeldes sowie ihrer Erfahrung eine Aussage zur Entwicklung der Mobilitätsinformation treffen können. Die Befragung der Nutzer ist in diesem Zusammenhang zwar denkbar, kann aber hinsichtlich der komplexen Prozesse zur Bereitstellung von Mobilitätsinformation nur einen subjektiven Stand wiedergeben, ohne eine vielschichtige Betrachtung zu ermöglichen. Die Nutzerperspektive wird deshalb in der Analyse der Nutzung der Mobilitätsinformation verstärkt aufgegriffen.

Das Konzept sieht die folgenden detaillierten abgeleiteten Fragestellungen mit den zu analysierenden und aus der Literaturanalyse abgeleiteten Aspekten vor:

- Wie ist die Mobilitätsinformation im ÖV aktuell zu bewerten?
  Aspekte: Technische Möglichkeiten, Mobile Mobilitätsinformation, Bedeutung für die Qualität, Kombination der Systeme, Kundenzufriedenheit

- Wie wichtig sind verschiedene Informationssysteme für die Mobilitätsinformation im öffentlichen Personenverkehr?
  Aspekt: Systemcharakteristik

- Welche Themenfelder werden die Mobilitätsinformation im öffentlichen Personenverkehr in Zukunft prägen?
  Aspekte: Echtzeitinformation, vernetzte Mobilität, Störungs- und Ereignisinformation

- Wie wird sich die Mobilitätsinformation im öffentlichen Personenverkehr in den nächsten fünf Jahren verändern?
  Aspekte: Automatisierung, Echtzeitinformation, Verdrängung von Systemen

- Wie wichtig sind die Kriterien Verlässlichkeit, Konsistenz, Individualisierbarkeit und Transparenz für die Fahrgastinformation?
  Aspekte: Ranking, Einfluss auf die Reisedurchführung

Der vollständige Fragebogen ist im Anhang IV: Expertenbefragung – Fragebogen aufgeführt. Der Begriff der Mobilitätsinformation im öffentlichen Personenverkehr wurde durch den Begriff Fahrgastinformation ersetzt, der im Anwendungsfeld gebräuchlicher ist. Die Befragung erfolgte im Zeitraum von zwei Wochen Ende September 2013 als Ergänzung zu einer Befragung im Projekt IP-KOM-ÖV und bezog sich auf einen kleinen Kreis von Experten aus Industrie, Forschung und Verkehrsunternehmen, die die notwendigen Kompetenzen und Erfahrungen im Anwendungsfeld aufgrund ihrer beruflichen Tätigkeit besitzen.

Feldevaluation

Die Analyse des Nutzungsverhaltens der Nutzer im öffentlichen Personenverkehr erfolgte als Feldevaluation mit umfangreicher Videoaufzeichnung und Befragung. Den Rahmen bildet die Feldevaluation im Projekt IP-KOM-ÖV mit dem Ziel der Evaluation der auf Basis des TRIAS Standards (VDV-Schrift 431-1) entwickelten mobilen Applikation. Das entsprechende Testkonzept, welches übereinstimmende Grundlage für die Analyse ist, sowie die Durchführung und Ergebnisse wurden von Hörold et al. und Mayas et al. bereits ausführlich veröffentlicht (Hörold et al. 2014b, S. 117–123, 2014a, S. 492–494; Mayas et al. 2014a, S. 546–550; VDV-Mitteilung 7035, S. 55–57). Tabelle 21 zeigt eine Übersicht des Testkonzeptes.

Das Auswertungskonzept sieht dabei die Analyse der entlang der definierten Teststrecke tatsächlich durch die Testnutzer genutzten Informationssysteme auf Basis des Video- und Audiomaterials sowie durch Befragung vor. Die Aufgabe der Testprobanden spiegelt dabei die einfache Fahrt von einem Startort zu einem definierten Zielort unter Einbeziehung von zwei Verkehrsmitteln wider, wie sie üblich für die Mobilitätsnutzung ist.

Tabelle 21: Übersicht Feldtestkonzept (Hörold et al. 2014a, S. 492, 2014b, S. 119)

Konzept	Beschreibung
Probanden	• Alter: 18 – 60 Jahre • Geringe bis hohe System- und Ortskenntnis
Testumgebung	• Öffentlicher Personenverkehr in Stuttgart • 12 km Teststrecke inkl. Stadtbahn- und Busfahrt sowie Umstieg
Aufgaben	• Reise von einem definierten Startort zu einem definierten Ziel • Nutzung von Mobilitätsinformationssystemen insbesondere mobiler Applikation sowie Umgang mit typischen Ereignissen
Methoden	• Retrospective Thinking Aloud5 • Interview und Fragebogen • Videoaufzeichnung

3.3.3 Auswertung

An der Befragung nahmen elf Experten teil, die wie folgt zugeordnet werden können:

• Drei Experten aus mittelständischen Industrieunternehmen der Verkehrsbranche,

• Fünf Experten von Mobilitätsanbietern,

• Drei Experten aus dem Bereich Forschung.

Die Berufserfahrung der Experten lag dabei, wie in Abbildung 17 dargestellt, im Bereich zwischen einem und über 10 Jahren. Die Hälfte der Experten, insbesondere der Industrie und Mobilitätsanbieter, sind bereits seit über 10 Jahren in der Branche tätig. Für die weitere Auswertung der Ergebnisse bedeutet insbesondere die hohe Berufserfahrung der Experten, eine hinreichende Basis für die weitere Verwendung der Befragungsergebnisse.

An der Feldevaluation nahmen 36 Testpersonen, ausgewählt nach ihrer Orts- und Systemkenntnis, teil. Tabelle 22 zeigt die Verteilung der Probanden bzgl. der Ortskenntnis und der Zuordnung zu einer von drei Altersgruppen. Die Systemkenntnis wurde basierend auf der Nutzungshäufigkeit sowie in Abhängigkeit von der Kenntnis der Teststrecke bestimmt.

---

5   Abwandlung des Thinking Aloud Protocols, dem ‚Lauten Denken‘, bei dem nicht während des Tests sondern nach dem Test die Handlung durch den Nutzer kommentiert wird.

Abbildung 17: Berufserfahrung der befragten Experten (n=11)

Tabelle 22: Einteilung der Testpersonen innerhalb der Testevaluation (VDV-Mitteilung 7035, S. 55–58)

Ortskenntnis	Anteil	Alter	Anteil
Gering	28% der Probanden	18-29	53% der Probanden
Mittel	44% der Probanden	30-54	33% der Probanden
Hoch	28 % der Probanden	55+	14 % der Probanden

3.3.3.1 Beurteilung aktueller und zukünftiger Mobilitätsinformation

Grundlegend für die Schaffung eines Instrumentariums zur Qualitätsevaluation der Mobilitätsinformation sowie eines zugehörigen Qualitätsmodells, ist die Frage: ‚Wie ist die aktuelle Qualität der Mobilitätsinformation sowie die zukünftige Entwicklung der Mobilitätsinformation einzuschätzen?'. Die Auswertung der Frage ermöglicht die Abstimmung des Instrumentariums und des Qualitätsmodells auf die aktuelle sowie zukünftige Situation im Informationsraum. Dies ist entscheidend für die Akzeptanz sowie die Anwendbarkeit des Instrumentariums und des Qualitätsmodells.

Fragestellung: Wie würden Sie die Fahrgastinformation aktuell im ÖPV bewerten?

Die Beantwortung der Fragen erfolgte anhand von Aussagen, zu denen mithilfe einer Skala von „stimme gar nicht zu" bis „stimme voll zu" Stellung genommen werden sollte. Die Aussagen sind in Abbildung 18 verkürzt dargestellt, diese lauteten in der Befragung wie folgt in Tabelle 23 dargestellt. Die Reihenfolge der Aussagen erfolgte randomisiert.

Aus den Ergebnissen kann abgelesen werden, dass trotz stetiger Weiterentwicklung der Informationssysteme, der Informationsbedarf der Nutzer nach Ansicht der Experten noch nicht gedeckt ist und diese dafür Potenziale in der Ausschöpfung der technischen Möglichkeiten sehen. Der mobilen Fahrgastinformation sowie dem Zusammenspiel der Informationssysteme kommt dabei eine besondere Bedeutung zu. Zudem wird Fahrgastinformation als wesentliche Komponente für die Kundenzufriedenheit wahrgenommen.

Tabelle 23: Aussagen zum Themenfeld aktuelle Fahrgastinformation für Expertenbefragung

Nr.	Fragestellung
1	Die Fahrgastinformation von heute deckt bereits den Informationsbedarf der Fahrgäste.
2	Heutige Fahrgastinformationssysteme schöpfen die technischen Möglichkeiten noch nicht aus.
3	Mobile Fahrgastinformation füllt eine bestehende Lücke entlang der Reise.
4	Die Bedeutung der Fahrgastinformation für die Qualität des ÖPV wird zunehmen.
5	Eine gute Fahrgastinformation hängt vom Zusammenspiel aller Informationssysteme ab.
6	Fahrgastinformation ist eine wesentliche Komponente, um die Kundenzufriedenheit zu steigern.

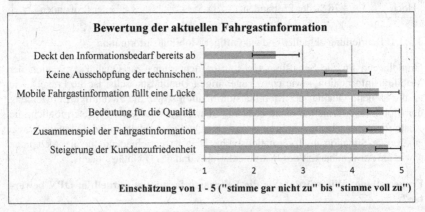

Abbildung 18: Auswertung Expertenbefragung zur Fahrgastinformation mit Standardabweichung (n=11)

Fragestellung: Wie wichtig sind verschiedene Informationssysteme für die Mobilitätsinformation im öffentlichen Personenverkehr?

Die Beantwortung der Fragen erfolgte anhand von randomisierten Aussagen mithilfe einer Skala von „gar nicht wichtig" bis „sehr wichtig". Die Aussagen sind in Abbildung 19 verkürzt dargestellt, diese lauteten in der Befragung wie folgt in Tabelle 24 dargestellt.

Tabelle 24: Informationssysteme zur Beurteilung der aktuellen Wichtigkeit für den ÖV

Nr.	Fragestellung
1	Papierbasierte mobile Fahrgastinformation (z. B. Taschenfahrplan)
2	Dynamische Fahrgastinformation in Fahrzeugen
3	Statische Fahrgastinformation in Fahrzeugen (z. B. Liniennetzplan, Perlschnur)
4	Dynamische Fahrgastinformation an Haltestellen
5	Statische Fahrgastinformation an Haltestellen (z. B. Aushangfahrplan)
6	Mobile Fahrgastinformation auf Smartphones

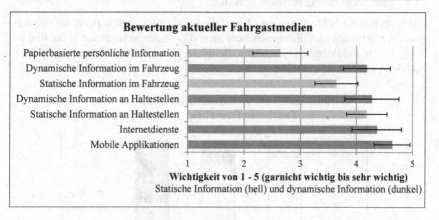

Abbildung 19: Auswertung Expertenbefragung zu Informationsmedien mit Standardabweichung (n=11)

Die Befragung der Experten zeigt, dass diese lediglich die Wichtigkeit der papierbasierten persönlichen Information in Form von Taschenfahrplänen o. ä. aktuell geringer einschätzen. Hier kann angenommen werden, dass dies insbesondere auf die Verbreitung von mobilen Applikationen zurückzuführen ist. Für die Haltestellen und Fahrzeuge kann zwar ebenfalls eine geringere Bedeutung der statischen gegenüber der dynamischen Information festgestellt werden, dieser ist aber deutlich geringer ausgebildet.

Aus den Ergebnissen kann abgeleitet werden, dass die Experten die verschiedenen statischen und dynamischen Informationssysteme, mit Ausnahme der papierbasierten persönlichen Informationen als wichtig bis sehr wichtig einschätzen. Dies muss hinsichtlich der Betrachtung des Informationsraums berücksichtigt und hinsichtlich der tatsächlichen Bedeutung für die Nutzung durch den Mobilitätsnutzer weiter analysiert werden.

Fragestellung: Welche Themenfelder werden die Mobilitätsinformation im öffentlichen Personenverkehr in Zukunft prägen?

Abgeleitet aus den im Kapitel 2 dargestellten Themenfeldern, wurde in der Befragung für die folgenden Begriffe analysiert, wie diese in Ihrer Relevanz für den öffentlichen Personenverkehr einzuordnen sind. Zu priorisierende Themenfelder für die Weiterentwicklung sind:

- Echtzeitinformation,
- Störungen,
- Intermodalität und Individualverkehre.

Dabei decken die Echtzeitinformation und die Information zu Störungen den Schwerpunkt des aktuellen Mobilitätsgeschehens ab und die Intermodalität sowie die Einbindung von Individualverkehren zeigen Beispiele für neue Mobilitätsangebote bzw. Mobilitätsverhalten.

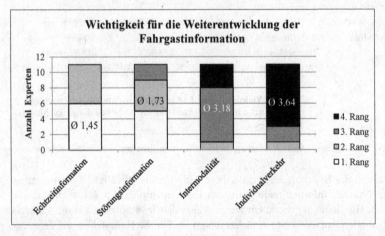

Abbildung 20: Auswertung Expertenbefragung zur Weiterentwicklung der Fahrgastinformation (n=11)

Abbildung 20 zeigt aus Sicht der Experten, dass die Verbesserung der Informationsqualität durch die Integration von Prognose- und Echtzeitdaten sowie die Verbesserung der Störungsinformation geprägt ist. Hinsichtlich der Intermodalität und Individualverkehre ordnen die Experten diese mit deutlichem Abstand in ihrer Priorität ein. Dies ist ein erstes Indiz für die in Bezug zu den Informationsinhalten noch auszuschöpfenden Potenziale.

Durch die Begrenzung der gewählten Themenfelder kann das Ergebnis jedoch nicht abschließend verifiziert werden und dient deshalb vorerst als von den Experten thematisierter Trend. Dieser deckt sich jedoch mit den im Kapitel 1.3.3 dargestellten Themenstellungen der aktuell bearbeiteten Normen und Standards.

Fragestellung: Wie wird sich die Mobilitätsinformation im öffentlichen Personenverkehr in den nächsten fünf Jahren verändern?

Die Beantwortung der Fragen erfolgte randomisiert anhand von Aussagen auf einer Skala von „stimme gar nicht zu" bis „stimme voll zu". Die Aussagen sind in Abbildung 21 verkürzt und vollständig in Tabelle 25 dargestellt.

Die Ergebnisse der Befragung zeigen auf, dass die Experten keine absolute Verdrängung von papierbasierten durch dynamische Systeme an Haltestellen und in Fahrzeugen für die nächsten fünf Jahre sehen.

Dieses Ergebnis deckt sich mit der aktuellen Einschätzung der Wichtigkeit der unterschiedlichen Medien. Damit wird deutlich, dass die Berücksichtigung unterschiedlicher Informationssysteme auch in Zukunft von Bedeutung ist. Der Trend der Wichtigkeit der Echtzeitinformation zeigt sich in der Zustimmung zur primären Nutzung von Echtzeitinformationen, wobei nicht dynamische Systeme auf diese systembedingt nicht zugreifen können. Auch gehen die Experten nicht von einer absoluten Verdrängung durch mobile Systeme aus.

Tabelle 25: Aussagen zur Entwicklung der Fahrgastinformation in fünf Jahren

Nr.	Fragestellung
1	Störungen werden mithilfe von mobilen Informations- und Navigationssystemen automatisch umgangen.
2	Die Fahrgastinformation wird primär auf Echtzeitdaten basieren.
3	Dynamische Fahrgastinformationssysteme werden analoge Systeme in den Fahrzeugen ersetzen.
4	Dynamische Fahrgastinformationssysteme werden analoge Systeme an den Haltestellen ersetzen.
5	Mobile Fahrgastinformationssysteme werden andere Fahrgastinformationssysteme verdrängen.

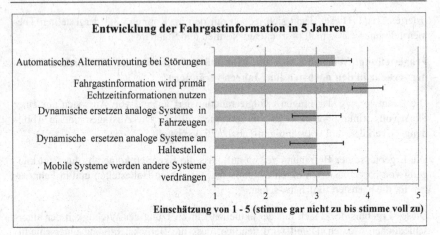

Entwicklung der Fahrgastinformation in 5 Jahren

Automatisches Alternativrouting bei Störungen

Fahrgastinformation wird primär Echtzeitinformationen nutzen

Dynamische ersetzen analoge Systeme in Fahrzeugen

Dynamische ersetzen analoge Systeme an Haltestellen

Mobile Systeme werden andere Systeme verdrängen

Einschätzung von 1 - 5 (stimme gar nicht zu bis stimme voll zu)

Abbildung 21: Auswertung Expertenbefragung zur fünf Jahresentwicklung mit Standardabweichung (n=11)

Schlussfolgerung

Aus der Expertenbefragung können für die Entwicklung des Instrumentariums und des Qualitätsmodells für die Mobilitätsinformation zusammengefasst folgende grundsätzliche Aussagen geschlussfolgert werden:

- Aus Sicht der Experten wird der Informationsbedarf der Mobilitätsnutzer noch nicht erfüllt sowie die technischen Möglichkeiten der Informationssysteme noch nicht ausgeschöpft.
- Die Information der Mobilitätsnutzer stellt einen wesentlichen Teil der Qualität des Mobilitätsraums und der Zufriedenstellung des Nutzers dar.
- Die Vielfalt der Informationssysteme zur Bereitstellung der Mobilitätsinformation ist aktuell ein wichtiger Bestandteil des Informationsraums, der auch zukünftig nicht maßgeblich durch einen Verdrängungsprozess neu strukturiert wird.
- Technische dynamische und interaktive Systeme werden an Bedeutung gewinnen und zumindest teilweise papierbasierte Systeme ersetzen.

Die Experten sehen zudem in der Weiterentwicklung der Echtzeit- und Störungsinformationen eine hohe Priorität, die sich insbesondere auf die angebotenen Informationsinhalte und die Qualität dieser auswirkt.

3.3.3.2 Nutzung von Mobilitätsinformationssystemen

Aus Expertensicht kann bei der Bewertung der Wichtigkeit der unterschiedlichen Fahrgastmedien, wie zuvor in Abbildung 19 dargestellt, bereits festgestellt werden, dass diese in ihrer Vielfalt für die Mobilitätsinformation von Bedeutung sind. Die nachfolgend dargestellte Analyse des Nutzungsverhaltens im öffentlichen Personenverkehr zeigt die Vielfalt der Nutzung aus der Perspektive der Nutzer noch einmal auf.

Die Ergebnisse der durchgeführten Analyse sind in der VDV-Mittelung 7035 (VDV-Mitteilung 7035) bereits ergänzend zu den primären Ergebnissen der Feldevaluation dargestellt. Aus diesem Grund erfolgt an dieser Stelle nur eine kurze Zusammenfassung der für die Arbeit relevanten Ergebnisse. Die Ergebnisse beruhen zum einen auf Befragungen vor und nach der Feldevaluation sowie der Auswertung des Video- und Audiomaterials.

Dieses zeigt insbesondere, dass auch bei einer hohen Fokussierung auf eine mobile Applikation, Informationen mit anderen Informationssystemen abgeglichen sowie in Fällen von Unsicherheit, ein breites Spektrum von Informationsquellen genutzt wird. Abbildung 22 zeigt, die durchschnittliche Nutzungshäufigkeit im Test und allgemein.

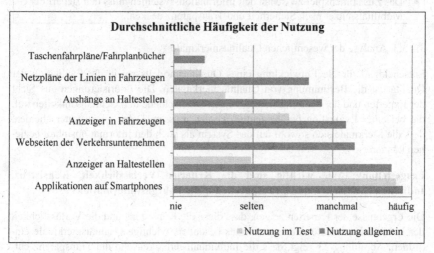

Abbildung 22: Durchschnittliche Nutzung von Fahrgastinformation (n=31) (VDV-Mitteilung 7035, S. 16–17)

Die Ergebnisse zeigen, dass die statischen Informationssysteme tendenziell weniger genutzt werden, jedoch weiterhin, insbesondere als Rückfallebene und zur Prüfung der Information aus anderen Informationssystemen, genutzt werden. Die geringe Nutzung von Anzeigern an Haltestellen ist auf die speziellen Eigenschaften der Teststrecke zurückzuführen. Die Ergebnisse der Videoanalyse und das Retrospective Thinking Aloud zeigen auch, dass neben den Informationssystemen, Servicepersonal und Fahrer als vertrauenswürdige Informationsquellen genutzt werden. Dies ist insbesondere der Fall, wenn Störungen die Zielerreichung behindern oder andere Informationssysteme den Informationsbedarf, z. B. beim Umstieg, nicht decken können bzw. widersprüchliche Angaben zwischen den Systemen existieren.

Schlussfolgerung

Für die Entwicklung des Qualitätsmodells ist als Ergebnis der Nutzerbeobachtung und -befragung essenziell, dass Mobilitätsnutzer für die Befriedigung des Informationsbedarfs verschiedene Informationssysteme nutzen. Zusammengefasst können für das Qualitätsmodell sowie das Instrumentarium folgende Anforderungen festgehalten werden:

- Die Stillung des Informationsbedarfs erfolgt über die Breite der Mobilitätsinformationssysteme, die dem Mobilitätsnutzer zur Verfügung stehen.
- Dynamische Informationssysteme werden häufiger genutzt, jedoch dienen die statischen Informationssysteme insbesondere als Rückfallebene.
- Das Zusammenspiel zwischen den Informationssystemen muss den Bedarf der Mobilitätsnutzer nach Sicherheit und Transparenz decken.

3.3.3.3 Analyse der wesentlichen Qualitätsmerkmale

Entscheidend für die Entwicklung eines Qualitätsmodells sowie die Evaluation der Qualität ist die Bestimmung von Qualitätsmerkmalen. Die Priorisierungen aus Sicht der Experten und der Mobilitätsnutzer zeigen Unterschiede und Gemeinsamkeiten auf, die bei einer Evaluation berücksichtigt werden müssen. Dabei ist zu unterscheiden, dass die Merkmale sich sowohl auf das System als auch den Informationsinhalt beziehen können.

Fragestellung: Wie wichtig sind die Kriterien Verlässlichkeit, Konsistenz, Individualisierbarkeit und Transparenz für die Fahrgastinformation?

Die Ergebnisse der Experten zeigen, dass diese die Konsistenz und die Verlässlichkeit der Informationsinhalte und -systeme als besonders wichtige Qualitätsmerkmale einordnen. Abbildung 23 zeigt, dass die Individualisierbarkeit und die Transparenz entsprechend in ihrer Priorität zwischen den vier Merkmalen niedriger eingeschätzt werden. Im Kontrast zu den Experten zeigt die Priorisierung der Nutzer, wie diese in Abbildung 24 dargestellt ist, dass die Verlässlichkeit der Information deutlich als wichtigstes Qualitätsmerkmal eingeordnet wird. Diesem folgen die Individualisierbarkeit und Konsistenz sowie in Übereinstimmung mit den Experten die Transparenz.

Kritisch zu reflektieren ist an dieser Stelle, dass die Transparenz das Qualitätsmerkmal ist, welches für die Mobilitätsnutzer im Vergleich zu den anderen Merkmalen schwerer zu erschließen ist. Dies ist darauf zurückzuführen, dass die Transparenz sowohl durch den Prozess der Datengewinnung und -anreicherung sowie der Informationsaufbereitung geprägt ist und die Wirkung insbesondere in Ereignisfällen sowie bei Widersprüchen der Information ersichtlich wird. Letztere besitzt zudem eine enge Verbindung zur Konsistenz.

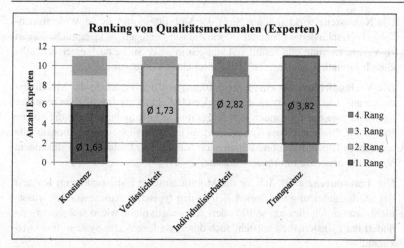

Abbildung 23: Priorisierung der Qualitätsmerkmale durch Experten (n=11)

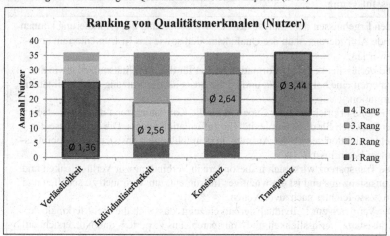

Abbildung 24: Priorisierung der Qualitätsmerkmale durch Nutzer (n=36) (VDV-Mitteilung 7035, S. 15)

Die Analyse des Video- und Audiomaterials sowie des Retrospective Thinking Aloud unterstützen die Analyse von Neßler (Neßler 1997, S. 133–134) und die zuvor im Rahmen der Laboruntersuchung identifizierten Tendenzen. Resultierend aus der Feldevaluation bedeutet dies:

- Die **Konsistenz** wirkt sich aus Sicht der Mobilitätsnutzer in der Widersprüchlichkeit verschiedener genutzter Informationssysteme aus. Widersprüche führen zu Verunsicherung und resultieren zumeist in einer Suche nach einer verlässlichen Informationsquelle, z. B. dem Fahrer eines Verkehrsmittels.

- Die **Verlässlichkeit** übt eine hohe Wirkung auf das Verhalten der Mobilitätsnutzer aus. Ein hohes Vertrauen in die Verlässlichkeit der Information reduziert nach Aussage der Probanden den Stress und schafft Sicherheit für die eigene Reise. Im Umkehrschluss verursachen nicht verlässliche Informationsinhalte anhaltende Unsicherheit und führen nach Aussage der Probanden zu sinkendem Vertrauen in andere Informationsinhalte.

- Die **Transparenz** zeigt sich für die Mobilitätsnutzer insbesondere im Kontext der Störungsmeldung und äußert sich in den typischen Aussagen: ‚Ich wusste nicht, warum ich dies tun sollte' oder ‚Ich wusste nicht, wieso sich etwas verändert hat'. Unsicherheit entsteht auch durch vorausgesetzte System- und Ortskenntnis.

Schlussfolgerung

Aus den Ergebnissen der Analyse der Feldevaluation und der Priorisierung können folgende Anforderungen an das Qualitätsmodell sowie das Instrumentarium abgeleitet werden:

- Die Verlässlichkeit der Information besitzt für die Mobilitätsnutzer sowie die Experten eine hohe Priorität und ist die Basis für die Nutzung der Mobilitätsinformation.
- Die hohe Priorisierung der Experten für die Konsistenz zeigt das Bewusstsein der Experten für die Komplexität des Informationsraums. Die Ergebnisse der Feldevaluation zeigen das Ausmaß, in dem fehlende Konsistenz die Mobilitätsnutzer beeinflussen.
- Die Transparenz wirkt sich insbesondere in Verbindung zur Verlässlichkeit und Konsistenz aus und ist ein wichtiges Instrument, um Vertrauen zu schaffen und Prozesse leichter nachzuvollziehen.
- Der Vergleich zur Individualisierbarkeit zeigt, dass sich die drei Merkmale der Konsistenz, Verlässlichkeit und Transparenz aus Experten- und Nutzersicht auf einer Ebene mit den aus dem Usability Engineering abgeleiteten Merkmalen befinden.

3.4 Entwicklung des Qualitätsmodells

Für die Bestimmung der Qualität von Mobilitätsinformation und die Identifikation von Verbesserungspotenzialen muss das Zusammenspiel der Qualitätsmerkmale auf Basis der dargestellten Erkenntnisse aus der Literatur und den empirischen Analysen, in einem Qualitätsmodell verknüpft werden. Damit wird eine Systematisierung von Merkmalen, deren Operationalisierung und deren Evaluation ermöglicht. Dabei ist zu berücksichtigen, dass die Qualität der Mobilitätsinformation ein innerhalb des Mobilitätsraums übergreifendes Ziel ist, das nicht allein durch einzelne Informationssysteme oder Mobilitätsangebote charakterisiert ist.

3.4.1 Grundlagen des Qualitätsmodells

Zusammenfassend können aus den zuvor dargestellten Begriffsklärungen und Analysen als Basis für die Entwicklung und Definition eines Qualitätsmodells der Mobilitätsinformation, die folgenden Grundlagen abgeleitet werden:

- Qualität ist die Leistung, die sich aus der Beurteilung des Gesamten und seiner Einzelteile ergibt (Kano et al. 1996, S. 169).

- Die Beurteilung der Qualität bezieht die Erwartungen und Wahrnehmung der Nutzer sowie die systemseitigen Ziele der Mobilitätsanbieter mit ein (DIN EN 13816, S. 6).

- Für die Akzeptanz eines Systems sind sowohl die Utility, also die systemseitigen funktionalen Faktoren, welche die Nützlichkeit charakterisieren, als auch die Usability, also die Faktoren, die die Nutzung dieser Funktionen durch den Mobilitätsnutzer beeinflussen, entscheidend (Nielsen 1993, S. 25).

- Die Nutzung von Informationssystemen ist geprägt durch die Einflussfaktoren Nutzer, Aufgabe und Kontext (Frese und Brodbeck 1989, S. 101–102).

- Information kann als Teil der Qualität von Software (Lew et al. 2010, S. 220) und der Dienstleistung der Mobilitätsanbieter (DIN EN 13816, S. 8) betrachtet werden.

- Entlang der Reisekette werden durch die Mobilitätsnutzer verschiedene Informationssysteme zur Deckung des eigenen Informationsbedarfs sowie zur Kontrolle der Information eingesetzt (VDV-Mitteilung 7035, S. 16–17).

- Die Ergebnisse der empirischen Analysen zeigen, dass der Prozess der Mobilitätsinformation über die Verlässlichkeit, Konsistenz und Transparenz der Mobilitätsinformation charakterisiert und in Bezug zur Effektivität, Effizienz und Zufriedenstellung gesetzt werden kann.

Grundlage des Qualitätsmodells für die Mobilitätsinformation ist die Kombination aus der durch die DIN EN 13816 im Qualitätskreis (DIN EN 13816, S. 6) dargestellten Einteilung in eine systemseitige und eine nutzerorientierte Betrachtung. Damit können die Einflussfaktoren berücksichtigt werden,

- die aus dem Prozess von der Erstellung der Information bis zur Bereitstellung der Information auf den Informationssystemen und

- die aus der Nutzung der bereitgestellten Information durch die Mobilitätsnutzer im Sinne des Usability Engineerings resultieren.

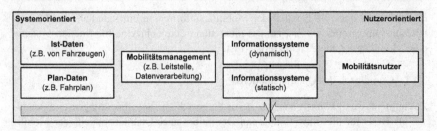

Abbildung 25: Vereinfachter Prozess der Erstellung von Mobilitätsinformation mit Systemfokussierung, in Anlehnung an (Verband Deutscher Verkehrsunternehmen 2001, S. 184; Scholz 2012, S. 271, 283)

Abbildung 25 zeigt den stark vereinfachten Prozess von der Informationserzeugung bis zur Informationsnutzung durch die Mobilitätsnutzer. Daraus wird deutlich, dass die Information, basierend auf den Planungs- und Ist-Daten, wie sie z. B. von Fahrzeugen des öffentlichen Personenverkehrs, aber auch von Car-Sharing-Fahrzeugen erzeugt werden, über verzweigte technische Systeme, u. a. auch unter Einwirkung von Mitarbeitern der Mobilitätsanbieter, zu den Informationssystemen gelangen. In dieser klassischen Sicht, wird der Mobilitätsnutzer erst durch die Bereitstellung der Information durch die jeweiligen Informationssysteme in diesen Prozess einbezogen. Neue Ansätze (Stelzer et al. 2014, S. 29–30) sehen den Nutzer bereits als Informationslieferant von Ist-Daten, z. B. zu Störungen, Anschlusswünschen oder Schäden. Dennoch bleibt das Ziel der Mobilitätsinformation als Bereitstellung von Informationsinhalten für die Nutzung der Mobilitätsangebote davon unangetastet, es kommt lediglich zu einer bidirektionalen Kommunikation, mit dem Ziel die Nutzer zu integrieren und Funktionen anzubieten, die auf bidirektionaler Kommunikation basieren.

Da der Erzeugung von Mobilitätsinformation das Ziel innewohnt, die Mobilitätsnutzer zu befähigen, das Mobilitätsangebot zu nutzen, muss die Qualitätsevaluation von Mobilitätsinformation die Frage beantworten, ob und inwieweit die Informationssysteme dies ermöglichen. Der Definition der Usability kann entnommen werden, dass für eine solche Beurteilung das Wissen über Nutzer, Aufgabe und Kontext notwendig ist (Frese und Brodbeck 1989, S. 101–113; DIN EN ISO 9241-11, S. 4).

Abbildung 26 zeigt eine vereinfachte Betrachtung der nutzerzentrierten Einflüsse auf die Nutzung der Informationssysteme und die Qualität, unter Integration:

- des Informationsbedarfs, beeinflusst durch Nutzer, Aufgabe und Kontext,
- des Informationsflusses entlang der Kontexte der Reisekette,
- der Systemgestaltung der Informationssysteme.

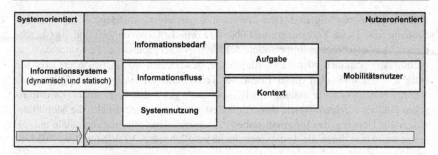

Abbildung 26: Vereinfachte Betrachtung der nutzerzentrierten Einflüsse auf die Qualität und Gestaltung von Informationssystemen

Im Kern der Betrachtung steht das Informationssystem, welches die Information systemseitig bereitstellt und nutzerseitig eine Nutzung der Information ermöglicht. Das Informationssystem selbst ist dabei jedoch nicht ein in sich geschlossenes System, sondern besteht aus Teilsystemen, die sich durch verschiedene Charakteristika unterscheiden. Nach Kano spiegelt sich Qualität nicht nur im Gesamtsystem, sondern auch in den Teilsystemen wider, sodass eine Beurteilung der Qualität beider Betrachtungen bedarf (Kano et al. 1996, S. 169). Wird der Mobilitätsraum betrachtet, spannt sich in diesem ein Informationsraum mit einer Vielzahl von Informationsangeboten auf.

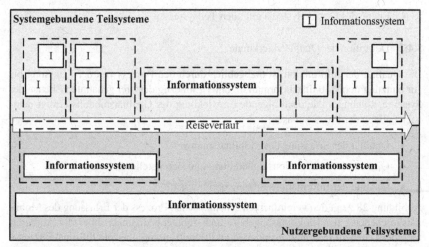

Abbildung 27: Schematische Darstellung der Informationssysteme entlang des Reiseverlaufes

Abbildung 27 zeigt schematisch, wie sich das Gesamtinformationssystem auf den Reiseverlauf abbildet. Systemseitig stellen die Mobilitätsanbieter Informationssysteme zur Verfügung, die sich an verschiedenen Stellen entlang des Reiseverlaufes auf die Kommunikation von Informationsinhalten fokussieren, die für die Mobilitätsnutzer an dieser Stelle notwendig sind. Dies können u. a. Anzeiger, Aushänge oder interaktive Systeme sein. Diese Teilsysteme sind über ihre örtliche Gebundenheit und die Charakteristik der angebotenen Information definiert. Nutzergebundene Teilsysteme, u. a. mobile Applikationen oder Taschenfahrpläne, beschreiben sich insbesondere über die örtliche Flexibilität. Auf dieser Ebene der Teilsysteme ist ein System möglich, dass alle Informationsinhalte entlang des Reiseverlaufs gebündelt bereitstellt. Die empirischen Analysen zeigen jedoch, dass zumindest zum jetzigen Zeitpunkt, die Mobilitätsnutzer zur Deckung des Informationsbedarfs verschiedene Informationskanäle nutzen, selbst wenn dies durch ein Teilsystem alleine möglich wäre (VDV-Mitteilung 7035, S. 16–17).

Entlang des Reiseverlaufs kann festgestellt werden, dass zwischen den systemgebundenen Teilsystemen und den nutzergebundenen Teilsystemen kontinuierlich Schnittpunkte entstehen.

Für die Entwicklung des Qualitätsmodells können für die Informationssysteme, unabhängig von system- oder nutzerseitiger Zuordnung, drei Ebenen identifiziert werden:

- Ebene der einzelnen Teilsysteme,
- Ebene aller Teilsysteme an einem Punkt der Reisekette,
- Ebene des Gesamtsystems mit allen Teilsystemen.

3.4.2 Definition der Qualitätsmerkmale

Die Qualität der Information ist maßgeblich durch den Prozess von der Erfassung bis zur Nutzung der Mobilitätsinformation, unter Einbezug der drei genannten Ebenen der Systeme, abhängig. Die nachfolgende Entwicklung des Qualitätsmodells erfolgt demnach entlang der Prozessphasen:

- Qualität der Erfassung des Mobilitätsraums,
- Qualität der Informationsaufbereitung und Bereitstellung,
- Qualität der Informationsnutzung und Interaktion.

Abbildung 28 zeigt den vereinfachten schematischen Prozess der Erfassung des Mobilitätsgeschehens, der Mobilitätsangebote und -rahmenbedigungen über die Aufbereitung der Daten zu Informationsinhalten und Bereitstellung über die Informationsangebote sowie die Nutzung und Interaktion durch die Mobilitätsnutzer unter Einbezug des Mentalen Modells (Dutke 1994, S. 2, 82)

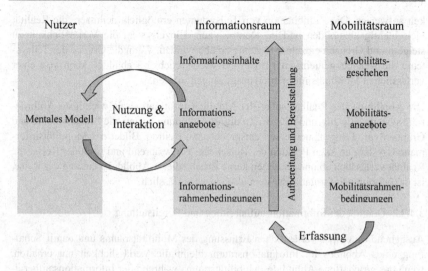

Abbildung 28: Schematischer Prozess von der Erfassung bis zur Nutzung der Mobilitätsinformation

3.4.2.1 Qualität der Erfassung des Mobilitätsraums

Die Erfassung des Mobilitätsraums, u. a. auf Basis von Plandaten und dem aktuellen Mobilitätsgeschehen, ist die Grundlage für die Kommunikation von Informationsinhalten an die Mobilitätsnutzer. Ausschlaggebend ist dabei die Verlässlichkeit der Information, erzeugt durch die Erfassung des Mobilitätsraums. Dadurch entsteht ein Abbild des Mobilitätsraums innerhalb des Informationsraums, welches als Kommunikationsbasis zu den Mobilitätsnutzern dient und diese in die Lage versetzt, sich im Mobilitätsraum sicher zu bewegen.

Verlässlichkeit: Übereinstimmende Abbildung des Mobilitätsraums über den Informationsraum unter Einbezug aller Ebenen des Mobilitätsraums sowie der Ebenen der Einzel-, Teil- und Gesamtsysteme.

Die Abbildung der Realität bezieht sowohl die Soll-Daten als auch die Ist-Daten mit ein. Sofern keine Ist-Daten zur Verfügung stehen, z. B. weil sich ein Fahrzeug noch nicht im Einsatz befindet, bilden die Soll-Daten die Realität ab. Befindet sich das Fahrzeug im Einsatz, ist bspw. der aktuelle Standort als Teil der Realität abzubilden. Am Beispiel des öffentlichen Personenverkehrs bedeutet dies, dass die Anzeige einer Ankunftszeit eines Busses, mit der tatsächlichen Ankunftszeit übereinstimmen muss, um für den Mobilitätsnutzer eine verlässliche Information darzustellen. Die Abbildung der Realität kann bedingt durch die Charakteristik der einzelnen Teilsysteme erschwert werden. Ein System, das keine Ist-Daten darstellen kann, z. B. ein Aushangfahrplan, kann demnach bedingt durch seine Charakteristik nur eine eingeschränkte Verlässlichkeit aufweisen. Die Kombination von Teilsystemen ermöglicht demnach, die Realität vielschichtig abzubilden und im Kontrast zum Einzelsystem die Verlässlichkeit zu steigern und Grenzen einzelner Systeme zu überwinden. Wenn die Gruppe der Teilsysteme die Realität gemeinsam richtig und widerspruchsfrei abbildet, kann von einer verlässlichen Mobilitätsinformation ausgegangen werden.

Die Abbildung der Realität sollte der Mobilitätsinformation als wichtigste Anforderung systemseitig zugrunde liegen. Zu dieser Abbildung leisten alle Einzelsysteme und Gruppen von Teilsystemen einen entsprechenden Beitrag. Bildet das Mobilitätsinformationssystem an allen Punkten der Reisekette, vor, während und nach der Reise, die Realität verlässlich ab und entstehen keine Brüche dieser Abbildung entlang der Reise, ist das Mobilitätsinformationssystem als Ganzes verlässlich.

3.4.2.2 Qualität der Informationsaufbereitung und Bereitstellung

Ausgehend von einer verlässlichen Erfassung des Mobilitätsraums und damit Schaffung eines Abbildes im Informationsraum, bleibt die Verlässlichkeit nur erhalten, wenn das geschaffene Abbild des Mobilitätsraums während der Informationsaufbereitung und Bereitstellung nicht negativ hinsichtlich der Übereinstimmung verändert wird.

Die Aufbereitung der Daten zu Informationsinhalten sowie die Bereitstellung über verschiedene Informationsangebote stellen neben der Beibehaltung der Verlässlichkeit für die Qualität der Mobilitätsinformation zwei Herausforderungen:

- Konsistenz der Mobilitätsinformation,
- Transparenz der Mobilitätsinformation.

Die Konsistenz muss dabei in eine innere Konsistenz des Informationsraums und, im Sinne der pragmatischen Ebene der Sprache (siehe Kapitel 2.4.1), in eine äußere Konsistenz zum mentalen Modell des Mobilitätsnutzers geteilt werden.

Innere Konsistenz: Freiheit von Widersprüchen der Informationsinhalte sowie der Form und Gestaltung der Informationsinhalte innerhalb der Einzel- und Teilsysteme sowie des Gesamtsystems.

Mobilitätsinformationssysteme sind dann in sich konsistent, wenn die gleiche Information in unterschiedlichen funktionalen Teilen des Systems und über verschiedene Systeme hinweg widerspruchsfrei in Inhalt und Form dem Mobilitätsnutzer kommuniziert wird. Für ein Einzelsystem bedeutet dies am Beispiel einer Ist-Abfahrtszeit in einer mobilen Applikation, dass sowohl bei der Funktion der Abfahrtstafel als auch bei der Reiseplanung, die Abfahrtszeiten inhaltlich übereinstimmen müssen. Auch die Art der Darstellung der Ist-Abfahrtszeit sollte in beiden Teilen des Einzelsystems gleich erfolgen. Eine Korrektur der Ist-Abfahrtszeit als laufender Prozess zur Abbildung der Realität stellt keine Reduktion der Konsistenz dar, sofern diese auf alle funktionalen Teile des Einzelsystems gleichermaßen abgebildet wird.

Die Bündelung verschiedener Teilsysteme an einem Punkt der Reisekette erzeugt die Herausforderung, auf allen Teilsystemen gleiche Inhalte widerspruchsfrei zu kommunizieren. Nicht frei von Widersprüchen und damit nicht konsistent ist die Mobilitätsinformation, wenn über den DFI-Anzeiger ein Zug als verspätet angezeigt wird, eine mobile Applikation den Ausfall des Zuges meldet und über die elektronische Lautsprecheransage die Einfahrt des Zuges gemeldet wird. In diesem Fall ist die Abbildung der Realität in Form der Verlässlichkeit bei zwei oder allen Systemen infrage zu stellen. Allerdings äußert sich dies auch durch die übergreifende Inkonsistenz der Teilsysteme. Der dargestellte Fall kann auch auf unterschiedliche Wissensstände bei der Erzeugung der Information zurückzuführen sein, was die Fragestellung der Transparenz der Information aufwirft.

Die innere Konsistenz des Gesamtsystems ist gewährleistet, wenn die Information entlang der Reisekette widerspruchsfrei ist und in der Form über alle Einzelsysteme und Gruppen von Teilsystemen hinweg konsistent ist. Dies ist bezogen auf das Gesamtsystem insbesondere beim Einsatz unterschiedlicher Technologien und Ausbaustufen entscheidend.

So können in einem Mobilitätsraum unterschiedliche DFI-Anzeiger eingesetzt werden, die sich in der Form der Informationsdarstellung unterscheiden oder die von unterschiedlichen Hintergrundsystemen, beispielsweise von verschiedenen Verkehrsunternehmen oder vom Verbund mit Informationsinhalten versorgt werden. Dadurch kann es inhaltlich und in der Form zu Abweichungen kommen, die sich erst bei einer gesamtheitlichen Betrachtung der Konsistenz offenbaren und sich entlang des Reiseverlaufs manifestieren.

Äußere Konsistenz: Übereinstimmung der Informationsinhalte mit dem mentalen Modell und den Erwartungen der Mobilitätsnutzer.

Die Informationsinhalte werden vom Mobilitätsnutzer dann als konsistent wahrgenommen, wenn sich diese in das mentale Modell einbetten. Mentale Modelle können als „Ausdruck des Verstehens" (Dutke 1994, S. 2) des Nutzers verstanden werden, die eine Erwartungshaltung erzeugen und es ermöglichen, neue Systeme auf Basis von Vergleichen und Erfahrungen zu verstehen und zu nutzen (Dutke 1994, S. 82). Nach Norman entwickeln sich mentale Modelle durch die Interaktion mit Systemen, wobei mentale Modelle primär die funktionale Ebene abdecken und die technische Komplexität meistens nicht erfasst wird (Norman 2014, S. 7). Für die Mobilität bedeutet dies, dass die Mobilitätsnutzer sowohl für die Nutzung einzelner Informationssysteme, als auch das Gesamtsystem bestehend aus Mobilitäts- und Informationsraum, mentale Modelle entwickeln, die für die Nutzung und Erwartungen maßgeblich sind.

Die Herausforderung der äußeren Konsistenz besteht darin, die mentalen Modelle unterschiedlicher Nutzergruppen zu berücksichtigen. Die unterschiedlichen Charakteristika der Mobilitätsnutzer werden in Kapitel 4.1 genauer analysiert.

Äußere Konsistenz entsteht nicht, wenn bspw. der Name einer Haltestelle für ortsansässige Mobilitätsnutzer einfach zugeordnet werden kann, da dieser historisch gewachsen ist und einen früheren markanten Ort wiedergibt, aber bereits nicht mehr existiert und für ortsfremde Nutzer dadurch keine Anknüpfungspunkte mehr bestehen. Ähnliche Fälle ergeben sich bspw. auch bei der Integration von Himmelsrichtungen, die häufig nur schwer für Ortsfremde zu beurteilen sind.

Transparenz: Die Transparenz ist definiert als die Klarheit über die Entstehung der Einzelinformation sowie die Klarheit, wie einzelne Informationsinhalte miteinander verknüpft werden können, um innerhalb der Einzel- und Teilsysteme sowie des Gesamtsystems den Mobilitätsnutzern die Bildung einer Entscheidungsgrundlage zu ermöglichen.

Das Wissen, um die Entstehung einer Information, ermöglicht den Mobilitätsnutzern eine eigene Einschätzung der Situation und die Konstruktion eines eigenen Abbildes des aktuellen Mobilitätsgeschehens mit dem Ziel zur Reduzierung der Komplexität beitragen. Die Entstehung einer Information ist nicht gleichzusetzen mit dem technischen Prozess der Informationserzeugung, sondern bildet die Ursache oder Hintergründe der Entstehung der Information ab. Auf einen Störungsfall bezogen, bedeutet dies bspw. die Kommunikation des Störungsgrundes oder die Information der Nutzer über die Sicherheit einer Prognose. Die Verknüpfung von Soll- und Ist-Daten ist ein Beispiel, wie Transparenz unterstützt durch visuelle Gestaltungsmöglichkeiten, geschaffen werden kann.

Die Klarheit über die Entstehung, bspw. Aktualität einer Information, kann entscheidend sein, um das Mobilitätsgeschehen und die Möglichkeiten, die sich daraus für die Mobilitätsnutzer ergeben, einzuschätzen.

Die Bedeutung der Transparenz steigt, wenn Informationsinhalte aus unterschiedlichen Quellen bezogen werden können und eine Verknüpfung dieser Quellen notwendig oder durch den Mobilitätsnutzer gewünscht ist. In Bezug zur Verlässlichkeit kann diesbezüglich abgegrenzt werden, dass die Abbildung der Realität durch die Mobilitätsnutzer in den meisten Fällen nicht geprüft werden kann, sodass diese eine Information über den Prozess bzw. die Sicherheit der Information benötigen, um die Verlässlichkeit mithilfe der Transparenz einschätzen zu können.

Die Mobilitätsinformation bildet sich aus den Informationsinhalten der unterschiedlichen Systeme, die für die Bewältigung der Reise durch den Mobilitätsnutzer benötigt werden. Dies erfolgt mit dem Ziel, den Zugang zur Mobilität und den Mobilitätsangeboten im Mobilitätsraum zu schaffen und die Mobilität zu ermöglichen. Sind die

Mobilitätsnutzer in allen Phasen der Reise in der Lage, die Informationsinhalte zu diesem Gesamtbild zu verknüpfen und darauf basierend qualifizierte Entscheidungen hinsichtlich der Mobilität zu treffen, ist das Gesamtsystem transparent.

Die Verlässlichkeit, Konsistenz und Transparenz der Einzel- und Teilsysteme ist im Sinne von Kano Grundlage für die Schaffung eines konsistenten, verlässlichen und transparenten Gesamtsystems und damit Informationsraums.

3.4.2.3 Qualität der Informationsnutzung und Interaktion

Die Qualität der Mobilitätsinformation und der die Information bereitstellenden Systeme wird, wie bereits dargestellt, nach Nielsen insbesondere durch die Usability, also die Nutzbarkeit der Systeme beeinflusst (Nielsen 1993, S. 25). Die Definition der Gebrauchstauglichkeit nach DIN EN ISO 9241-11 zeigt, dass neben der effizienten und effektiven Nutzbarkeit des Systems innerhalb des Nutzungskontextes und beeinflusst durch Nutzer, Aufgabe und System (Frese und Brodbeck 1989, S. 101–103), die Zufriedenstellung einen entscheidenden Einfluss auf die Gebrauchstauglichkeit ausübt (DIN EN ISO 9241-11, S. 4).

Ausgehend von dieser Grundlage können für die Informationsnutzung und Interaktion mit den Informationssystemen die folgenden drei Herausforderungen definiert werden:

- Effektive Nutzung der Mobilitätsinformation,
- Effiziente Nutzung der Mobilitätsinformation,
- Zufriedenstellung bei der Nutzung der Mobilitätsinformation.

Effektivität: Spiegelt die „Genauigkeit und Vollständigkeit" (DIN EN ISO 9241-11, S. 4) wider, mit der die Mobilitätsnutzer bei der Nutzung der Informationssysteme ihren Informationsbedarf decken können.

Das Ziel der Mobilitätsnutzer für die Nutzung von und Interaktion mit Mobilitätsinformationssystemen ist die Deckung des bestehenden Informationsbedarfs durch die angebotenen Informationsinhalte. Das System ermöglicht dann eine effektive Nutzung, wenn dieses Ziel erreicht wird. Können die Mobilitätsnutzer mit einem Planungssystem die Reise vollständig planen, ermöglicht das System eine effektive Nutzung. Dabei ist hinsichtlich der Nutzung zweitrangig, ob das Ergebnis der Reise den Anforderungen der Nutzer an die Reise entspricht, sofern der Grund dafür nicht in der Nutzung, sondern im Mobilitätsraum liegt. Hinsichtlich des Informationsbedarfs ist für die effektive Nutzung als Qualitätsmerkmal unerheblich, ob der Mobilitätsnutzer objektiv einen Bedarf an Information besitzt oder nur subjektiv bspw. zur eigenen Sicherheit, die Information erlangen will.

Effizienz: Umfasst den „eingesetzten Aufwand" (DIN EN ISO 9241-11, S. 4), mit dem der Informationsbedarf gedeckt werden kann.

Erfolgt die Deckung des Informationsbedarfs durch bereitgestellte Informationsinhalte mit einem angemessenen Aufwand, kann von einer effizienten Nutzung ausgegangen werden. Die Definition der Angemessenheit des Aufwandes muss entsprechend der Systemeigenschaften sowie der Informationsinhalte definiert werden. Für Einzelsysteme gibt es hierfür bereits Erfahrungswerte, auf die für einen Vergleich zurückgegriffen werden kann (VDV-Mitteilung 7036, S. 49–58).

Zufriedenstellung: Die durch die Interaktion und Nutzung sowie den Informationsinhalt erzeugte Einstellung der Mobilitätsnutzer gegenüber dem Einzel-, Teil- und Gesamtsystem der Mobilitätsinformation.

Zufriedenstellung ist dabei die „Freiheit von Beeinträchtigungen und positive Einstellung gegenüber der Nutzung des Produktes" (DIN EN ISO 9241-11, S. 4). Diese Freiheit von Beeinträchtigungen kann im Kontext der Mobilitätsinformation sowohl hinsichtlich der Barrierefreiheit als auch durch die Qualität der Informationsinhalte, des Informationsflusses, also der kontinuierlichen und lückenlosen Information, sowie der Deckung des Informationsbedarfs allgemein interpretiert werden. Die User Experience, also die „Wahrnehmungen und Reaktionen einer Person, die aus der tatsächlichen und/oder der erwarteten Benutzung eines Produkts, eines Systems oder einer Dienstleistung resultieren" (DIN EN ISO 9241-210, S. 7), kann in diesem Zusammenhang, sofern diese sich auf die Informationssysteme im Kontext dieser Arbeit beziehen, ebenfalls als Teil der Zufriedenstellung angesehen werden und deckt sich damit mit dem subjektiven Anteil der Qualitätsbeurteilung. Woodcock et al. zeigen jedoch auf, dass die User Experience bzw. Passenger Experience einer Reise, von einer Vielfalt von Faktoren abhängig ist und die Qualität der Informationssysteme nur einen Teil der User Experience umfasst (Woodcock et al., S. 319–323). Dies wirft die Frage auf, inwieweit die User Experience in ihrer Gesamtheit betrachtet werden muss und eine Teilbetrachtung auf Ebene der Informationssysteme isoliert möglich bzw. sinnvoll ist. Aus diesem Grund wird im Folgenden die Zufriedenstellung in ihrer originären Definition als Teil der Gebrauchstauglichkeit (DIN EN ISO 9241-11, S. 4) sowie als Ergebnis der Betrachtung der nutzerseitigen erwarteten und wahrgenommen Qualität, wie sie im Qualitätskreis nach DIN EN 13816 definiert ist (DIN EN 13816, S. 6–8), genutzt. Letztere ist mit der Definition der User Experience vergleichbar, jedoch bereits auf Mobilitätsdienstleistungen spezifiziert.

3.4.2.4 Übersicht der Qualitätsmerkmale im Prozess

Zusammengefasst können für den Prozess von der Erfassung des Mobilitätsraums, über die Verarbeitung bis zur Nutzung die folgenden Qualitätsmerkmale identifiziert werden, die sich wie in Abbildung 29 dargestellt, im Gesamtprozess wiederfinden:

- Verlässlichkeit,
- Innere und äußere Konsistenz,
- Transparenz,
- Effektivität und Effizienz,
- Zufriedenstellung.

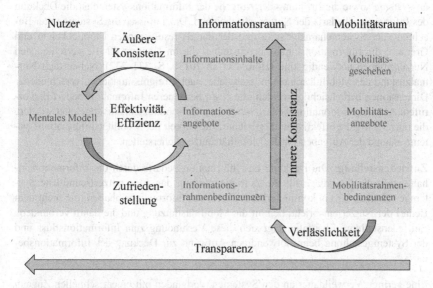

Abbildung 29: Qualitätsmerkmale im Prozess der Mobilitätsinformation

3.4.3 Teilbereiche der Qualität der Mobilitätsinformation

Basierend auf den in Kapitel 3.4.1 definierten Grundlagen der Qualität der Mobilitätsinformation können die Qualitätsmerkmale für die Teilbereiche abgeleitet und operationalisiert werden. Zentral sind dabei für die Evaluation die Teilbereiche:

- Informationsinhalt,
- Informationsfluss,
- Systemgestaltung.

Im Folgenden werden die Definitionen der Teilbereiche, basierend auf den zuvor dargestellten Analysen, sowie ihre Verknüpfung mit den Qualitätsmerkmalen dargestellt.

3.4.3.1 Teilbereich Informationsinhalt

Informationsinhalt: Die für die Durchführung der Reise notwendige Information, die aus den von den Mobilitätsnutzern durchgeführten Aufgaben in Normal- und Ereignissituationen entlang der Reise und dem damit entstehenden Informationsbedarf resultiert.

Effektivität und Effizienz: Für die effiziente und effektive Nutzbarkeit der Informationssysteme sowie die Erfüllung der Aufgabe der Informationssysteme ist die Deckung des Informationsbedarfs der Nutzer entscheidend. Dazu müssen die Systeme unter Beachtung der Systemcharakteristika und der daraus resultierenden Möglichkeiten und Grenzen, die Informationsinhalte bereitstellen, die im Kontext für die verschiedenen Nutzergruppen notwendig sind (Hörold et al. 2013b, S. 331–332). Neben dem Normalzustand des Mobilitätsraums müssen dabei auch Ereignissituationen verschiedener Dimensionen berücksichtigt werden, die einen besonderen Informationsbedarf hervorrufen. Aus dem Informationsbedarf können die Informationsinhalte abgeleitet werden, die nutzerseitig die effektive und effiziente Nutzbarkeit der Mobilitätsinformationssysteme anhand der Aufgaben für die Mobilitätsnutzer sicherstellen.

Zufriedenstellung: Die Deckung des Informationsbedarfs durch die Informationsinhalte stellt die Grundlage für die Zufriedenstellung dar. Eine nutzerfreundliche Systemgestaltung oder ein kontinuierlicher Fluss von Informationsinhalten, die nicht dem Bedarf der Nutzer entspricht, hemmt die Mobilitätsnutzung und die damit verbundene Zufriedenstellung. Ebenfalls zeigt sich diese Verbindung zum Informationsfluss und der Systemgestaltung beim notwendigen Aufwand zur Deckung des Informationsbedarfs.

Eine geringe Verweildauer an den Systemen, verbunden mit einem schnellen Zugang zu den Informationsinhalten ist die notwendige Voraussetzung für die Zufriedenstellung. Allerdings lässt sich feststellen, dass im komplexen und subjektiven Feld der Zufriedenstellung als Resultat von erwarteter und wahrgenommener Qualität, der Einfluss auf die Zufriedenstellung nicht absolut, sondern individueller Natur ist und einer konstanten Anpassung von Erwartung und Wahrnehmung unterliegt (VDV-Mitteilung 7035, S. 17–18).

Verlässlichkeit: In den Informationsinhalten spiegelt sich auch die Verlässlichkeit der Erfassung des Mobilitätsraums und die Schaffung des Abbildes dessen im Informationsraum wider. An den Informationsinhalten kann gemessen werden, inwieweit diese den Mobilitätsraum richtig abbilden.

Konsistenz: Die Informationsinhalte sind die Grundlage für die äußere Konsistenz in Verbindung mit dem mentalen Modell der Nutzer sowie die innere inhaltliche Konsistenz im Informationsraum.

Transparenz: Die Ausgestaltung der Informationsinhalte sowie deren Anreicherung mit Zusatzinformationen ermöglichen die Kommunikation von Entstehungsprozessen und Gründen für bestimmte Informationsinhalte.

3.4.3.2 Teilbereich Informationsfluss

Informationsfluss: Der aus dem Zusammenspiel der einzelnen Informationssysteme und -inhalte generierte Informationsraum, der sich für den Mobilitätsnutzer in einem kontinuierlichen und lückenlosen Fluss an Informationsinhalten entsprechend des Kontextes und der Aufgaben entlang der Reise ausprägt.

Effektivität und Effizienz: Die Deckung des Informationsbedarfs ist eng verknüpft mit der Verfügbarkeit der Information über die entsprechenden Systeme und deren Zusammenspiel entlang der Reisekette. Der daraus resultierende Informationsfluss ist entscheidend für die effektive und effiziente Nutzbarkeit des Mobilitätssystems und die Qualität der Mobilitätsinformation und der Informationssysteme. Dabei bedeutet Informationsfluss nicht die dauerhafte und allumfassende Gegenwärtigkeit aller Informationsinhalte im Mobilitätsraum, sondern die gezielte Platzierung der Information entsprechend des Bedarfs der Nutzer im jeweiligen Kontext. Dies kann auch zu einer bewussten und aktiven Reduzierung der Informationsfülle führen, die u. a. die Auswahl der Informationssysteme, aber auch die situative und kontextabhängige Bereitstellung von Informationsinhalten betreffen kann. Dynamische Informationsbildschirme, sogenannte Public Displays, können zukünftig beispielsweise Informationsinhalte in Abhängigkeit von der aktuellen Situation an der Haltestelle, z. B. Informationsinhalte zum Verlassen der Haltestelle nach der Einfahrt eines Zuges, zeigen. Aktuelle dynamische Informationsanzeiger an Haltestellen verändern bspw. bei Einfahrt eines Zuges bereits die Information und zeigen spezifische Informationsinhalte zur Wagenanzahl oder zu Sicherheitsmaßnahmen bei der Einfahrt. Dieses Konzept der kontextabhängigen Steuerung des Informationsflusses kann zur Steigerung der Nutzbarkeit noch ausgeweitet und verfeinert werden.

Zufriedenstellung: Unsicherheiten an Umsteigepunkten oder Änderungen des geplanten Reiseablaufes, z. B. verursacht durch Ereignisse und Störungen, stellen nutzerseitig eine hohe Hürde für die Änderung des Mobilitätsverhaltens von individuellen zu öffentlichen Mobilitätsangeboten (Anwar 2009, S. 73–74) und damit die vernetzte Mobilität dar. Die Auswirkungen dieser Unsicherheiten auf die Zufriedenstellung der Nutzer sind entsprechend einzuschätzen. Die Sicherstellung eines lückenlosen und kontinuierlichen Informationsflusses trägt zur Reduktion dieser Nutzungshürden bei und erzeugt durch das resultierende Sicherheitsgefühl eine Zufriedenstellung des Nutzers. Hierbei kann davon ausgegangen werden, dass nach dem Erreichen eines definierten Levels des Informationsflusses dieses in den Erwartungshorizont des Mobilitätsnutzers integriert wird und der Effekt einer Unterbrechung des Informationsflusses, bereits einmalig, negative Auswirkung auf die Zufriedenstellung hat.

Konsistenz: Entlang der Reise muss die innere Konsistenz im Informationsraum auch hinsichtlich des Informationsflusses gewährleistet sein. Dies bedeutet, dass dieselben Informationsinhalte auf verschiedenen Systemen und an verschiedenen Stationen entlang der Reise konsistent kommuniziert werden.

Transparenz: Der Informationsfluss kann nur dann gewährleistet werden, wenn auch über unterschiedliche Informationssysteme hinweg widerspruchsfrei und für den Mobilitätsnutzer nachvollziehbar Informationsinhalte präsentiert werden. Der Informationsfluss kann durch das Zusammenspiel der Informationssysteme und die ggf. kontextspezifische Kommunikation von Informationsinhalten zur Transparenz und Schaffung einer Entscheidungsgrundlage beim Mobilitätsnutzer beitragen.

3.4.3.3 Teilbereich Systemgestaltung

Systemgestaltung: Alle Aspekte, die im Sinne des Usability Engineerings mit der nutzerzentrierten Konzeption des Informationssystems und der Gestaltung des User Interfaces verbunden sind. Dies bezieht die Auswahl von Funktionen, die Gestaltung des Workflows und Integration von Informationsinhalten sowie die visuelle Gestaltung mit ein. Im Falle von auditiven Systemen oder Teilsystemen sind auch diese Aspekte Teil der Systemgestaltung.

Effektivität und Effizienz: Die DIN EN ISO 9241-210 definiert basierend auf der ISO/IEC TR 25060 als Aspekte der nutzerzentrierten Gestaltung, neben der Definition des Nutzungskontextes, insbesondere die Benutzungsschnittstelle mit Interaktionsspezifikation sowie spezifizierte und evaluierte Gestaltungslösungen (DIN EN ISO 9241-210, S. 9–12; ISO/IEC TR 25060, S. 5–11). Die Systemgestaltung ist entscheidend für die effiziente und effektive Nutzung des Systems, wie sie in der Gebrauchstauglichkeit definiert ist (DIN EN ISO 9241-11, S. 4). In Bezug zur nutzerzentrierten Bereitstellung der Informationsinhalte und zum Informationsfluss können diese nur mit hoher Qualität erfolgen, wenn die Systemgestaltung mit hoher Nutzbarkeit für die Mobilitätsnutzer, einen einfachen Zugang gewährleistet. Der Systemgestaltung kommt in diesem Sinne, sowohl für die Einzelsysteme als auch im Verbund innerhalb des Mobilitäts- und Informationsraums, eine besondere Stellung zu.

Zufriedenstellung: Die zufriedenstellende Systemgestaltung ist, so wie dies auch bei der effektiven und effizienten Nutzbarkeit festzustellen ist, für die Vielfalt der im Mobilitätsraum präsenten Nutzergruppen eine besondere Herausforderung. Dabei ist grundlegend festzustellen, dass die visuelle Gestaltung der Benutzungsschnittstelle insbesondere bei nicht interaktiven Systemen, in Verbindung mit dem Informationsdesign besonders durch die Nutzer wahrgenommen wird. Die intuitive und dem Workflow entsprechende Gestaltung der Interaktion und die entsprechende Auswahl der Funktionalität ist weniger präsent und beeinflusst die Zufriedenstellung weniger offensichtlich. Dennoch ist diese für die Zufriedenstellung entscheidend (Nielsen 1993, S. 23–25).

Konsistenz: Die visuelle und inhaltliche Gestaltung der Einzel- und Teilsysteme sowie des Gesamtsystems ist die Grundlage für die innere Konsistenz im Informationsraum. Diese steht in enger Verknüpfung mit den Informationsinhalten und kann als solche besonders systemübergreifend eine große Herausforderung darstellen.

Transparenz: Die Systemgestaltung ermöglicht auf Ebene der Gestaltung des User Interfaces eine Schaffung von Transparenz über die Informationsinhalte hinaus. Dies kann bspw. durch die farbliche Kodierung, aber auch über die eingesetzte Symbolik und Darstellung von Veränderungen erfolgen.

3.4.4 Qualitätsmodell für die Mobilitätsinformation

Das Ziel der Mobilitätsinformation kann vereinfacht über die Bereitstellung der notwendigen Informationsinhalte zur Nutzung der Mobilitätsangebote definiert werden.

Nutzerseitig wurde für das Qualitätsmodell bereits dargelegt, dass das reine Vorhandensein der Information nicht ausreichend ist. Die bereitgestellte Information muss nutzbar sein, sowohl bezüglich der Auswahl der Informationsinhalte entsprechend des aus Nutzer, Aufgabe und Kontext resultierenden Informationsbedarfs, als auch hinsichtlich der Gestaltung der Informationssysteme. Durch den mobilen Charakter der Mobilität an sich ist auch die zeitliche und örtliche Koordinierung der Informationsbereitstellung in Form des Informationsflusses entscheidend für die Nutzbarkeit. In allen drei Teilbereichen kann neben der Nutzbarkeit auch die Zufriedenstellung als Teil der nutzerseitigen Qualität definiert werden. Dies zeigt auf, dass die Mobilitätsinformation nutzerseitig nicht nur einen funktionalen objektiven Charakter besitzt, sondern auch einen subjektiven Charakter, wie dies in Kapitel 3.1 bereits dargestellt wurde. Dabei ist einzuschränken, dass entsprechend dem Qualitätskreis die wahrgenommene Qualität nicht unbedingt der erbrachten Qualität entspricht (DIN EN 13816, S. 6).

Systemseitig zeichnet sich das Qualitätsmodell, wie vorausgehend beschrieben, durch die Komplexität des Zusammenspiels zwischen den einzelnen Informationssystemen im Kontext der Reisekette in einem Gesamtsystem aus. Das Geschehen im Mobilitätsraum und der durch die Informationssysteme aufgespannte Informationsraum, der eine Abbildung des Mobilitätsraums ermöglicht, sind wesentlich für die Definition und Evaluation der Verlässlichkeit, Konsistenz und Transparenz. Diese wiederum spiegeln sich, wie auch die nutzerseitigen Merkmale, in den Informationsinhalten, im Informationsfluss und in der Systemgestaltung wider.

Weiterführend werden im Qualitätsmodell diese beiden Perspektiven in Bezug zur Mobilität definiert als:

- Mobilitätsnutzerorientierung,
- Mobilitätssystemorientierung.

Abbildung 30 zeigt die von diesen Sichten und den zuvor durchgeführten Analysen und Definitionen ausgehenden Schichten des Qualitätsmodells. Im Kern stehen die für die Bestimmung der Informationsinhalte, Definition der Anforderungen an den Informationsfluss sowie die Systemgestaltung notwendigen Kenntnisse in Form von Qualitätseinflussfaktoren. Neben den bereits beschriebenen Ebenen des Mobilitäts- und Informationsraums, sind dies insbesondere die Kenntnis über

- die Nutzer,
- die Aufgaben,
- den Kontext im Sinne der Umgebung und
- die eingesetzten Systeme.

Tabelle 26 zeigt auf, wie die Analyse von Nutzer, Aufgabe, System und Kontext auf die Teilbereiche abgebildet werden können, um diese zu bestimmen.

Tabelle 26: Übersicht über die Abbildung der Einflussfaktoren auf die Teilbereiche

Teilbereich	Abbildungsbasis	Einflussfaktor
Informationsinhalt	Informationsbedarf	Nutzer, Aufgabe, Kontext
Systemgestaltung	Interaktion und Workflow	Nutzer, Aufgabe, Kontext, System
	Visuelle/auditive Gestaltung	
Informationsfluss	Informationsbedarf	Nutzer, Aufgabe, Kontext
	Systemcharakteristik	Kontext und System

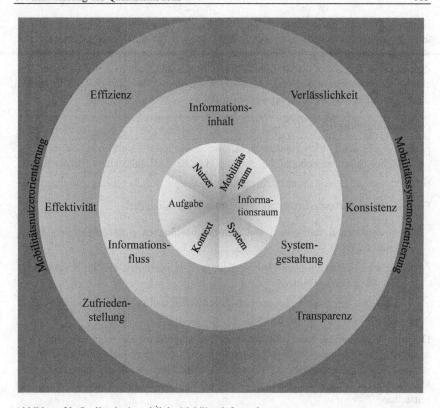

Abbildung 30: Qualitätskreismodell der Mobilitätsinformation

3.4.5 Teilbereiche der Qualität und weiteres Vorgehen

Für die Bestimmung der Qualität ist eine weitere Verfeinerung der Merkmale bis zu messbaren Indikatoren notwendig.

Der **Informationsinhalt** wird charakterisiert durch den Grad:

- nutzergruppenspezifischer Deckung des Informationsbedarfs,
- aufgabenspezifischer Deckung des Informationsbedarfs,
- kontextspezifischer Deckung des Informationsbedarfs,
- des Aufwandes, der zur Deckung des Informationsbedarfs notwendig ist,
- der Äußeren Konsistenz mit dem mentalen Modell der Nutzer.

Daraus ergibt sich für die weitere Verfeinerung des Informationsinhaltes, dass dieser über den Informationsbedarf erfolgen muss. Der Aufwand zur Deckung ist eng mit der Systemcharakteristik, der Systemgestaltung und dem Informationsfluss verknüpft. Aus dem mobilen Charakter der Mobilitätsinformation ergibt sich, dass der Grad der Deckung des Informationsbedarfs, systemspezifisch und systemübergreifend im Sinne des Informationsraums betrachtet werden muss.

Schlussfolgerung
Damit ergibt sich für den Teilbereich Informationsinhalt die Notwendigkeit zur Definition des Informationsbedarfs in Abhängigkeit der Mobilitätsnutzer und der Reisekette.

Der **Informationsfluss** wird charakterisiert durch den Grad der:

- lückenlosen Bereitstellung von Informationsinhalten entsprechend dem Informationsbedarf,

- örtlichen und zeitlichen Bereitstellung von Informationsinhalten entsprechend der Aufgaben der Nutzer,

- Deckung des Informationsbedarfs durch Bereitstellung von Informationsinhalten im Normal- und Ereignisfall.

Die enge Verknüpfung zum Teilbereich der Informationsinhalte zeigt, dass der Informationsfluss nur in Kombination mit dem Informationsbedarf, welcher auch Grundlage für die Informationsinhalte ist, betrachtet werden kann. Im Fokus steht die lückenlose und damit örtliche und zeitliche sowie situationsabhängige bedarfsdeckende Bereitstellung.

Schlussfolgerung
Für den Informationsfluss ergibt sich somit die Notwendigkeit zur Definition von Methoden zur Evaluation der Qualitätsmerkmale innerhalb des Mobilitätskontextes.

Die **Systemgestaltung** wird charakterisiert durch den Grad der:

- Übereinstimmung mit den spezifischen Anforderungen der Nutzer,

- Erfüllung von systemspezifischen Richtlinien für die nutzerzentrierte Gestaltung,

- Grundsätze der Dialoggestaltung (DIN EN ISO 9241-110, S. 7–16),

- Integration von Anforderungen an die Barrierefreiheit.

Grundsätzlich kann für die Systemgestaltung davon ausgegangen werden, dass die im Usability Engineering etablierten Methoden und Prozesse, unter Beachtung der hohen

Nutzer- und Systemvielfalt und der unterschiedlichen Systemcharakteristik angewendet werden können.

Schlussfolgerung

Die Prozesse zur Sicherung einer effizienten und effektiven sowie zufriedenstellenden Nutzung (DIN EN ISO 9241-11, S. 4) können Anwendung finden und entsprechende Methoden für das Anwendungsfeld identifiziert werden.

Für die Merkmale Verlässlichkeit, Konsistenz und Transparenz müssen zudem Verfahren definiert werden, wie diese in Abhängigkeit der Informationsinhalte, des Informationsflusses und der Systemgestaltung sowie des Mobilitäts- und Informationsraums bestimmt werden können.

Die **Verlässlichkeit** wird charakterisiert durch den Grad, in dem:

- Einzelsysteme den Mobilitätsraum realitätsgetreu darstellen,

- Teilsysteme den Mobilitätsraum realitätsgetreu darstellen,

- das Gesamtsystem den Mobilitätsraum realitätsgetreu darstellt.

Die Verlässlichkeit und damit realitätsgetreue Abbildung des Mobilitätsraums mittels der Informationsinhalte der jeweiligen Systeme muss dabei im Normal- und Ereignisfall erfüllt werden. Die Herausforderung, dass der Mobilitätsnutzer diese Informationsinhalte als solche wahrnehmen und verstehen können muss, ist Teil der Systemgestaltung sowie der Transparenz.

Schlussfolgerung

Für die Qualitätsevaluation muss ein Verfahren entwickelt werden, dass die Beurteilung der Verlässlichkeit im Bezug zu den Informationsinhalten ermöglicht.

Die **innere Konsistenz** wird charakterisiert durch den Grad, in dem:
- Einzelsysteme den Inhalt und die Form der Informationen widerspruchsfrei und gleichbleibend darstellen,

- Teilsysteme den Inhalt und die Form der Informationen widerspruchsfrei und gleichbleibend darstellen,

- das Gesamtsystem den Inhalt und die Form der Informationen widerspruchsfrei und gleichbleibend darstellt.

Hinsichtlich der Form besteht eine enge Verbindung zur Systemgestaltung, die eine eindeutige Identifizierung eines bestimmten Informationsinhaltes innerhalb der Einzel- und Teilsysteme sowie des Gesamtsystems sicherstellen sollte. Sind die Informationsinhalte entsprechend der Verlässlichkeit realitätsgetreu, sollte sich die Konsistenz entsprechend verhalten.

Da Mobilitätsinformationen häufig nicht aus einer Quelle stammen, müssen diese hinsichtlich der Verlässlichkeit und Konsistenz geprüft werden. Besondere Herausforderungen bilden dabei die unterschiedlichen Systemcharakteristika, die eine vollständige Konsistenz gegebenenfalls erschweren.

Schlussfolgerung
Für die Qualitätsevaluation muss ein Verfahren entwickelt werden, dass die Beurteilung der Konsistenz der Informationsinhalte und der Form ermöglicht. Grundlegend ist dafür bei jeder Evaluation erst einmal die Identifizierung der Inkonsistenzen.

Die **Transparenz** wird charakterisiert durch den Grad, in dem:

- Einzelsysteme Klarheit über die Entstehung der Information vermitteln,
- Teilsysteme Klarheit über die Entstehung der Information vermitteln,
- das Gesamtsystem Klarheit über die Entstehung der Information vermittelt,
- Einzelsysteme eine Verknüpfung von Informationsinhalten als Entscheidungsgrundlage ermöglichen,
- Teilsysteme eine Verknüpfung von Informationsinhalten als Entscheidungsgrundlage ermöglichen,#
- das Gesamtsystem eine Verknüpfung von Informationsinhalten als Entscheidungsgrundlage ermöglicht.

Die Transparenz ermöglicht die Generierung eines Abbildes des Mobilitätsraums beim Mobilitätsnutzer. Inwieweit die Kommunikation der Informationsinhalte und die Einführung entsprechender gegebenenfalls notwendiger spezieller Informationsinhalte dies ermöglichen, gibt Aufschluss über die Transparenz der Mobilitätsinformation. Zur Generierung dieses Abbildes muss der Mobilitätsnutzer in die Lage versetzt werden, die Inhalte richtig zu interpretieren und miteinander zu verknüpfen.

Schlussfolgerung
Für die Qualitätsevaluation muss ein Maßstab entwickelt werden, der die Beurteilung der Transparenz der Informationsinhalte ermöglicht.

Fazit für die weitere Entwicklung

Zusammenfassend muss für die Entwicklung eines Instrumentariums zur Qualitäts-information Folgendes bestimmt, analysiert bzw. entwickelt werden:

- Nutzer, Aufgabe und Kontext,
- Informationsbedarf entlang der Reise,
- Methoden und Verfahren zur Evaluation.

Diese Bestimmung erfolgt ausgehend von der Mobilitätsinformation als System in den folgenden Kapiteln.

4. Nutzungskontext der Mobilitätsinformation

Der Nutzungskontext ist definiert als „die Benutzer, Arbeitsaufgaben, Arbeitsmittel (Hardware, Software und Materialien) sowie physische und soziale Umgebung, in der das Produkt genutzt wird" (DIN EN ISO 9241-11, S. 4). Wie in Kapitel 3.4 dargestellt, ist der Nutzungskontext die Grundlage, u. a. für die Bestimmung des Informationsbedarfs und damit der Informationsinhalte, für die Evaluation der Effizienz und Effektivität sowie für den Informationsfluss und die Zufriedenstellung. Im Anwendungsfeld der Mobilitätsinformation ist der Nutzungskontext charakterisiert über die Mobilitätsnutzer, die Aufgaben, die Informationssysteme sowie die physische und soziale Umgebung entlang der Reisekette (Hörold et al. 2013c, S. 161–162).

Vorgehen	Methoden	
	analytisch	empirisch
...		
Analyse des Nutzungskontexts	Nutzeranalyse	
	Aufgabenanalyse	
	Umgebungsanalyse	
...		

Abbildung 31: Vorgehen zur systematischen Analyse der Faktoren des Nutzungskontextes

Für die Analyse und Definition des Nutzungskontextes folgt der methodische Ansatz der Systematik der Anforderungsanalyse entsprechend eines nutzerorientierten Entwicklungsprozesses unter Anwendung des Persona-Ansatzes nach Cooper (Cooper 1999, S. 124), der Hierarchical Task Analysis (Annet 2004, S. 330–331) und der Definition des Nutzungskontextes (DIN EN ISO 9241-11, S. 4) sowie der Kontextfaktoren nach Krannich (Krannich 2010, S. 81). Am Fallbeispiel des öffentlichen Personenverkehrs werden die gewählten Methoden und Ansätze im Mobilitätskontext angewandt und durch empirische Untersuchungen die Umsetzbarkeit nachgewiesen. Ziel dieses Kapitels ist die Identifikation der Merkmale und Herausforderungen des Nutzungskontextes des Untersuchungsobjektes für die Entwicklung von Evaluationsmethoden und die Integration in das Instrumentarium.

4.1 Mobilitätsnutzer

Die Charakterisierung der Mobilitätsnutzer kann, wie in Kapitel 1.3.1 dargestellt auf unterschiedliche Weise, über das Ticket bis hin zur Betrachtung umfangreicher Charakteristika, erfolgen. Für die Betrachtung des Informationsbedarfs der unterschiedlichen Nutzergruppen der Mobilität, die Evaluation bestehender und die Entwicklung zukünftiger Informationssysteme sowie die Bestimmung der Qualität ist eine vielschichtige Analyse notwendig. Dabei stellt sich die Herausforderung, dass die Nutzergruppen der Mobilität stark heterogen geprägt sind. Dies resultiert u. a. aus den vielfältigen Mobilitätsangeboten und den Rahmenbedingungen, die von der Bereitstellung von Mobilitätsangeboten im Sinne der Daseinsfürsorge (Lott 2008, S. 29–31) über die individuelle Mobilität zu Fuß, mit dem Rad oder dem PKW bis hin zur geteilten Mobilität in Form von Sharing-Angeboten und Mitfahrgelegenheit reichen.

Die Vielschichtigkeit und Heterogenität der Mobilitätsnutzer spiegelt sich auch in den zur Bestimmung von Nutzergruppen und detaillierten Beschreibung dieser Gruppen notwendigen Charakteristika wider. Grundlage der Mobilität ist die Verkehrsmittelwahl und die daraus resultierenden Merkmale des Mobilitätsverhaltens (Flade 2013, S. 57). Die Gründe für die Verkehrsmittelwahl sind dabei vielfältig und können vom Bedürfnis nach Bewegung, als Grund für das zu Fuß gehen, bis hin zur Unsicherheit über die Verfügbarkeit eines Parkplatzes in der Innenstadt reichen (Flade 2013, S. 91).

Racca und Ratledge leiten für die Auswahl zwischen den Verkehrsmitteln bzw. Mobilitätsangeboten die folgenden Merkmale ab (Racca und Ratledge 2003, S. 2):

- Einkommen des Mobilitätsnutzers,

- Verfügbarkeit eines persönlichen Fortbewegungsmittels,

- Reisezeit mit dem jeweiligen Mobilitätsangebot,

- Kosten für die Nutzung des Mobilitätsangebotes,

- Verfügbarkeit und Kosten von Parkplätzen,

- Zugang zu alternativen Mobilitätsangeboten,

- Tageszeit und Taktfrequenz in Bezug zum Mobilitätsangebot,

- Spezielle Leistungsfaktoren des Mobilitätsangebotes,

- Bevölkerungsdichte und Bebauungscharakteristika.

Zudem hängt nach Flade, die Verkehrsmittelwahl von der Lebensphase ab, die sich insbesondere am Übergang ins Erwachsenenalter manifestiert (Flade 2013, S. 117). Die Veränderung des Mobilitätsverhaltens sowie der Verkehrsmittelwahl kann jedoch als langsamer Prozess betrachtet werden, in dem sich Trends erst durch leichte Zu- oder Abnahmen manifestieren (Streit et al. 2013, S. 13–16; Eckhardt 2004, S. 208).

4.1.1 Mobilitätspattern

Die Kenntnis der Merkmale zur Gestaltung des Mobilitätsverhaltens und zur Auswahl der Verkehrsmittel ist Grundlage für die Analyse von typischen Mobilitätspattern. Diese stellen Muster dar, die für die alltägliche Mobilität der Nutzer typisch sind und sich insbesondere über den Nutzungsgrund, die Nutzungszeit sowie das genutzte Verkehrsmittel abbilden. Ausgehend von diesem Ansatz können, auf Basis der Ergebnisse der Studie Mobilität in Deutschland (Follmer 2010), die in Abbildung 33 dargestellten Mobilitätspattern abgeleitet werden, die zudem im Kontext der Mobilitätsagenda bereits veröffentlicht wurden (Mayas et al. 2014b, S. 212–215). Ausgangspunkt ist die Analyse der typischen Wege des Tages in Bezug zu den drei Verkehrsmitteln ÖV, Fahrrad und PKW sowie dem zu Fuß gehen. Diese Wege sind in Abbildung 32 dargestellt.

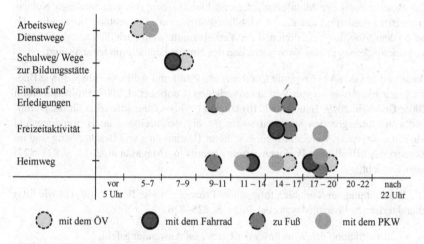

Abbildung 32: Typische Wege im Verlaufe eines Tages (Mayas et al. 2014b, S. 215)

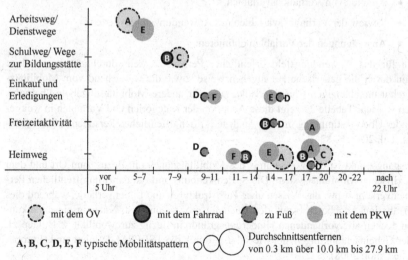

Abbildung 33: Mobilitätspattern im Tageskontext (Mayas et al. 2014b, S. 215)

Aus den Mobilitätspattern kann abgeleitet werden, dass es typische Konstellationen gibt, die die Mobilität der Nutzer sowie das Mobilitätsverhalten beschreiben. Dies ist insbesondere dann wichtig, wenn Mobilität, wie in Kapitel 2.3.2 dargestellt, im Tageskontext betrachtet wird.

4.1.2 Nutzercharakteristika

Zur Beschreibung der Mobilitätsnutzer und Identifikation der verschiedenen Nutzergruppen ist basierend auf diesen Mobilitätspattern eine Betrachtung notwendig, die neben dem Mobilitätsverhalten und der Verkehrsmittelwahl auch die mentalen Modelle, insbesondere bzgl. des Vorwissens und des Nutzungshintergrundes analysiert.

Basierend auf den Ansätzen von Cooper et al., Pruitt und Adlin, Goodwin sowie Baumann zur Identifikation von Verhaltensvariablen (Cooper et al. 2007; Pruitt und Adlin 2006; Goodwin 2009; Baumann 2010) können typische Charakteristika für die Definition von Nutzergruppen bestimmt sowie für die Beschreibung im Anwendungsfeld Mobilität eingesetzt werden. Ergebnisse dieser Bestimmung und Beschreibung sind im Kontext des öffentlichen Personenverkehrs bereits in (Mayas et al. 2013, S. 823–827) veröffentlicht.

Die Bestimmung der Variablen folgt einem Prozess mit vier Phasen, die sich wie folgt charakterisieren lassen (Mayas et al. 2013, S. 825–826):

- Identifikation der Workflows der Nutzer im Anwendungsfeld,

- Ableiten von Verhaltensvariablen,

- Review der Verhaltensvariablen mit Anwendungsfeldexperten,

- Ausprägungen der Variablen definieren.

Die für das Anwendungsfeld öffentlicher Personenverkehr durchgeführte Analyse kann durch die generische Herangehensweise sowie die weitgehend vom Mobilitätsangebot unabhängigen Charakteristika auch für andere Mobilitätsangebote übernommen werden. Tabelle 27 zeigt diese Adaption der Kategorien und Variablen in weitgehender Übereinstimmung mit der Analyse für den öffentlichen Personenverkehr. (Mayas et al. 2013, S. 826).

Ausgangspunkt ist die Vorkenntnis des Mobilitätsnutzers in Bezug zum Ort und dem spezifischen Mobilitätssystem. Die Systemkenntnis umfasst dabei im öffentlichen Personenverkehr bspw. das Wissen über Tarifstrukturen und Linienverläufe, während dies bei Sharing-Angeboten bspw. den Buchungsprozess umfasst. Nutzungseinschränkungen decken alle vorhandenen Hinderungsgründe in Bezug zur Mobilität, z. B. Gepäck oder Geheinschränkungen, ab, wie sie u. a. durch die TSI-PRM definiert sind (Europäische Union 2008).

Tabelle 27: Kategorien und Variablen zur Beschreibung von Mobilitätsnutzern nach (Mayas et al. 2013, S. 826)

Fähigkeiten und Vorwissen		
Ortskenntnis	Systemkenntnis	Nutzungseinschränkungen
Nutzungsverhalten		
Nutzungsfrequenz	Nutzungsflexibilität	Zusatztätigkeiten
Nutzungshintergrund		
Nutzungsgrund	Nutzungsberechtigung	Ort und Zeit
Einstellung		
Mobilitätspräferenzen	Erwartungen	Erfahrungen

Das Nutzungsverhalten steht in engem Bezug zu den Mobilitätspattern sowie zum Vorwissen und ist über die Frequenz und die Flexibilität aber auch über Zusatzaktivitäten, die die Aufmerksamkeit beeinflussen, beschrieben. Zumeist besteht auch eine Verbindung zum Nutzungshintergrund, insbesondere dem Nutzungsgrund. Die Nutzungsberechtigung ist Ausdruck für die Voraussetzungen, die z. B. durch den Kauf eines Fahrscheins oder durch den Besitz eines Führerscheins geschaffen werden. Der Ort und die Zeit der Nutzung sind insbesondere in Bezug zum physischen und sozialen Kontext zu sehen. Das Mobilitätsverhalten ist, wie bereits dargestellt, auch von den Präferenzen der Mobilitätsnutzer sowie den Erwartungen und Erfahrungen abhängig. Dies ist auch im Sinne der Qualität, wie in Kapitel 3.2.2 dargestellt, wichtig.

Weitere Merkmale zur Beschreibung der Mobilitätsnutzer sind zwar ableitbar, kritisch betrachtet muss bei der Beschreibung einer so heterogenen Nutzergruppe jedoch ein Maß gefunden werden, das im Sinne der Qualitätsevaluation noch handhabbar ist. Dabei ist das Ziel einer Beschreibung einzelner individueller Nutzer zur Erfassung aller möglichen Ausprägungen nicht zielführend. Mayas et al. geben dabei auch zu bedenken, dass die Beschreibung der Nutzer und die Ausprägung der Variablen von den kulturellen und regionalen Unterschieden abhängig sein kann und deshalb immer für das Anwendungsfeld geprüft werden muss (Mayas et al. 2013, S. 830).

4.1.3 Fallstudie: Nutzerbeschreibung im ÖV

Die folgende Fallstudie, zuvor veröffentlicht in (Hörold et al. 2011; Krömker et al. 2011; Mayas et al. 2012, 2013), zeigt die Umsetzung der beschriebenen Charakterisierung von Mobilitätsnutzern am Beispiel des öffentlichen Personenverkehrs in Form von Personas. Diese ist die Grundlage für die im weiteren Verlauf durchgeführten Analysen, u. a. des Informationsbedarfs und wird hier auszugsweise zur Schaffung eines einheitlichen Verständnisses dargestellt.

4.1.3.1 Methode der Nutzerbeschreibung

Der Ursprung der Persona-Methode ist auf Alan Cooper zurückzuführen, wobei Personas keine realen Nutzer darstellen, sondern hypothetische Archetypen von Nutzern, die aus Studien abgeleitet und mit Namen und Merkmalen ausgestaltet werden (Cooper 1999, S. 124). Ziel der Nutzerbeschreibung mit Personas ist die Kommunikation (Cooper et al. 2007, S. 75):

- des Verhaltens der Nutzer,
- der Wünsche und Einstellungen sowie
- der Gründe für das Verhalten und die Denkweise.

Die Vorteile für den Entwicklungsprozess sowie die Bestimmung von Qualitätsmerkmalen liegen insbesondere (Cooper et al. 2007, S. 79):

- in der nutzerzentrierten Beschreibung der Erwartungen an das System,
- in der einfachen Kommunikationsbasis,
- im breiten Einsatzfeld von der Entwicklung bis zur Evaluation.

Die Vorteile der Persona-Methode können kurzgefasst beschrieben werden als „Personas put a face on the user - a memorable, engaging, and actionable image that serves as a design target" (Pruitt und Adlin 2006, S. 11).

Die Erstellung der Personas erfolgte basierend auf den in Kapitel 4.1.2 definierten Charakteristika sowie einer umfangreichen Daten- und Informationssammlung unter Einbezug von Experten und Nutzern. Tabelle 28 zeigt das methodische Vorgehen für die Erstellung der Personas am Beispiel des öffentlichen Personenverkehrs.

Tabelle 28: Methodisches Vorgehen zur Erstellung der Personas nach (Krömker et al. 2011, S. 47)

Schritt	Methode
Einteilung der Nutzergruppen	Expertenrunde mit Vertretern von Mobilitätsanbietern, Industrieunternehmen und Forschungseinrichtungen
Extraktion weiterer Verhaltensmerkmale	Analyse von Mobilitätsstatistiken
Ableitung typischer Merkmals-kombinationen	Experteninterviews mit verschiedenen Fachbereichen von Mobilitätsanbietern
Verfeinerung der Personas	Fokusgruppen mit Mobilitätsnutzern
Validierung der Personas	Befragung von Mobilitätsnutzern mittels Fragebögen

4.1.3.2   Ergebnisse der Nutzerbeschreibung

Das Ergebnis der Anwendung der Persona-Methode bilden sieben Personas für den öffentlichen Personenverkehr (Mayas et al. 2012, S. 5–19). Diese sieben Personas reichen vom Pendler bis zum Touristen und sind in Tabelle 29 insbesondere hinsichtlich der Orts- und Systemkenntnis sowie der Nutzungsflexibilität unter Integration der weiteren Charakteristika dargestellt.

Tabelle 29: Personas im öffentlichen Personenverkehr nach (Mayas et al. 2013, S. 827)

Name	Pattern	Ortskenntnis	Systemkenntnis	Flexibilität
Maria Ziegler	Power-Nutzerin	sehr hoch	sehr hoch	hoch
Michael Baumann	Pendler	mittel	hoch	keine
Kevin Schubert	Schulpendler	mittel	mittel	keine
Martina Grundler	Alltags-nutzerin	hoch	sehr hoch	mittel
Hildegard Krause	Gelegenheits-nutzerin	hoch	mittel	gering
Carla Alvarez	Touristin	keine	gering	gering
Bernd Lorenz	Ad hoc Nutzer	hoch	keine	mittel

Die Darstellung der Personas erfolgt in Form von Beschreibungen und wird durch eine Alltagssituation ergänzt, die einen weiteren Einblick erlaubt. Diese Nutzerbeschreibungen schließen die weiteren Charakteristika, z. B. zu Einschränkungen und Präferenzen, ein. Die Breite der Mobilitätseinschränkungen kann nach der technischen Spezifikation für die Interoperabilität – Zugänglichkeit für eingeschränkt mobile Personen (TSI-PRM) der Europäischen Union, wie folgt charakterisiert werden (Europäische Union 2008, S. 84):

- Rollstuhlfahrer,

- Weitere in ihrer Mobilität eingeschränkte Nutzer, u. a.:

- mit Gehproblemen oder Gebrechen der Gliedmaßen,

- mit Kindern,

- mit Gepäck,

- Schwangere,

- Menschen mit Sehbehinderungen und Blinde,

- Menschen mit Höreinschränkungen und Gehörlose,

- Menschen mit Kommunikationseinschränkungen,
- Kinder und Menschen mit Kleinwüchsigkeit.

Im Sinne der Bildung von Nutzergruppen muss abgewogen werden, ob Mobilitätseinschränkungen zusammengefasst werden können, die ähnliche Anforderungen an die Informationssysteme bilden. Die Beschreibung der Personas unter Integration persönlicher Merkmale ist in Abbildung 34 beispielhaft dargestellt.

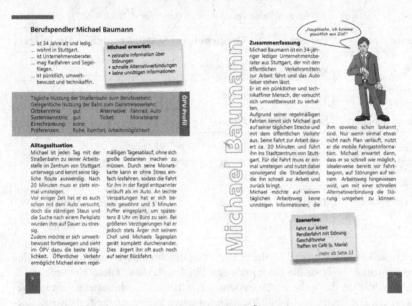

Abbildung 34: Beispiel einer Personabeschreibung für den ÖV (Mayas et al. 2012, S. 6–7)

Eine Erweiterung des Persona-Ansatzes um Mobilitätsagenden (Mayas et al. 2014b, S. 216–217), entsprechend der in Kapitel 4.1.1 abgeleiteten Mobilitätspattern, ermöglicht eine Verfeinerung des beschriebenen Mobilitätsverhaltens im Tageskontext. Hierdurch kann auch die Information über das Nutzungsverhalten in einer vernetzten Mobilität abgeleitet bzw. in die Nutzerbeschreibungen integriert werden. Diese Integration bedingt jedoch die Verfügbarkeit von entsprechenden statistischen Daten u. a. über die Multi- und Intermodalität, die aktuell noch nicht ausreichend vorliegen (Mayas et al. 2014b, S. 217).

Die in der Fallstudie dargestellten Personas stellen lediglich einen kleinen Auszug der Mobilitätsnutzer dar. Durch die Integration von unterschiedlichen Nutzergruppen im komplexen Anwendungsfeld des öffentlichen Personenverkehrs bilden diese exemplarisch jedoch eine verlässliche Ausgangsbasis für die weitere Entwicklung und Evaluation des Instrumentariums in Form der Fallstudie öffentlicher Personenverkehr.

Des Weiteren wurden die dargestellten Personas bereits ausgiebig im Projekt IP-KOM-ÖV und darüber hinaus eingesetzt. Dies sichert die Praxistauglichkeit der Nutzerbeschreibung sowie die Akzeptanz dieser in der Branche. Dies ist für eine Qualitätsevaluation und die Akzeptanz der Ergebnisse zusätzlich von Bedeutung.

Fazit

Die Ergebnisse der Fallstudie zeigen auf, dass bereits in einem Teilbereich der Mobilität, unterschiedlichste Nutzergruppen zu berücksichtigen sind. Diese Heterogenität muss sich im Sinne des Qualitätsmodells in der Analyse der Informationsinhalte, des Informationsflusses sowie der Systemgestaltung bis hin zur Analyse und Evaluation der Qualitätsmerkmale wiederfinden.

4.2 Aufgaben entlang der Reisekette

Mobilität umfasst in seiner Form der physikalischen Überwindung von Distanzen eine Vielzahl von Aufgaben, die von den Mobilitätsnutzern zur Zielerreichung durchgeführt werden müssen. Die Aufgabe im Nutzungskontext ist dabei definiert als die „zur Zielerreichung notwendigen Aktivitäten" (DIN EN ISO 9241-11, S. 4).

Die Vielfalt der Mobilitätsnutzer sowie die zuvor dargestellten unterschiedlichen Nutzungsgründe, Fähigkeiten und Kenntnisse wirken sich auch auf die Vielfalt der durchzuführenden Aufgaben und Unteraufgaben aus (Hörold et al. 2013c, S. 161) und sind Grundlage für den Informationsbedarf (Hörold et al. 2013b, S. 332).

4.2.1 Aufgaben im Mobilitätskontext

Der Mobilität im Sinne der physischen Überwindung von Distanzen liegt zumeist das Ziel zugrunde, von einem definierten Startpunkt, einen definierten Endpunkt zu erreichen. Zur Distanzüberwindung können dabei verschiedene Mobilitätsangebote genutzt und kombiniert sowie auf unterschiedliche Informationssysteme zurückgegriffen werden.

Entlang der Reisekette sind die Mobilitätsnutzer somit mit verschiedenen physischen und kognitiven Aufgaben, insbesondere zur Deckung des Informationsbedarfs, konfrontiert, die für die Mobilitätsinformation zu identifizieren und zu unterstützen sind (Hörold et al. 2014a, S. 490). Dabei können die Aufgaben entsprechend Tabelle 30 klassifiziert werden.

Tabelle 30: Klassifikation und Operationalisierung von Aufgaben der Mobilität (Hörold et al. 2014a, S. 490)

Klassifikation	Merkmal	Erläuterung
Kategorie	Physische Aufgaben	Aufgaben die u. a. der physischen Raumüberwindung, der Öffnung von Zugängen oder dem Verhalten sowie der Sicherung während der Fahrt zuzuordnen sind.
	Kognitive Aufgabe	Aufgaben die der Deckung des Informationsbedarfs inkl. der wiederholten Prüfung von Informationen zuzuordnen sind.
Charakteristik	Komplexität	Beschrieben durch die Verknüpfung mit anderen Aufgaben sowie die notwendigen Unteraufgaben
	Schwierigkeitsgrad	Anforderungen, die für die Durchführung an die Mobilitätsnutzer gestellt werden.
	Aufgabentyp	Unterscheidung in typische und untypische, erwartete und unerwartete Aufgaben.
	Zeit zur Durchführung	Für die Durchführung zur Verfügung stehende Zeit.

Die Identifikation der Aufgaben ist neben der Prägung durch den Mobilitätsnutzer, insbesondere vom typischen Ablauf der Reise sowie der physischen und sozialen Umgebungen, u. a. in Form von Fahrzeugen, Knotenpunkten, öffentlichen Räumen, abhängig. Dem übergeordneten Ziel der Erreichung eines definierten Ortes können entlang der drei Reisephasen, der

- Reisevorbereitung,
- Reise,
- Bewältigung von Ereignissen und Störungen,

Teilziele zugeordnet werden.

Diese Teilziele können wie folgt überschrieben und davon ausgehend weiter differenziert betrachtet werden (Hörold et al. 2014b, S. 117):

- Eine entsprechend des Mobilitätsverhaltens optimale Reiseroute auszuwählen.
- Die Reise sicher, effizient und komfortabel durchzuführen.
- Schnell und konsistent über Störungen informiert zu werden bzw. sich zu informieren, um auf diese reagieren zu können.

Im Zusammenhang mit den Informationssystemen können des Weiteren Aufgaben identifiziert werden, die sich den zur Erlangung der Information notwendigen Interaktionen widmen. Hierbei muss bedacht werden, dass diese systemspezifisch sind und insbesondere von der Systemgestaltung abhängig sind. Die Zuordnung zum Bereich der Systemgestaltung sowie den Gestaltungs- und Evaluationsmethoden ist deshalb sinnvoll und erlaubt eine Trennung zwischen Mobilitätsaufgaben und Interaktionsaufgaben auf Systemebene.

Im Zusammenhang mit den Aufgaben bedeutet Informationsfluss, dass die für die Durchführung der Reise notwendigen Informationsinhalte, resultierend aus dem Informationsbedarf, kontinuierlich und kontextspezifisch zur Verfügung stehen.

4.2.2 Fallstudie: Aufgabenanalyse im ÖV

Der öffentliche Personenverkehr umfasst eine Vielzahl von Mobilitäts- und Informationsangeboten und erfordert häufig eine komplexe Abstimmung sowie den Umgang mit Ereignissen und Störungen und den Wechsel zwischen Verkehrsmitteln. Aufgrund dieser Ausgangssituation ist der öffentliche Personenverkehr besonders für die Fallstudie zur Analyse der Mobilitätsaufgaben geeignet (Hörold et al. 2013b, 2013c). Im Hinblick auf die Definition von Informationsinhalten, des Informationsflusses sowie der Systemgestaltung, ergänzen die Ergebnisse die der Analyse und Beschreibung der Mobilitätsnutzer und werden im Folgenden insoweit beschrieben, wie dies zum weiteren Verständnis notwendig ist.

4.2.2.1 Methodisches Vorgehen der Aufgabenanalyse

Den Ausgangspunkt für die Aufgabenanalyse bilden die drei Phasen Reisevorbereitung und -durchführung sowie die Bewältigung von Ereignissen und Störungen, die aus der Reisekette abgeleitet werden können.

Basierend auf diesen Phasen sowie der Reisekette als strukturierendes Element, kann eine Aufgabenanalyse in Form einer Hierarchical Task Analysis – HTA (Annet 2004, S. 330–331) durchgeführt werden.

Die Hierarchical Task Analysis ist Analysemethode und Repräsentationsform zugleich, die die strukturierte Analyse von Aufgaben und Unteraufgaben ermöglicht und für die Beschreibung jeglicher Systeme herangezogen werden kann (Stanton 2004, S. 278).

Die Durchführung der HTA kann in verschiedener Weise erfolgen, wobei Annet fünf Schritte zur Erfassung und zwei Schritte zur Anwendung der HTA zur Problemidentifikation definiert (Annet 2004, S. 330–331). Die Ausführung der Schritte ist insbesondere vom Ziel der Analyse abhängig. Da diese im Anwendungsfall nicht zum Ziel hat,

Probleme im Workflow der Nutzer zu identifizieren, sondern der systematischen Identifikation von Aufgaben dient, erfolgt die Durchführung entsprechend der ersten fünf
Schritte.

Tabelle 31: Durchführung der HTA für den öffentlichen Personenverkehr nach (Annet 2004, S. 330–
331)

Schritt	Umsetzung Fallstudie
Ziel der Analyse festlegen	Systematische Erfassung der Aufgaben entlang der Reise-kette mit dem Ziel den Informationsbedarf zu ermitteln.
Aufgabenziele und Kriterien bestimmen	Im Fokus der Analyse liegen die durch den Mobilitätsnut-zer durchgeführten Aufgaben innerhalb der drei Phasen und unter Berücksichtigung von physischen und kogniti-ven Aufgaben.
Analysequellen definieren	Quellen bilden die Ergebnisse aus Fokusgruppen und In-terviews mit Experten und Nutzern (Hörold et al. 2013c, S. 164).
Erste Version der HTA erstellen	Ausgehend von den Phasen und entlang der Reisekette erfolgt die Erstellung der HTA.
Überarbeitung der HTA	Überarbeitung, aufbauend auf den Ergebnissen aus der ersten Informationsbedarfsanalyse (Hörold et al. 2013b), der Kontextanalyse (Hörold et al. 2013a) und einem Feld-test (Hörold et al. 2014b).

Nach Annet ist die Reliabilität und Validität der Ergebnisse insbesondere von der Da-
tensammlung aus verschiedenen Informationsquellen und der Überarbeitung in Schritt
5 abhängig (Annet 2004, S. 335). Die Integration von Nutzern und Experten sowie die
Anwendung der im Schritt vier erstellten Version auf verschiedenen Ebenen der
Mobilitätsinformation erfolgt insbesondere in diesem Sinne.

4.2.2.2 Ergebnisse der Aufgabenanalyse

Die Ergebnisse der HTA zeigen deutlich die Vielfalt der Aufgaben im öffentlichen
Personenverkehr. Entlang der Reisekette ergeben sich unter den 18 Hauptaufgaben
107 Unteraufgaben physischer und insbesondere kognitiver Art, die es bei der Mobilitätsinformation zu berücksichtigen gilt. Dabei ist festzuhalten, dass für die HTA nicht
jede einzelne physische und kognitive Einzelhandlung, bspw. das Warten an der Am-
pel oder das Prüfen auf Verkehr entlang eines Weges zur Haltestelle aufgeführt werden. Abbildung 35 zeigt das Ergebnis der HTA als Überblick mit den Phasen, Hauptaufgaben und Unteraufgaben.

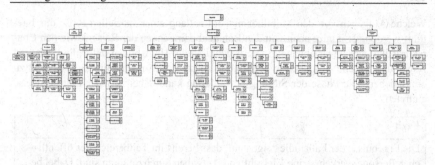

Abbildung 35: HTA des öffentlichen Personenverkehrs mit 3 Phasen, 18 Hauptaufgaben und 104 Unteraufgaben

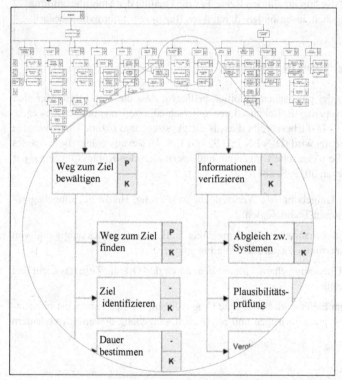

Abbildung 36: Auszug HTA des öffentlichen Personenverkehrs für zwei Hauptaufgaben

In Abbildung 36 ist ein Ausschnitt aus der HTA dargestellt, der die zwei Hauptaufgaben ‚Weg zum Ziel' und ‚Informationen verifizieren' zeigt. Physische Aufgaben sind dabei mit ‚P' und kognitive Aufgaben mit ‚K' gekennzeichnet. Die Wegfindung bspw. erfordert sowohl physischen als auch kognitiven Aufwand, u. a. zur Orientierung.

Welche Aufgaben von den Mobilitätsnutzern entlang einer speziellen Reise durchgeführt werden, ist immer auch von den Rahmenbedingungen der Reise sowie den Charakteristika der Nutzer abhängig. Die Ergebnisse der HTA bilden dafür die Basis und zeigen auf, welche Aufgaben in den Phasen zu unterstützen sind, um die Mobilität zu ermöglichen. Die Phase der Störungsbewältigung kann dabei zu jeder Zeit der Reise eintreten.

Fazit

Die Ergebnisse der Fallstudie zeigen auf, dass bereits im Teilbereich des öffentlichen Personenverkehrs eine Vielzahl von Aufgaben durchzuführen sind. Dabei besteht eine hohe Abhängigkeit zu den Merkmalen der Mobilitätsnutzer sowie zur Art und Komplexität der durchgeführten Reise. Für die Qualität der Mobilitätsinformation sind die Aufgaben, insbesondere durch ihren Bezug zum Informationsbedarf, relevant.

4.3 Umgebung entlang der Reisekette

Die Eigenschaften der physischen Mobilität bedingen, dass die Mobilitätsnutzer sich auf dem Weg entlang der Reisekette durch unterschiedliche Umgebungen bewegen. Die DIN EN ISO 9241-11 beschreibt dies als die physische und soziale Umgebung, in der das System genutzt wird (DIN EN ISO 9241-11, S. 4). Bevan ergänzt diese Art des Kontextes durch die technische Umgebung und spezifiziert den Kontext im Sinne der Umgebung als (Bevan 2013, S. 284):

- Technische Umgebung mit Werkzeugen, Ausrüstung, Hardware, Eingabegeräten und weiteren Technologien.
- Soziale und organisatorische Umgebung z. B. unter Berücksichtigung von Gruppendynamiken, Zeitdruck, Unterbrechungen.
- Physische Umgebung charakterisiert u. a. durch den Ort, die Zeit, das Licht und die Temperatur.

Der Mobilitätsraum bietet stark heterogene Umgebungen, die sich zumindest hinsichtlich der sozialen, organisatorischen und physischen Umgebung dynamisch verändern können.

4.3.1 Kontextfaktoren

Der mobile Kontext entlang einer Reise umfasst entsprechend der Definition nach DIN EN ISO 9241-11 und Bevan die soziale, organisatorische, physische sowie technische Umgebung mit einer Vielzahl von Kontextfaktoren (DIN EN ISO 9241-11, S. 4; Bevan 2013, S. 284). Die DIN EN ISO 9241-11 sowie der Usability Context Analysis Guide nach Thomas und Bevan definieren Kontextfaktoren, die stark auf eine typische

Büroarbeitssituation fokussiert sind (DIN EN ISO 9241-11, S. 11; Thomas und Bevan 1996, S. 79). Krannich hingegen definiert für die genauere Erfassung und Beschreibung des mobilen Nutzungskontextes, wie dieser auch für die Mobilität entlang der Reise zu beschreiben ist, die folgenden Faktoren (Krannich 2010, S. 81):

- Ort,
- Zeit,
- Licht,
- Geräusche,
- Feuchtigkeit,
- Staub,
- Objekte,
- Personen,
- Verkehrsdichte,
- soziale Situation.

Der Mobilitätskontext umfasst dabei noch weitere Faktoren, die die technische, soziale und organisatorische Umgebung kennzeichnen (Hörold et al. 2013a, S. 87):

- Wetter,
- Einrichtungen, z. B. Toiletten, Verkaufsstellen, Einkaufsmöglichkeiten,
- Art der Mobilitätsinfrastruktur, z. B. Fahrzeugart oder Haltestellenart.

Dabei bezieht das Wetter beispielsweise Aspekte der Feuchtigkeit sowie Lichtverhältnisse mit ein. Für das Wetter sowie bspw. die Verkehrsdichte oder die soziale Situation ist die Zeit ein zu berücksichtigender Faktor (Krannich 2010, S. 79).

Die Beschreibung der Umgebung ist maßgeblich von der genauen Analyse dieser Kontextfaktoren abhängig, die es für den definierten Mobilitätsraum zu erheben gilt, um typische Muster und Einflüsse auf die Mobilitätsnutzer und Aufgaben bestimmen zu können.

4.3.2 Fallstudie: Haltestellenkontext im ÖV

In Fortsetzung der Fallstudien zur Nutzer- und Aufgabenanalyse erfolgt die Analyse der Kontextfaktoren zur Vervollständigung des Nutzungskontextes wiederum innerhalb des öffentlichen Personenverkehrs. Zudem finden sich an der Haltestelle im Kontrast zum Verkehrsmittel alle Kontextfaktoren. Die Haltestelle ist dabei zentraler Mobilitätsknotenpunkt, der Zugang zu den öffentlichen Verkehrsmitteln bietet und Verbindungspunkt zu individuellen Verkehrsmitteln ist. Im Hinblick auf die Entwicklung des Instrumentariums bildet die Identifikation von typischen Kontexten eine Ausgangsbasis für die Auswahl von Orten innerhalb der Evaluation.

4.3.2.1 Methode der Kontextanalyse

Für die Kontextanalyse müssen die zuvor definierten Kontextfaktoren für das Anwendungsfeldoperationalisiert werden. Tabelle 32 zeigt diese Operationalisierung. Auf Basis dieser Operationalisierung können die einzelnen Kontextfaktoren in Form eines Erfassungsbogens dokumentiert und ausgewertet werden.

Tabelle 32: Operationalisierung der Kontextfaktoren für den ÖV (Hörold et al. 2013a, S. 88)

Kontextfaktor	Operationalisierung
Ort	Station der Reisekette
	Klassifikation in Abhängigkeit der Bevölkerung
Zeit	Datum
	Uhrzeit
Licht	Lichtsituation
	Helligkeit und Intensität
Geräusche	Ursache des Geräusches
	Geräuschlevel
Feuchtigkeit	Beschreibung als Teil des Wetters
Staub	Messbarkeit im öffentlichen Raum nicht praktikabel
Objekte	Technische Informationssysteme
	Nicht-Technische Informationssysteme
	Ausstattungsobjekte
Personen	Anzahl Reisender oder anderer Personen
Verkehrsdichte	Verkehrsinfrastruktur
	Dichte des individuellen und öffentlichen Verkehrs
	Abstand zu anderen Personen
Soziale Situation	Interaktion mit anderen Personen
	Chance von anderen Personen unterbrochen zu werden
Wetter	Temperatur
	Beschreibung des Wetters
Einrichtungen	Öffentliche Einrichtungen
	Einkaufsmöglichkeiten
Mobilitätsinfrastruktur	Art des Verkehrsmittels
	Art der Haltestelle

Für die Kontextanalyse an Haltestellen des öffentlichen Personenverkehrs wurde der entsprechende Erfassungsbogen so konzipiert, dass dieser mithilfe eines Tablets online erfasst werden kann und eine Erfassung durch Mobilitätsexperten sowie Laien ermöglicht (Hörold et al. 2013a, S. 88).

Zudem wurden innerhalb der Kontextanalyse 21 verschiedene Verkehrsunternehmen und –verbünde in Deutschland mit verschiedenen Charakteristika hinsichtlich städtischer und räumlicher Region, genutzter Verkehrsmittel sowie der Bevölkerungsgröße beispielhaft ausgewählt.

4.3.2.2 Ergebnisse der Kontextanalyse

Ziel einer Kontextanalyse im Sinne der Erfassung der Umgebung innerhalb des Nutzungskontextes ist es, detailliertes Wissen über diese zu erhalten, um damit die Systeme in Abhängigkeit von Nutzer und Aufgabe gebrauchstauglich zu gestalten und zu verbessern. Allerdings stellt sich bei einem so komplexen und vielseitigen Kontext die Frage, inwieweit eine detaillierte Erfassung sinnvoll und in der Entwicklung oder Qualitätsevaluation berücksichtigt werden kann.

Aus diesem Grund erfolgt die Auswertung der Datensätze der 168 Haltestellen in Form von typischen Pattern. Diese basieren auf einer Clusteranalyse in zwei Schritten, auf deren Basis fünf grundlegende Pattern für Haltestellen im öffentlichen Personenverkehr identifiziert werden konnten (Hörold et al. 2013a, S. 90–91).

Die wichtigsten Einflussfaktoren sind (Hörold et al. 2013a, S. 90):

* Art der Haltestelle,
* Verkehrsmittel,
* Art der Mobilitätsinformationssysteme.

Tabelle 33 zeigt die identifizierten Pattern als Ergebnis der Clusteranalyse. Auf Basis dieser Pattern können die Daten weiter ausgewertet und aufbereitet werden. Mit Context-Templates, die ähnlich der Personas eine leicht verständliche Beschreibung des Kontextes ermöglichen, können die folgenden Bereiche sowie weitere Kontextfaktoren einbezogen werden (Hörold et al. 2013a, S. 92):

* Umgebung,
* Mobilitätsprofil,
* Beschreibung der Alltagssituation und Herausforderungen

Zudem ist eine Analyse der Verteilung der Pattern auf verschiedene Regionen möglich, um definieren zu können, welche Pattern in einer bestimmten Region zu erwarten sind (Hörold et al. 2013a, S. 91) und somit in eine Evaluation einbezogen werden sollten. Abbildung 37 zeigt diese Verteilung auf Basis der analysierten Haltestellen. Für eine deutschlandweite Aussagekraft dieser Ergebnisse ist eine Erhöhung der Haltestellenanzahl notwendig, um insbesondere die Verteilung in Großstädten zu prüfen und zu verfeinern.

Tabelle 33: Grundlegende Haltestellenpattern als Ergebnis der Kontextanalyse (Hörold et al. 2013a, S. 90–91)

Pattern	Kurzbeschreibung
Bushaltestelle mit Unterstand	• Verkehrsmittel: Bus • Unterstand • Statische Mobilitätsinformation
Bushaltestelle ohne Unterstand	• Verkehrsmittel: Bus • Kein Unterstand • Grundlegende statische Mobilitätsinformation • Kommt in Kombination mit dem Pattern „Bushaltestelle mit Unterstand" vor.
Bushaltestelle mit dynamischer Mobilitätsinformation	• Verkehrsmittel: Bus • Teilweise mit Unterstand • Dynamische und statische Mobilitätsinformation • Häufig weitere Verkehrsmittel in der Nähe
Stadtbahn-Haltestelle mit Unterstand und dynamischer Mobilitätsinformation	• Verkehrsmittel: Stadtbahn/Straßenbahn/Tram • Teilweise mit Unterstand • Dynamische und statische Mobilitätsinformation • Weitere Verkehrsmittel in weiterer Umgebung
Bahnhaltestelle/Station mit Gebäude	• Verkehrsmittel: Zug, Straßenbahn, Bus, Taxi • Unterstand in Form von Gebäuden oder größeren Überdachungen oder unterirdischen Zugängen • Umfangreiche dynamische und statische Information • Einkaufsmöglichkeiten sowie öffentliche Einrichtungen

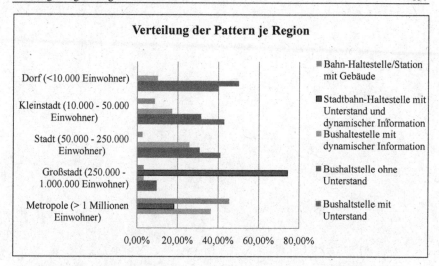

Abbildung 37: Verteilung der Pattern je Region auf Basis der 168 analysierten Haltestellen

Fazit
Die Ergebnisse der Fallstudie zeigen beispielhaft auf, dass es typische Kontextpattern gibt, die innerhalb der Mobilität zur Beschreibung der Umgebung herangezogen und ausgestaltet werden können. Diese sind die Grundlage für die Definition von Evaluationspunkten sowie die Entwicklung eines abgestuften Evaluationskonzeptes der Qualität der Mobilitätsinformation.

5. Bestimmung der Qualitätsmerkmale

Vorgehen	Methoden	
	analytisch	empirisch
...		
Bestimmung der Qualitätsmerkmale	Analyse des Informationsbedarfs	
	Analyse des Informationsflusses	
	Analyse der Systemgestaltung	
	Operationalisierung der Merkmale	
...		

Abbildung 38: Vorgehen zur systematischen Analyse der Qualitätsmerkmale

Ausgehend vom Qualitätsmodell und der Bestimmung des Nutzungskontextes werden im Folgenden die definierten Qualitätsmerkmale Effizienz, Effektivität, Zufriedenstellung, Verlässlichkeit, Konsistenz und Transparenz für die drei Teilbereiche Informationsinhalt im Sinne des Informationsbedarfs, Informationsfluss und Systemgestaltung operationalisiert. Zudem werden Methoden zur Schaffung der Evaluationsbasis sowie für die Evaluation selbst definiert und Verfahren für eine Bewertung der Merkmale entwickelt. Anhand der Fallstudie des öffentlichen Personenverkehrs werden die entwickelten methodischen Ansätze eingesetzt und evaluiert. Ziel dieses Kapitels ist die Operationalisierung, die Entwicklung von Methoden sowie die empirische Evaluation als Grundlage für die Entwicklung des Instrumentariums.

5.1 Informationsinhalte

Die Definition der Informationsinhalte ist, wie in Kapitel 3.4 dargelegt, vom Bedarf der Nutzer nach Information entlang der Reisekette abhängig. Basierend auf dem Informationsbedarf kann entlang der Reisekette evaluiert werden, welche Informationsinhalte dem Mobilitätsnutzer zur Verfügung gestellt werden und welche Informationslücken bestehen. Diese Informationslücken gilt es, im Sinne der Qualitätsevaluation zu identifizieren und im Sinne der Qualitätssteigerung zu schließen.

5.1.1 Definition Informationsbedarf

Die Definition des Informationsbedarfs kann nach Devadson und Lingam allgemein definiert werden als:

„Information needs represent the gaps in the current knowledge of the user."
(Devadson und Lingam 1997, S. 41)

Basierend auf dieser allgemeinen Definition, die das Wesen des Informationsbedarfs kennzeichnet, kann nach Szczutkowski in einen objektiven und einen subjektiven Informationsbedarf unterschieden werden:

- „Der objektive Informationsbedarf leitet sich aus den zu erfüllenden Aufgaben ab und gibt an, welche Informationen ein Entscheidungsträger verwenden sollte" (Szczutkowski 2013).

- „Der subjektive Informationsbedarf geht von der Sichtweise des Bedarfsträgers aus und umfasst jene Informationen, die diesem zur Erfassung und Handhabung von Problemen relevant erscheinen" (Szczutkowski 2013).

Diese wirtschaftliche Definition des Informationsbedarfs kann auch auf den Mobilitätskontext übertragen werden:

- Der objektive Informationsbedarf ist charakterisiert durch die für die Aufgabenerfüllung entlang der Reisekette notwendigen Informationsinhalte.

- Der subjektive Informationsbedarf ist der durch die Mobilitätsnutzer zur Aufgabenerfüllung empfundene Bedarf an Informationsinhalten.

Die im Sinne der Qualitätsevaluation angestrebte nutzerorientierte Herangehensweise legt eine Bestimmung des subjektiven Informationsbedarfs als Indikator für die Qualitätsbestimmung nah. Diese ist allerdings stark vom Individuum abhängig und kann nicht als verlässlicher Qualitätsindikator angesehen werden. Zudem ist nach Devadson und Lingam die Bestimmung des subjektiven Informationsbedarfs der Nutzer erschwert durch (Devadson und Lingam 1997, S. 41):

- unterschiedlich motivierten Unwillen, den gesamten Informationsbedarf preiszugeben,

- die Unwissenheit, dass ein Bedarf nach Information besteht.

Die Vielfalt der Aufgaben, wie in Kapitel 4.2 dargestellt, erschwert zudem die Erhebung des subjektiven Informationsbedarfs mithilfe der Nutzer. Dennoch ist die Berücksichtigung der Nutzercharakteristika essenziell, um auch die Heterogenität der Nutzer abzubilden. Daraus folgt, dass bei der objektiven Erhebung des Informationsbedarfs die in Kapitel 4.1 beschriebenen Nutzercharakteristika einfließen müssen. Aus diesem Grund ist die Entwicklung einer Methode notwendig, die den Informationsbedarf basierend auf den Aufgaben entlang der Reisekette sowie den Nutzercharakteristika ermöglicht.

5.1.2 Methode zur Bestimmung des Informationsbedarfs

Die Entwicklung der Grundlage für die Erhebung des Informationsbedarfs erfolgt nach dem Framework zur Identifikation des Informationsbedarfs, welches in (Hörold et al. 2013b, S. 332) veröffentlicht ist, in drei Schritten:

- Bestimmung des Workflows sowie der Aufgaben (siehe Kapitel 4.2),

- Entwicklung einer Informationsklassifikation,

- Bestimmung und Beschreibung der Mobilitätsnutzer (siehe Kapitel 4.1).

Die Aufgaben bilden im Sinne der in Kapitel 5.1.1 dargelegten Definition, den Rahmen für die Bestimmung des Informationsbedarfs und lassen sich im Mobilitätskontext entlang der Reisekette systematisieren. Auf Basis der in Kapitel 4.2 beschriebenen Methode zur Bestimmung der Aufgaben kann der Informationsbedarf für Teile der Mobilität oder die Mobilität als Ganzes erhoben werden und ermöglicht somit eine Skalierung des Frameworks sowie die anschließende Übertragung in das Instrumentarium zur Qualitätsevaluation. Zu berücksichtigen ist dabei, dass die Aufgaben entsprechend der HTA so weit detailliert werden müssen, dass diese die Identifikation von zugehörigen Informationsinhalten erlauben.

Zudem erfordert die objektive Auswahl der Information eine breite Analyse und Klassifikation bestehender Informationsinhalte, die flexibel auf den Anwendungsfall anpassbar und für zukünftige Entwicklungen erweiterbar ist. Diese Analyse kann in zwei Schritte eingeteilt werden (Hörold et al. 2013b, S. 335):

- Analyse bestehender und in Entwicklung befindlicher Informationssysteme zur Extraktion von Informationsinhalten,

- Strukturierung und Klassifizierung der Informationsinhalte.

Im Ergebnis entsteht eine der Aufgabenanalyse vergleichbare Auflistung von unterschiedlichen Informationskategorien und Informationsinhalten. Kategorien bilden im Sinne der Mobilität dabei bspw. zeitliche und örtliche Informationsinhalte oder spezifische Informationsinhalte zur Buchung und zum Fahrscheinkauf oder zu Ereignissen und Störungen.

Im Anschluss an diese Identifikation der Informationsinhalte, kann die Kombination mit den Ergebnissen der Aufgabenanalyse in einem Framework erfolgen (Hörold et al. 2013b, S. 336–337). Abbildung 39 zeigt diese Kombination von Aufgaben und Inhalten.

Der letzte Schritt der Methode sieht die Integration der Beschreibungen der Mobilitätsnutzer vor, mit der der Informationsbedarf differenziert nach den Bedürfnissen der unterschiedlichen Nutzer, u. a. in Abhängigkeit der System- und Ortskenntnis, ermittelt werden kann.

Informationsinhalte

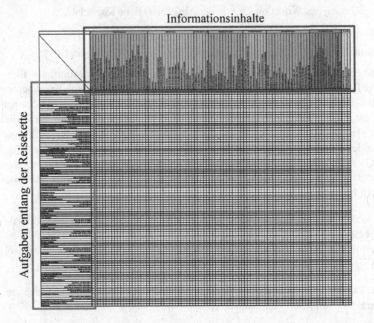

Abbildung 39: Framework zur Bestimmung des Informationsbedarf (Hörold et al. 2013b, S. 332)

Das Framework zur Bestimmung des Informationsbedarfs muss bei einer nutzerspezifischen Ermittlung des Informationsbedarfs für jede Nutzergruppe einzeln ausgefüllt werden. Die Ergebnisse können im Folgenden nutzerspezifisch, als Auswahl sowie im Ganzen ausgewertet werden. Abbildung 40 zeigt ein Beispiel für die Ermittlung des Informationsbedarfs sowie eine beispielhafte Auswertung von vier Nutzergruppen in sieben Informationskategorien.

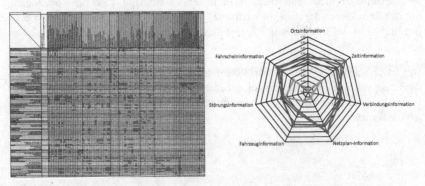

Abbildung 40: Beispiele für den Einsatz und die Auswertung des Informationsbedarfsframework

Die Durchführung der Informationsbedarfsanalyse mit dem beschriebenen Framework erfordert, neben der Analyse der Aufgaben, der Informationsinhalte und der Nutzercharakteristika, Experten aus dem Bereich der Mobilitätsinformation, die eine entsprechende Beurteilung des Informationsbedarfs durchführen können. Das Framework bildet dabei den Rahmen, wobei die Qualität der Ergebnisse maßgeblich von der exakten Beschreibung der Aufgaben, Informationsinhalte sowie der Nutzer abhängig ist. Das folgende Fallbeispiel zeigt die Anwendung des Frameworks sowie die Evaluation der Methode am Beispiel des öffentlichen Personenverkehrs.

5.1.3 Fallstudie: Informationsbedarfsanalyse im ÖV

Nachfolgend wird am Anwendungsfeld des öffentlichen Personenverkehrs die Anwendung des Instrumentariums dargestellt. Für die in Kapitel 6 durchzuführende Untersuchung bilden die Ergebnisse der Fallstudie die Basis.

5.1.3.1 Durchführung

Für die Anwendung des zuvor beschriebenen Frameworks auf Basis der Beschreibungen des Nutzungskontextes in Kapitel 4 werden die folgenden Rahmenbedingungen definiert:

- Die Evaluation erfolgt für sieben Nutzergruppen, deren Beschreibung in Form von Personas (Mayas et al. 2012, S. 5–19) den Experten vorliegen.

- Das Framework umfasst 108 Aufgaben und 96 Informationsinhalte. Zudem kann für jede Aufgabe die Durchführung der Aufgabe durch die Nutzergruppe mit 0 = ‚nie', 1 = ‚einmalig/selten' und 2 = ‚häufig/bei jeder Fahrt' gekennzeichnet werden.

- Für eine einfachere Handhabung der über 10.000 Beziehungen zwischen Aufgaben und Informationsinhalten erfolgt eine Vorkennzeichnung typischer relevanter Beziehungen, die je Nutzergruppe von den Experten ausgewählt werden können.

Die beschriebene Vorkennzeichnung typischer relevanter Beziehungen beruht auf einer ersten Evaluation und Verfeinerung des Frameworks mit drei Experten im Rahmen der Studie zur Erstellung des Frameworks (Hörold et al. 2013b). Durch die Vorkennzeichnung kann die von den Experten zu prüfende Menge von mehr als 10.000 Beziehungen je Nutzergruppe auf ca. 1.000 Beziehungen reduziert werden. Durch die Vorkennzeichnung wird die Auswahl der Beziehungen nicht beschränkt, lediglich die Handhabung des Frameworks vereinfacht.

Die Durchführung der Informationsbedarfsanalyse, deren Ergebnisse im Folgenden dargestellt werden, erfolgt wiederum mit drei Experten, die die folgenden Charakteristika aufweisen:

- Tätigkeitsfeld im Bereich der Mobilitätsinformation im öffentlichen Personenverkehr,

- Arbeitstätigkeit von mindestens 1,5 Jahren im Schwerpunkt Mobilitätsinformation,

- Kenntnisse bei der Integration von Nutzercharakteristika in Entwicklungsprozesse.

Die Experten erhalten für die Durchführung der Analyse die folgenden Dokumente und Hilfsmittel:

- Digitales Framework zur Bestimmung des Informationsbedarfs,

- Nutzerbeschreibungen in Form von Personas (Mayas et al. 2012, S. 5–19),

- Ergebnisse der HTA, wie in Kapitel 4.2.2 dargestellt.

Die Durchführung der Analyse erfolgt durch jeden Experten separat und wird anschließend zusammengeführt, die Abweichungen diskutiert und ein Konsens herbeigeführt.

5.1.3.2 Ergebnis

Im Ergebnis der Informationsbedarfsanalyse stehen für die ausgewählten sieben Nutzergruppen der aufgabenbezogene Informationsbedarf entlang der Reisekette, wie dieser in der zuvor dargestellten Matrix in Abbildung 39 und Abbildung 40 strukturiert ist. Das beschriebene Vorgehen führt im ersten Schritt, dem separaten Einsatz durch jeden Experten, zu einer Übersicht der Übereinstimmungen und Unterschiede bei der Beurteilung des Informationsbedarfs.

Abbildung 41 und Abbildung 42 zeigen diese beispielhaft für die Nutzergruppe Pendler und Gelegenheitsnutzer. Die Abbildungen zeigen die acht Informationskategorien und den prozentualen Informationsbedarf, normiert anhand des maximalen Informationsbedarfs entsprechend der zuvor beschriebenen vorbereiteten Matrix. Beim Pendler zeigen sich unter den drei Experten ähnliche Tendenzen für die jeweiligen Informationskategorien, die leicht hinsichtlich ihres Umfanges variieren. Für die Gelegenheitsnutzerin sind diese Variationen deutlicher ausgeprägt, allerdings zeigt sich auch hier die grundsätzliche Übereinstimmung im Muster des Informationsbedarfs zwischen den Experten. Die Detailanalyse der Ergebnisse zeigt, dass sich Unterschiede konsistent, z. B. an spezifischen Informationsinhalten und Aufgaben abbilden. Im zweiten Schritt müssen diese weiter diskutiert und hinsichtlich eines Gesamtergebnisses vereinheitlicht werden.

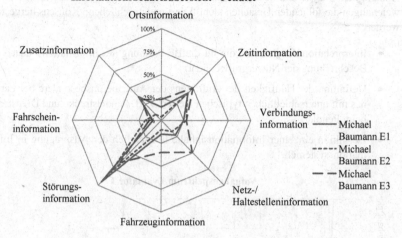

Abbildung 41: Informationsbedarf - Pendler differenziert über die drei Experten (E1-E3)

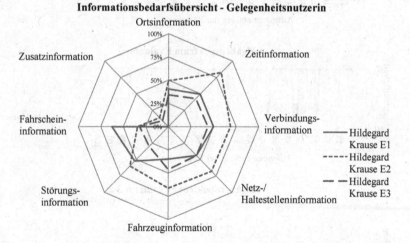

Abbildung 42: Informationsbedarf - Gelegenheitsnutzer differenziert über die drei Experten (E1-E3)

Anhand der Analyse und Diskussion der Ergebnisse der Experten konnten für die Abweichungen die folgenden Ursachen identifiziert und anschließend Konsens hergestellt werden:

- Interpretation der Persona, die für die Bestimmung des Informationsbedarfs als Beschreibung der Nutzergruppe dient.

- Definition der Häufigkeit des Auftretens der Aufgabe, insbesondere bei Personas mit unterschiedlichen typischen Reisen, z. B. Pendelstrecke und Dienstreise beim Pendler.

- Definition einzelner Informationsinhalte hinsichtlich der Ausprägung in Informationssystemen.

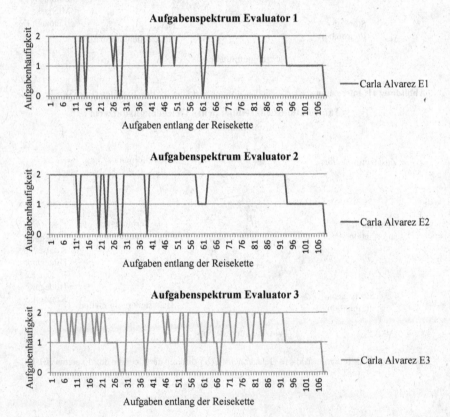

Abbildung 43: Übersicht der Aufgabenspektren der drei Evaluatoren für die Nutzergruppe Tourist

Abbildung 43 zeigt die beschriebene Herausforderung, die Häufigkeit für das Auftreten der Aufgabe zu definieren und anhand der folgenden Einteilung einzuschätzen:

- 0 = Aufgabe wird nie ausgeführt,
- 1 = Aufgabe wird einmalig/selten ausgeführt,
- 2 = Aufgabe wird häufig/bei jeder Fahrt ausgeführt.

Die Abbildung zeigt alle entlang der Reisekette zu definierenden Haupt- und Unteraufgaben und somit ein vollständiges Profil der Aufgabenbearbeitung für die Nutzergruppe Tourist durch alle drei Experten. Dabei ist die hohe Übereinstimmung zwischen Evaluator 1 und 2 zu erkennen, sowie der häufigere Wechsel zwischen den Stufen 1 und 2 bei Evaluator 3.

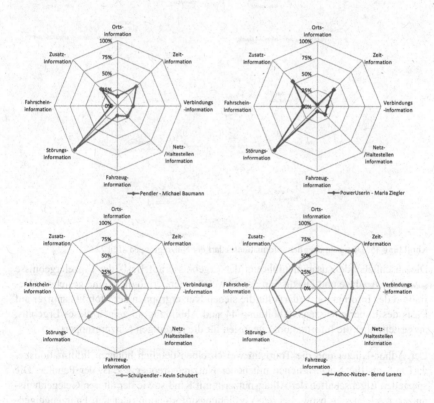

Abbildung 44: Übersicht über den Informationsbedarf der Nutzergruppen – Teil 1

Diese Analysen sind Ausgangsbasis für die Diskussion und Konsensfindung. Insbesondere grundsätzliche Abweichungen in der Ansicht des Informationsbedarfs sowie der Aufgabendurchführung müssen dabei identifiziert und diskutiert werden.

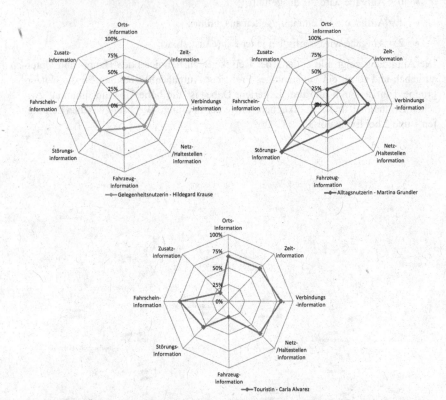

Abbildung 45: Übersicht über den Informationsbedarf der Nutzergruppen -Teil 2

Die abschließende Zusammenführung der Ergebnisse auf Basis der Einzelergebnisse sowie der Analyse und Diskussion der Abweichungen, ermöglicht eine gesicherte Definition des Informationsbedarfs für die sieben Nutzergruppen der Mobilitätsnutzer auf Basis des Expertenwissens. Abbildung 44 und Abbildung 45 zeigen dieses Ergebnis, dargestellt über die Informationskategorien für die jeweiligen Nutzergruppen.

Der Adhoc-Nutzer und die Touristin weisen einen deutlich höheren Informationsbedarf auf, als die Nutzergruppen mit hoher Nutzungsfrequenz, z. B. der Pendler. Die speziellen Eigenschaften der Alltagsnutzerin mit Kind sowie der älteren Gelegenheitsnutzerin zeigen sich bspw. bei der Verbindungsinformation oder den Fahrzeugeigenschaften.

Für jede der Nutzergruppen können basierend auf den Ergebnissen detaillierte aufgabenbezogene Profile für die gesamte und Teile der Reisekette erstellt werden, die flexibel für die Definition und Auswertung des Instrumentariums eingesetzt werden können.

5.1.4 Diskussion

Anhand der Ergebnisse der drei Experten und der Verfeinerung zeigt sich, dass das Framework ein geeignetes Mittel zur Bestimmung des Informationsbedarfs darstellt. Dennoch müssen die Ursachen für die Abweichungen zwischen den Experten betrachtet und perspektivisch das Framework hinsichtlich der Lösung dieser Ursachen erweitert werden. Der aktuelle Stand und das zur Kompensation gewählte Vorgehen entsprechen jedoch bereits jetzt den Anforderungen, die aus dem Instrumentarium für die Qualitätsevaluation resultieren, sodass eine weitere Anpassung an anderer Stelle erfolgen sollte.

Für diese Weiterentwicklung des Frameworks werden die folgenden, aus der Analyse der Ergebnisse und des Vorgehens abgeleiteten, Empfehlungen definiert:

- Definition von Nutzerbeschreibungen, die alle Aspekte des Frameworks abdecken und dem Zweck der Identifikation des Informationsbedarfs dienen:
- Klare Trennung zwischen unterschiedlichen Reisetypen, z. B. Pendler und Dienstreisender und keine Vermischung in einer Nutzergruppe.
- Beschreibung zusätzlicher Merkmale, die z. B. die Nutzung von weiteren Verkehrsmitteln betreffen.
- Verfeinerung der Häufigkeitsbeurteilung der Aufgaben zur genaueren Abstufung der Haupt- und Unteraufgaben, insbesondere für komplexe Nutzergruppen.
- Prüfung aller Informationsinhalte hinsichtlich Eindeutigkeit und Verständlichkeit zur Vermeidung von unterschiedlichen Interpretationen.
- Entwicklung einer umfassenden Nutzungsanweisung, die für jede Aufgabe, Informationskategorie und jeden Informationsinhalt eine detaillierte Definition enthält.

Bei der Weiterentwicklung des Frameworks muss beachtet werden, dass eine Abstraktion der Informationsinhalte von den Informationssystemen und typischen Darstellungen unabdingbar ist. Nur durch diese kann die Heterogenität des Anwendungsfeldes im Mobilitäts- und Informationsraum mit dem Framework weiterhin beschrieben werden. Dies steht einer detaillierten Beschreibung und Definition der Informationsinhalte jedoch nicht entgegen.

Die Eignung des Frameworks zeigt sich grundlegend auch im Vergleich mit dem nutzorientiert erhobenen Informationsbedarf innerhalb der Analyse von Matthias Sachse (Sachse 2013). Dabei zeigt sich, dass durch Fokusgruppen und Nutzerbefragungen eine grundsätzlich ähnliche Struktur abgeleitet werden kann, wobei sich diese nur durch gezielte Vorbereitung der entsprechenden nutzerorientierten Methoden auf Grundlage von Expertenwissen sowie entsprechender Interpretationen auf Expertenbasis‧extrahieren lassen (Sachse 2013, S. 102–103). Ebenfalls ist eine Erhebung des Informationsbedarfs durch die Beobachtung von Mobilitätsnutzern im Nutzungskontext, z. B. wie im folgenden Kapitel für den Informationsfluss dargestellt, möglich. Die Grenze dieser Methodik zeigt sich jedoch, wie bereits beschrieben, in der notwendigen Expertise bei der Auswertung sowie den Möglichkeiten der Mobilitätsnutzer, den eigenen Informationsbedarf zu erkennen.

5.2   Informationsfluss

Der Informationsfluss ist, wie in Kapitel 3.4 beschrieben, das Resultat, welches sich aus dem Zusammenspiel der einzelnen Informationssysteme und -inhalte ergibt und einen Informationsraum mit kontinuierlicher und lückenloser Information erzeugt.

5.2.1   Anforderungen an den Informationsfluss

Die Bestimmung des Informationsflusses hängt von vier Bereichen ab, die systematisch aufeinander aufbauen und den zuvor beschriebenen Informationsraum bilden. Grundlegend für die Bestimmung des Informationsflusses ist die Reisekette, wie sie in Kapitel 2.3.1 beschrieben ist. Aus der Reisekette können die folgenden Voraussetzungen für die Bestimmungen des Informationsflusses extrahiert werden:

- **Stationen der Reise**, in denen und zwischen denen der Informationsfluss bestimmt werden kann.

- **Kontext der Reise**, der die Rahmenbedingungen für die Informationspräsentation und -aufnahme bildet.

- **Verfügbare Informationssysteme**, die typischerweise entlang der Reise die Information bereitstellen und somit den Zugang zu den Informationsinhalten ermöglichen.

Die Reisekette ist somit insbesondere ein strukturierendes Element, welches zeitlich und räumlich den Informationsfluss charakterisiert. Darauf aufbauend ist die Frage der Informationsinhalte zur Deckung des Informationsbedarfs der Nutzer an den entsprechenden Stationen der Reisekette der zweite Bereich, der zur Bestimmung des Informationsflusses näher beschrieben werden muss.

Aus dem Informationsbedarf, wie er in Kapitel 5.1 beschrieben ist, können die folgenden Voraussetzungen für die Bestimmung des Informationsflusses extrahiert werden:

- **Nutzerspezifische Informationsinhalte**, die an den jeweiligen Stationen der Reisekette zur Verfügung stehen müssen.

- **Art der Information**, die zur Charakterisierung der Informationssysteme herangezogen werden kann und somit eine Bestimmung der Systeme ermöglicht, die die Information, bspw. dynamische Echtzeitinformation, bereitstellen können.

Innerhalb des Informationsbedarfs finden sich bereits die entlang der Reisekette durchzuführenden Aufgaben, diese müssen jedoch nicht im Sinne der Identifikation der Informationsinhalte, sondern hinsichtlich ihrer Abfolge betrachtet werden. Zudem stellt die Mobilität keine geradlinige Abarbeitung einzelner Aufgaben dar. Vielmehr erfolgt eine Wiederholung der Aufgaben, bis ein Ziel erreicht wurde. Die Kontrolle der aktuellen Position, die Prüfung der Reiseplanung können zudem als kontinuierliche, über die Reisekette hinweg durchzuführende Aufgaben betrachtet werden. Aus den Aufgaben, wie sie in Kapitel 4.2 beschrieben sind, können somit für die Bestimmung des Informationsbedarfs die folgenden Voraussetzungen extrahiert werden:

- **Workflow**, der die Abarbeitung und Abfolge der Aufgaben, sowie deren Wiederholung kennzeichnet und somit für die Bestimmung der zeitlichen und räumlichen Verfügbarkeit der Informationsinhalte herangezogen werden kann.

- **Art der Aufgabe**, die charakterisiert, ob es sich um eine kognitive oder physische Aufgabe handelt. Aus einer kognitiven Aufgabe entsteht ein Informationsbedarf während eine physische Aufgabe ggf. die Aufnahme von Informationsinhalten bzw. die Nutzung von Informationssystemen erschwert.

Bei der Betrachtung des Workflows sowie der Art der Aufgabe kann davon ausgegangen werden, dass die Nutzer Aufgaben nicht einzeln abarbeiten, sondern parallel eine Vielfalt von Aufgaben durchführen, die sich an einem Punkt zu einem übergeordneten Ziel zusammenführen lassen.

Abschließend ist die Kenntnis über die Art der Informationssysteme, wie sie in Kapitel 2.4.4 beschrieben sind, für die Bestimmung des Informationsflusses notwendig. Aus den Informationssystemen können die folgenden Voraussetzungen extrahiert werden:

- **Fähigkeit zur Abbildung eines Informationsinhaltes**, der sich aus den Systemcharakteristika ableiten lässt.

- **Anpassbarkeit an das Mobilitätsgeschehen**, die charakterisiert, ob ein System in Abhängigkeit des Mobilitätsgeschehens den Informationsfluss in verschiedenen Situationen unterstützen kann.

Die Anforderungen an die Bestimmung des Informationsflusses zeigen die Komplexität für die Integration in das Instrumentarium zur Evaluation der Qualität von Mobilitätsinformation bereits auf. Im folgenden Kapitel werden Methoden dargelegt, mit denen der Informationsfluss bestimmt und die Schwerpunkte für die Evaluation festgelegt werden können.

5.2.2 Evaluation des Informationsflusses

Die Evaluation des Informationsflusses kann auf verschiedenen Ebenen und mit verschiedenen Methoden erfolgen. Die Bandbreite der Methoden reicht dabei von analytischen Methoden über Simulationen bis hin zu Evaluationen mit Nutzern im Feld. Wie auch bei der Auswahl von Usability Evaluationsmethoden ist der Einsatz der Methode neben den inhaltlichen, auch von zeitlichen und finanziellen Rahmenbedingungen abhängig.

5.2.2.1 Analytische Evaluation des Informationsflusses

Die Basis für eine analytische Evaluation des Informationsflusses ist die Bestimmung der spezifischen Aufgaben je Station der Reisekette sowie für den jeweiligen Kontext. Daraus können die ortsspezifischen Informationsinhalte abgeleitet werden. Die im folgenden dargestellte Methodik basiert auf dem Framework zur Bestimmung des Informationsbedarfs, wie in Kapitel 5.1.2 und in (Hörold et al. 2013b) dargelegt, sowie den Überlegungen und der Arbeit von Mathias Sachse (Sachse 2013).

Die Vorbereitung der Analyse umfasst die folgenden Schritte:

- Bestimmung des Informationsbedarfs entlang der Reisekette,
- Extraktion der je Station der Reisekette benötigten Informationsinhalte,
- Charakterisierung der Informationsinhalte bzgl. der Anforderungen an das Informationssystem.

Im Ergebnis entsteht eine prüfbare Matrix, die die Bandbreite der Informationsinhalte wiedergibt, die an jeder Station der Reisekette in Abhängigkeit von der Systemcharakteristik für den Informationsfluss zur Verfügung gestellt werden sollte. Anhand dieser Matrix können die gesamte Reisekette oder Teile dieser evaluiert werden und somit der Informationsfluss analytisch bestimmt werden.

Die Durchführung der Analyse kann sowohl theoretisch anhand der vorhandenen Information zum Mobilitätssystem, insbesondere der Informationssysteme sowie des Nutzungskontextes, als auch durch eine Expertenevaluation vor Ort erfolgen.

In beiden Fällen ist einzuschränken, dass die beschriebene Matrix lediglich eine Prüfung der Informationsinhalte anhand der Informationssysteme und einmaligen Aufgaben entlang der Reisekette ermöglicht, jedoch die räumliche Positionierung dieser Systeme nicht berücksichtigt wird. Somit kann nur eingeschränkt von einem Informationsfluss gesprochen werden.

Eine Erweiterung bedarf typischer Workflows, die bei der Evaluation vor Ort, durch die Experten im Sinne eines Walkthroughs durchlaufen werden und die klar kennzeichnen, welche Aufgaben ggf. wiederholt werden.

Eine solche Analyse besitzt zudem den Vorteil, dass nicht die reine Anwesenheit einer Information, sondern auch deren Position im räumlichen, aber auch im zeitlichen Sinne, Berücksichtigung findet und somit der Informationsfluss in seinem Wesen erfasst werden kann. Als Ergebnis der Analyse entsteht ein Abbild der Erfüllung des Informationsbedarfs entlang der Reise im Sinne des Informationsflusses.

5.2.2.2 Evaluation des Informationsflusses in virtuellen Umgebungen

Zur Integration von realen Nutzern in die Evaluation des Informationsflusses kann eine Evaluation in einer virtuellen Umgebung als Zwischenschritt, zwischen der zuvor beschriebenen analytischen Evaluation mithilfe von Experten sowie der nachfolgend beschriebenen Evaluation im Feld, angesehen werden.

Dabei bieten virtuelle Umgebungen den Vorteil, dass unterschiedliche Informationskonzepte hinsichtlich des Informationsflusses verglichen werden können, ohne dabei das Mobilitätsgeschehen zu beeinflussen.

Die dargestellte Methodik beruht auf den Überlegungen und Arbeiten von Nadja Denke (Denke 2014) sowie der Evaluation von Usability Engineering Methoden für den Einsatz in virtuellen Umgebungen (Hörold 2009).

Für die Vorbereitung der Evaluation sind folgende Schritte notwendig:

- Entwicklung eines virtuellen Modells des Nutzungskontextes,
- Entwicklung oder Übertragung der Informationskonzepte auf das virtuelle Modell,
- Entwicklung typischer Szenarien und Abstimmung der Informationsinhalte,
- Rekrutierung und Screening entsprechender Testnutzer.

Die Durchführung der Evaluation erfolgt im Sinne einer Usability Evaluation in virtuellen Umgebungen mit Nutzern, die anhand von vorgegebenen Szenarien, mithilfe der Informationssysteme, typische Aufgaben entlang einer Reise erfüllen. Aus dem beobachteten Verhalten sowie den Äußerungen der Nutzer kann wiederum der Informationsfluss beurteilt werden.

Als Ergebnis einer vergleichenden Evaluation kann neben der Evaluation des Informationsflusses auch die grundlegende Beurteilung verschiedener Ansätze und Bestandteile des Informationsflusses stehen.

Im Sinne der Qualitätsevaluation von Mobilitätsinformation, wie sie in dieser Arbeit angestrebt wird, stellt die Evaluation in virtuellen Umgebungen keine hinreichende Methode dar. Der Aufwand zur Abbildung des realen Nutzungskontextes auf die virtuelle Umgebung ist hoch und die Randbedingungen der virtuellen Umgebung noch nicht hinreichend erforscht, um die Qualität der Ergebnisse beurteilen zu können.

Allerdings kann die Methode für die Beurteilung des Informationsflusses an noch umzusetzenden Stationen der Reisekette, z. B. Bahnhöfen und Haltestellen oder innerhalb von Fahrzeugen, eingesetzt werden, um frühzeitig Veränderungen im Informationsraum zu evaluieren.

5.2.2.3 Evaluation des Informationsflusses im Feld

Die Evaluation des Informationsflusses im Feld mit Mobilitätsnutzern kann als umfangreichster Ansatz angesehen werden. Dafür kann davon ausgegangen werden, dass bei einer entsprechenden Planung, die Vielschichtigkeit des Nutzungskontextes, wie er in Kapitel 4 dargestellt ist, am besten in die Evaluation integriert werden kann. Dabei ist zu berücksichtigen, dass der Nutzungskontext auch eine entsprechende Vielfalt der Nutzergruppen beinhaltet. In diesem Sinne bildet sich die Methodik der Evaluation des Informationsflusses in Form eines Usability Tests ab, wie er in Kapitel 3.3 sowie (VDV-Mitteilung 7035, S. 56–57; Hörold et al. 2014a, S. 490–491) dargestellt ist.

Für die Vorbereitung der Evaluation sind folgende Schritte notwendig:

- Identifikation typischer Reiseverläufe und entsprechender Teststrecken/- gebiete,
- Auswahl von visuellen und akustischen Aufzeichnungsmethoden,
- Rekrutierung und Screening entsprechender Testnutzer.

Die Durchführung einer Evaluation im Feld kann vom methodischen Ansatz einem Usability Test im Labor gleichen, muss aber die besonderen Herausforderungen eines Feldtests berücksichtigen. Diese sind insbesondere in den folgenden dynamischen Faktoren des Nutzungskontextes zu sehen (Hörold et al. 2014a, S. 490–492):

- Nutzer:
- Vorwissen und Kenntnisse,
- individuelle Wahrnehmung,
- Aufmerksamkeitslevel,

- individuelle Ziele und Motivation;
- Aufgabe:
- Komplexität und Schwierigkeitsgrad,
- Zeit zur Aufgabenerfüllung,
- Abhängigkeit zwischen Aufgaben;
- Umgebung:
- lokale Umgebungsfaktoren, z. B. Wetter und Verkehrsdichte,
- soziale Situation,
- Objekte und Gegenstände.

Als Ergebnis der Evaluation ergibt sich eine im realen Nutzungskontext durchgeführte Aufgabenbewältigung entlang der Reisekette durch Vertreter der verschiedenen Nutzergruppen, die hinsichtlich des Informationsflusses ausgewertet werden kann. Dabei können sich Lücken im Informationsfluss, u. a. durch die Orientierungslosigkeit der Nutzer, durch falsche Entscheidungen oder eine subjektiv empfundene Unsicherheit, manifestieren. Eine entsprechende Analyse sogenannter Critical Incidents[6] im Testverlauf, kann zu einer genaueren Identifikation der Lücken herangezogen werden.

Der Vorteil dieser Methode kann insbesondere in der realen Testsituation gesehen werden. Auch wenn Informationen sich bei theoretischer Betrachtung an einer geeigneten Stelle befinden, ermöglicht die gerade dargestellte Evaluationsmethode, auch die Integration typischer Einflussfaktoren des Nutzungskontextes.

Dabei können Faktoren wie z. B. Stress, verursacht durch den zeitlichen Druck, dazu führen, dass die Information nicht wahrgenommen oder nicht hinreichend verknüpft werden kann.

Die Nachteile dieser Methode sind insbesondere im hohen zeitlichen und finanziellen Aufwand sowie in der notwendigen Aufzeichnung der Nutzerhandlungen mit technischen Mitteln zu sehen.

5.3 Systemgestaltung

Die Systemgestaltung ist im Sinne der nutzerorientierten Gestaltung von Informationssystemen ein zentraler Bestandteil einer nutzerorientierten Mobilitätsinformation, da die Systeme den Zugang zu den Informationsinhalten gewährleisten. Dabei sind die

---

[6] Ereignisse, bei denen das zu evaluierende System besonders schlecht oder unvorhergesehen funktioniert hat, um daraus Schlüsse auf Umstände oder Rahmenbedingungen zu ziehen, die vermieden werden sollen (Nielsen 1993, S. 211–212).

Anforderungen an die Gestaltung als ebenso heterogen anzusehen, wie die Struktur der Mobilitätsnutzer sowie die Vielfalt der Informationssysteme, wie sie in Kapitel 2.4.4 dargestellt ist. Entsprechend der Bestimmung der Qualitätsmerkmale in Kapitel 3.4 kann die Systemgestaltung anhand der im Usability Engineering etablierten Methoden und Grundsätze, u. a. aus den Normen der Reihe der DIN EN ISO 9241 (DIN EN ISO 9241-11, S. 4; DIN EN ISO 9241-110, S. 7; DIN EN ISO 9241-210, S. 7–9), erfolgen. Zudem sind systemspezifische Richtlinien und Grundsätze, bspw. zur Gestaltung von dynamischen Informationsanzeigern an Haltestellen (VDV-Schrift 705, S. 5–9), sowie die Grundsätze der visuellen Gestaltung, bspw. zu Kontrasten, zu berücksichtigen (Heinecke 2011, S. 64–68).

5.3.1 Anforderungen an die Systemgestaltung

Für die Systemgestaltung können drei Bereiche für die Ableitung von Anforderungen herangezogen werden, die sowohl systemübergreifend, als auch systemspezifisch Anwendung finden können. Der erste Bereich umfasst die Grundsätze der visuellen Wahrnehmung. Da es sich, wie bereits in Kapitel 4.2 dargelegt, um eine hohe Aufgabenvielfalt handelt, ist die schnelle Aufnahme der Information durch die Mobilitätsnutzer ein entscheidender Einflussfaktor für die Qualität der Informationssysteme.

Als Grundsätze der visuellen Wahrnehmung und Gestaltung gelten u. a. die folgenden sogenannten Gesetze:

- **Gesetz der Gleichartigkeit/Ähnlichkeit**: Elemente, die gleichartig gestaltet sind, bspw. hinsichtlich Farbe, Größe oder Form, werden, auch wenn diese weiter voneinander entfernt liegen, als zusammengehörig wahrgenommen (Heinecke 2011, S. 65).

- **Gesetz der Nähe**: Elemente, die in räumlicher oder zeitlicher Nähe zueinander liegen, werden als Einheit oder zusammengehörig wahrgenommen (Heinecke 2011, S. 64). Im Gegenzug werden Elemente, die weiter entfernt zueinander liegen, als nicht zusammengehörig wahrgenommen (Heinecke 2011, S. 64).

- **Gesetz der guten Fortsetzung**: „Elemente, die räumlich oder zeitlich in einfacher […] Folge angeordnet sind, erscheinen als zusammengehörig" (Heinecke 2011, S. 66).

- **Gesetz der Geschlossenheit**: Elemente, die nahezu geschlossen sind oder in ihrer Anlage eher geschlossen sind, werden als geschlossen wahrgenommen (Heinecke 2011, S. 68).

Hinsichtlich der Farbwahrnehmung, der Verdeckung und Bewegung sind weitere Gesetze und Regeln bekannt, die sich u. a. auch mit der visuellen Täuschung beschäftigen, die die menschliche Wahrnehmung beeinflussen.

Der zweite Bereich umfasst die Grundsätze der nutzerzentrierten Gestaltung von Systemen im Sinne des Usability Engineerings. Die DIN EN ISO 9241-110 spezifiziert in diesem Sinne, unter dem Vorbehalt einer Nutzungskontext spezifischen Prüfung (DIN EN ISO 9241-110, S. 5), die folgenden sieben Grundsätze für die Dialoggestaltung von interaktiven Systemen (DIN EN ISO 9241-110, S. 7):

- **Aufgabenangemessenheit:** Die Systemgestaltung beruht auf dem Aufgabenprozess der Nutzer und unterstützt die Bearbeitung der Aufgabe (DIN EN ISO 9241-110, S. 8).

- **Selbstbeschreibungsfähigkeit:** Offensichtlichkeit der aktuellen Position innerhalb der aufgabenbezogenen Systemnutzung sowie der Möglichkeiten, die den Nutzern zur Verfügung stehen und wie diese von den Nutzern genutzt werden können (DIN EN ISO 9241-110, S. 10).

- **Erwartungskonformität:** Entsprechung der aus dem Nutzungskontext hervorgehenden Anforderungen, insbesondere in Bezug zu den Anforderungen der Nutzer (DIN EN ISO 9241-110, S. 11).

- **Lernförderlichkeit:** Unterstützung der Nutzer beim Erlernen sowie der Nutzung des Systems (DIN EN ISO 9241-110, S. 12).

- **Steuerbarkeit:** Befähigung der Nutzer, zu jeder Zeit die Kontrolle über die innerhalb des Systems ausgeführten Dialoge auszuüben (DIN EN ISO 9241-110, S. 13).

- **Fehlertoleranz:** Erkennung, Vermeidung und Korrektur von Fehlern, sodass die Nutzer zielgerichtet und mit minimalem Aufwand ans Ziel kommen (DIN EN ISO 9241-110, S. 14).

- **Individualisierbarkeit:** Anpassbarkeit des Systems an die individuellen Bedürfnisse und Vorstellungen der einzelnen Nutzer (DIN EN ISO 9241-110, S. 15).

Der dritte Bereich umfasst Standards und Guidelines, die sich auf eine bestimmte Technologie oder Art von Informationssystemen fokussieren. Diese können sowohl hinsichtlich einzelner Systeme ausgerichtet sein als auch übergreifend, insbesondere beim Einsatz der gleichen Technologie durch unterschiedliche Hersteller, zu einer vergleichenden Analyse und Ableitung von Anforderungen herangezogen werden. Beispiele solcher Standards und Guidelines finden sich bereits in Kapitel 1.3.3.

Am Beispiel der dynamischen stationären Fahrgastinformation werden im Folgenden für die Mobilitätsinformation typische Grundsätze dargelegt:

- **Uhrzeit:** Den Mobilitätsnutzern muss die aktuelle Uhrzeit an geeigneter Stelle angezeigt werden (VDV-Schrift 705, S. 5)

- **Aktuelle Abfahrtszeiten:** Bereitstellung von zeitlichen Angaben zur Zeitspanne bis zur Abfahrt eines Verkehrsmittels, die es den Nutzern ermöglicht, weitere Entscheidungen zur Reise zu treffen. Die Abfahrtsinformation muss sich aus Liniennummer, Ziel sowie Zeitspanne bis zur Abfahrt zusammensetzen (VDV-Schrift 705, S. 5–6).

- **Zielanzeige:** Anzeigen weiterer Merkmale, u. a. des Linienweges und der Zuglänge, vor dem Einfahren des Fahrzeuges (VDV-Schrift 705, S. 6).

- **Anschlusshinweise:** Kommunikation von Hinweisen zu Anschlüssen und Abfahrtszeiten mittels akustischer oder visueller Informationssysteme (VDV-Schrift 705, S. 6).

- **Störungshinweise:** Ständige optische Anzeige bei anhaltender Störung und akustische Störungsinformation in festgelegten Takten sowie in Abhängigkeit von Art und Dauer sowie Auswirkung der Störung (VDV-Schrift 705, S. 6).

- **Sonderinformationen:** Information der Mobilitätsnutzer, z. B. über zusätzliche Linien bei Ereignissen, mit akustischen und visuellen Mitteln, die nachrangig zu Störungshinweisen zu behandeln sind (VDV-Schrift 705, S. 6).

Die dargestellten Grundsätze und Anforderungen an die Systemgestaltung stellen Auszüge aus den umfangreichen Regelwerken und dem dokumentierten Erfahrungswissen dar. Die Evaluation dieser Grundsätze kann insbesondere heuristisch sowie durch empirische Methoden erfolgen, wie sie im nachfolgenden Kapitel dargestellt sind.

5.3.2 Evaluationsmethoden

Die nutzerzentrierte Entwicklung von Informationssystemen kennt verschiedene Evaluationsmethoden, die auch für die Evaluation der Systemgestaltung von Mobilitätsinformationssystemen geeignet sind. Insbesondere bei interaktiven Systemen im Sinne der DIN EN ISO 9241-210 ist eine umfangreiche Evaluation mit Nutzern im Rahmen des Entwicklungsprozesses als sinnvoll zu erachten (DIN EN ISO 9241-210, S. 6).

In Tabelle 34 sind geeignete Evaluationsmethoden aus dem Bereich des Usability Engineerings auszugsweise aufgeführt. Grundsätzlich kann dabei in die Evaluation mit Mobilitätsnutzern sowie die Evaluation durch Experten mithilfe von Heuristiken unterschieden werden (DIN EN ISO 9241-210, S. 23). Die dargestellten Methoden stellen eine Auswahl dar, die für die speziellen Rahmenbedingungen einer jeden Evaluation angepasst werden können. Methoden, wie bspw. das Thinking Aloud, der Co-Discovery Ansatz oder das Wizard of Oz-Verfahren (Kelley 1984, S. 27–29) sowie Interviews und Befragungen, ermöglichen eine solche Anpassung und Verfeinerung und werden in der Auswahl nicht aufgeführt. Innerhalb der Methoden können zur Durchführung der Usability Evaluationen auch verschiedene Prototypingverfahren von Skizzen über Simulationen bis zu fertigen Systemen (DIN EN ISO 13407, S. 7) eingesetzt werden, die hier nicht separat aufgelistet werden und je nach Einsatzziel und Stand der Entwicklung ausgewählt werden sollten.

Tabelle 34: Auswahl von Methoden für die Evaluation der Systemgestaltung

Methode	Kurzbeschreibung	Quelle
Standards Inspection	Methode zur Beurteilung von Benutzungsober-flächen anhand von Standards. Die verwendeten Standards haben zum Ziel Konformität zwischen Systemen sicherzustellen.	(Nielsen und Mack 1994, S. 6)
Consistency Inspection	Methode zur Identifikation von Inkonsistenzen zwischen ausgewählten Benutzungsoberflächen durch einen systematischen Vergleich der Lösungen jedes Systems. Der Vergleich wird Element für Element von Experten durchgeführt.	(Nielsen 1993, S. 235)
Formal Usability Inspection	Methode, die auf einem systematischen sechs-stufigen Prozess basiert, der eine einzelne Evaluation durch Experten zur Identifikation von Usability Problemen mit anschließender Verbindung der Einzelergebnisse vorsieht.	(Nielsen und Mack 1994, S. 6)
Cognitive Walkthrough	Methode zur Identifikation von Usability Problemen auf Basis eines aufgaben- und szenariobasierten Expertenreviews. Experten folgen den gestellten Szenarien aus Sicht der Nutzer, sodass diese entlang der Einzelschritte der Nutzer Usability Probleme erkennen können.	(Smith-Jackson 2004, S. 82-1 - 82-2)
Pluralistic Walkthrough	Gemeinsame Evaluation durch Nutzer und Experten auf Basis von Einzelreviews und Gruppendiskussionen. Der Pluralistic Walkthrough ermöglicht eine frühe Integration von Nutzern und kann einzeln je Screen oder interaktionsbasiert erfolgen.	(Nielsen 1993, S. 162–163)
Usability Evaluation im Labor/im Feld	Evaluation mit Nutzern anhand von vordefinierten typischen Aufgaben und Szenarien. Ziel ist es, eine hinreichende Repräsentation des Nutzungskontextes im Labor zu erzeugen oder die Evaluationen im realen Nutzungskontext im Feld durchzuführen, um Usability Probleme zu identifizieren.	(Nielsen 1993, S. 165; Kaikkonen et al. 2005, S. 7–8)

Die Anwendung der Methoden hängt insbesondere von den zeitlichen und finanziellen Rahmenbedingungen sowie der Entwicklungsphase ab (Nielsen 1993, S. 173–175). Im Sinne der Qualitätsevaluation von Mobilitätsinformation muss diese Auswahl im Prozess der Skalierung des Instrumentariums erfolgen.

5.4   Operationalisierung der Verlässlichkeit, Konsistenz und Transparenz

Die Messung der Qualitätsmerkmale Verlässlichkeit, Konsistenz sowie Transparenz erfordert die Definition von Werkzeugen, z. B. in Form von Maßstäben und Heuristiken. Einzuschränken ist dabei, dass die verschiedenen Perspektiven von Nutzern und Mobilitätsanbietern sowie die technischen Möglichkeiten die Qualität beeinflussen. Für die Verlässlichkeit ist im Sinne einer hohen Informationsqualität bspw. zwar eine genaue Übereinstimmung anzustreben, jedoch ist diese im Sinne des Qualitätskreises für Mobilitätsdienstleistungen (DIN EN 13816, S. 6), wie in Kapitel 3.1 beschrieben, auch von den Zielen der Mobilitätsanbieter abhängig.

Daraus ergibt sich, dass die abschließende Bewertung der Qualitätsevaluation auch mit den Zielen der Mobilitätsanbieter in Übereinstimmung gebracht werden muss. Aus Nutzerperspektive und für die Entwicklung des Instrumentariums ist diese zielabhängige Bewertung lediglich als zweitrangig zu erachten. Der abschließenden Bewertung der Ergebnisse steht viel mehr die Identifikation der Verbesserungspotenziale im Sinne der Qualitätssteigerung der Mobilitätsinformation voran.

Im Folgenden werden für die benannten drei Qualitätsmerkmale insbesondere typische Fragestellungen beispielhaft entwickelt, die eine Messung ermöglichen. Dadurch kann spezifisch für jedes Merkmal anhand der jeweiligen Teilbereiche ein Zielvektor beschrieben werden, wie diese sich im Mobilitäts- und Informationsraum abbilden. Bei der Evaluation der Qualität der Mobilitätsinformation müssen diese typischen Fragestellungen für den untersuchten Teilbereich der Mobilität erweitert und methodisch eingebunden werden.

5.4.1   Verlässlichkeit

Die Verlässlichkeit ist, wie in Kapitel 3.4.5 dargestellt, eng mit den Informationsinhalten verknüpft, sodass die Bestimmung der Verlässlichkeit in Kombination mit der Evaluation der Informationsinhalte erfolgen sollte. Somit kann für jedes Element des Informationsinhaltes bestimmt werden, inwieweit dieses mit dem Mobilitätsraum übereinstimmt. Die Verlässlichkeit bildet sich dabei auf allen Ebenen des Mobilitätsraums ab. Die Ebene, die das Mobilitätsgeschehen beinhaltet, wirkt sich insbesondere auf die zeitlichen Aspekte der Verlässlichkeit sowie die Verlässlichkeit im Ereignisfall aus. Die Genauigkeit dieser Informationsinhalte in verschiedenen Nutzungskontexten ist im Sinne der Verlässlichkeit besonders zu prüfen, da sich die Qualität dieser Informationen u. a. in Abhängigkeit der Tageszeit oder der Situation ändern kann. Für die Nutzung der Mobilität durch die Mobilitätsnutzer sind die verlässliche Abbildung der Mobilitätsangebote sowie der Mobilitätsrahmenbedingungen, insbesondere der Mobilitätsinfrastruktur, ebenfalls entscheidende Teilaspekte der Verlässlichkeit. Tabelle 35 zeigt eine Übersicht als Grundlage für die Bestimmung der Verlässlichkeit.

Tabelle 35: Bestimmung des Qualitätsindikators Verlässlichkeit

Qualitätsindikator: Verlässlichkeit	
Definition:	Die Verlässlichkeit wird charakterisiert durch den Grad, in dem Einzel- und Teilsysteme sowie das Gesamtsystem den Mobilitätsraum realitätsgetreu darstellen.
Zielvektor:	Vollständige Übereinstimmung zwischen den bereitgestellten Informationsinhalten im Informationsraum mit dem Mobilitätsraum.
Messung:	Erfassung der Abweichung zwischen Informationsraum und Mobilitätsraum, entlang der Informationsinhalte.
Teilbereiche:	Die Verlässlichkeit kann übereinstimmend mit den Kategorien der Informationsinhalte in Teilbereiche eingeteilt werden, z. B.: • Zeitliche Informationen, • Räumliche Informationen, • Informationen zum Bedienungsgebiet, • Informationen zum Verkehrsmittel, • Informationen zu Fahrscheinen, Buchung und Bezahlung, • Informationen zu Abweichungen vom Normalbetrieb.
Typische Fragestellungen:	Für die Bestimmung der Verlässlichkeit können typische Fragestellungen zu den Teilbereichen abgeleitet werden. Diese sind z. B.: • Inwieweit stimmen die Ankunftszeiten von Fahrzeugen mit den kommunizierten Soll- bzw. Prognosedaten überein? • Befinden sich die Fahrzeuge an den kommunizierten Orten, bspw. Parkplätzen oder Haltestellen? • Verkehren die Fahrzeuge auf den vorher definierten Wegen und Routen? • Inwieweit stimmt die Information zu Abweichungen vom Normalbetrieb, z. B. Stau- und Störungsinformation, mit dem Mobilitätsgeschehen überein?

5.4.2 Konsistenz

Die Konsistenz kann entsprechend Kapitel 3.4 in eine innere Konsistenz und eine äußere Konsistenz eingeteilt werden. Die innere Konsistenz ist dabei eng mit der Systemgestaltung verknüpft, während die äußere Konsistenz die Übereinstimmung zwischen dem mentalen Modell der Nutzer und den Informationsinhalten widerspiegelt. Tabelle 36 und Tabelle 37 zeigen eine Übersicht für die Bestimmung der inneren und äußeren Konsistenz. Die Bestimmung der inneren Konsistenz von Einzelsystemen sollte als Teil der Evaluation der Systemgestaltung erfolgen, die übergreifende Analyse kann für jeden einzelnen oder ausgewählte Informationsinhalte entlang den Stationen der Reisekette erfolgen. Bei der Messung der äußeren Konsistenz kann auf die Methoden des Usability Engineerings auf Basis der Prinzipien der Dialoggestaltung, insbesondere der Erwartungskonformität (DIN EN ISO 9241-110, S. 11), sowie die Nutzercharakteristika Ortskenntnis und Systemkenntnis zurückgegriffen werden.

Tabelle 36: Bestimmung des Qualitätsindikators Innere Konsistenz

Qualitätsmerkmal: Innere Konsistenz	
Definition:	Freiheit von Widersprüchen der Inhalte sowie der Form und Gestaltung der Informationsinhalte innerhalb der Einzel- und Teilsysteme sowie des Gesamtsystems.
Zielvektor:	Fortwährend einheitliche Gestaltung und inhaltliche Bereitstellung der Informationsinhalte im gesamten Informationsraum.
Messung:	Erfassung der Inkonsistenz innerhalb der Informationssysteme und zwischen den Informationssystemen unter Berücksichtigung der Systemeigenschaften.
Teilbereiche:	Die innere Konsistenz kann in die folgenden Teilbereiche eingeteilt werden: • Form und Gestaltung, • Inhalt.
Typische Fragestellungen:	Für die Bestimmung der inneren Konsistenz sind typische Fragestellungen zu den Teilbereichen, z. B.: • Inwieweit werden die Abweichungen vom Sollfahrplan in verschiedenen Systemen gleich dargestellt? • Inwieweit stimmen die Abweichungen vom Sollfahrplan in verschiedenen Systemen inhaltlich überein?

Tabelle 37: Bestimmung des Qualitätsindikators Äußere Konsistenz

Qualitätsmerkmal: Äußere Konsistenz	
Definition:	Übereinstimmung der Informationsinhalte mit dem mentalen Modell und den Erwartungen der Mobilitätsnutzer.
Zielvektor:	Vollständige Übereinstimmung der Informationsinhalte mit dem mentalen Modell der Nutzer.
Messung:	Erfassung der Abweichungen zwischen den Erfahrungen und Erwartungen der Nutzer, resultierend aus den mentalen Modellen der Nutzer und den Informationsinhalten.
Teilbereiche:	Die äußere Konsistenz kann in die folgenden Teilbereiche eingeteilt werden: • Inhalt • Form und Gestaltung
Typische Fragestellungen:	Für die Bestimmung der äußeren Konsistenz sind typische Fragestellungen zu den Teilbereichen, z. B.: • Stimmen die Bezeichnungen von Haltestellen mit den Erwartungen der Nutzer überein? • Inwieweit ist die Gestaltung der Abweichungen vom Soll-Fahrplan konsistent mit den Erwartungen der Nutzer?

5.4.3 Transparenz

Die Transparenz ist das Qualitätsmerkmal, welches insbesondere dann zum Tragen kommt, wenn die Informationsinhalte eine geringe Verlässlichkeit und Konsistenz aufweisen. Grundsätzlich ermöglicht die Transparenz den Mobilitätsnutzern jedoch eine Beurteilung der Informationsqualität und das Treffen von Entscheidungen. Die Messung der Transparenz stellt sich im Kontrast zu den weiteren Merkmalen als besondere Herausforderung dar, kann jedoch auf grundsätzliche Fragestellungen zurückgeführt werden. Bei einer Routenplanung bedeutet Transparenz bspw. das eine in die Berechnung eingeflossene Stauinformation, den Mobilitätsnutzern mitgeteilt wird, damit diese bewerten können, ob basierend auf den Nutzererfahrungen eine Umfahrung des Staus tatsächlich sinnvoll ist. Tabelle 38 greift diese Fragestellungen auf und fasst die wichtigsten Eigenschaften zur Bestimmung der Transparenz zusammen.

Tabelle 38: Bestimmung des Qualitätsindikators Transparenz

Qualitätsmerkmal: Transparenz	
Definition:	Klarheit über die Entstehung der Einzelinformation sowie die Klarheit, wie einzelne Informationsinhalte miteinander verknüpft werden können, um innerhalb der Einzel- und Teilsysteme sowie des Gesamtsystems den Mobilitätsnutzern die Bildung einer Entscheidungsgrundlage zu ermöglichen.
Zielvektor:	Einzelne Informationsinhalte und verknüpfte Informationsinhalte können durch die Mobilitätsnutzer im Normal- und Ereignisfall beurteilt und qualifizierte Entscheidungen getroffen werden.
Messung:	Analyse der einzelnen und kombinierten Informationsinhalte auf die Klarheit über deren Entstehung und die Verknüpfbarkeit mit anderen Informationen.
Teilbereiche:	Die Transparenz kann in die folgenden Teilbereiche eingeteilt werden: • Einzelinformation, • Verbundinformation.
Typische Fragestellungen:	Für die Bestimmung der Transparenz sind typische Fragestellungen zu den Teilbereichen, z. B.: • Wird dem Mobilitätsnutzer deutlich, dass es sich bei Ist-Abfahrtszeiten vorwiegend um Prognosen handelt? • Inwieweit wird dem Mobilitätsnutzer bei Routen und Wegen deutlich, welche Eigenschaften zur Zusammenstellung dieser geführt haben?

Die Messung der Transparenz kann auch in Verbindung mit einer Nutzerevaluation im Sinne einer Usability Evaluation erfolgen. Zur systematischen Analyse, unter Einbeziehung der systemtechnischen Hintergründe, ist die Expertenevaluation dieser zumindest im ersten Schritt vorzuziehen. Die Kenntnis über den Entstehungsprozess von Ist-

Information, in Form von Prognosen, ist essenziell für die Fragestellung, ob dieser Informationsinhalt hinsichtlich der Transparenz zu prüfen ist.

Für die Beurteilung, ob eine Information transparent ist, ist in diesem Sinne das Wissen über die tatsächliche Entstehung der Information vor der Analyse notwendig. Im zweiten Schritt kann auf Basis dieser Analyseergebnisse eine Nutzerevaluation Klarheit darüber erzeugen, ob eine Information, die vom Aufbau her grundsätzlich transparent ist, auch von den Mobilitätsnutzern entsprechend der Zielstellung und der mentalen Modelle, als transparent wahrgenommen und die angestrebte Transparenz erzeugt wird.

6. Instrumentarium zur Qualitätsevaluation

Vorgehen	Methoden	
	analytisch	empirisch
...		
Entwicklung des Instrumentariums	Systematische Entwicklung des Instrumentariums	
		Evaluation des Instrumentariums Expertenanalyse
		Evaluation des Instrumentariums Anwendung
	Ableiten typischer Herausforderungen	
...		

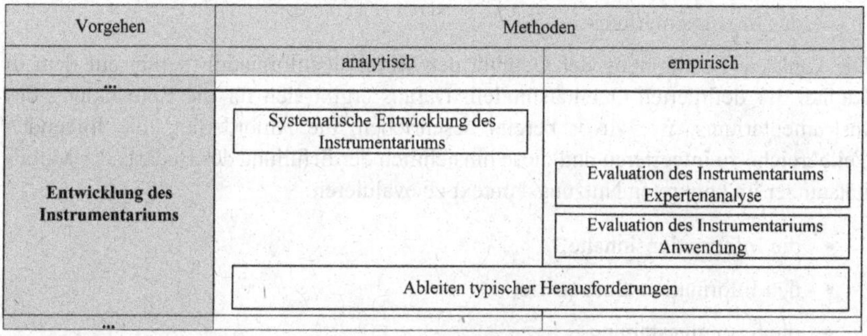

Abbildung 46: Vorgehen zur Entwicklung und Evaluation des Instrumentariums zur Qualitätsevaluation

Bereits das Qualitätsmodell für die Mobilitätsinformation sowie die Analyse des Nutzungskontextes zeigen die Komplexität, die der Bestimmung der Qualität im Mobilitätskontext innewohnt. Die Entwicklung eines Instrumentariums zur Qualitätsevaluation von Mobilitätsinformation muss diese Komplexität abbilden, um die Nutzbarkeit sicherzustellen. Die Entwicklung und Evaluation des Instrumentariums erfolgt basierend auf den vorherigen analytischen und empirischen Untersuchungen. Die Evaluation teilt sich in eine Expertenevaluation, die die grundsätzliche Eignung des Instrumentariums für den Praxiseinsatz analysiert und eine Anwendung des Instrumentariums im Feld am Beispiel des öffentlichen Personenverkehrs auf. Die abschließende Auswertung dient, neben der Beurteilung der Anwendbarkeit, der Reliabilität und Validität, der Ableitung typischer Herausforderungen im folgenden Kapitel 7. Ziel dieses Kapitels ist es, das Instrumentarium systematisch zu Entwicklung und mithilfe von Experten und im Praxiseinsatz zu evaluieren.

6.1 Anforderungen an das Instrumentarium

Ausgehend von dem im Kapitel 1.1 und Kapitel 1.4 beschriebenen Ziel, der Entwicklung eines Methodensets zur Bestimmung der Qualität der Mobilitätsinformation für Mobilitätsanbieter, sowie den in den Kapiteln 3, 4 und 5 dargelegten Ausführungen zum Qualitätsmodell, Nutzungskontext und den Qualitätsmerkmalen, können die Anforderungen an das Instrumentarium allgemein wie folgt zusammengefasst werden:

- Werkzeug und Evaluationsmethode, zur Bestimmung der aktuellen Qualität der Mobilitätsinformation in einem definierten Mobilitätsraum,

- Fähigkeit zur Identifikation von Verbesserungspotenzialen im Informationsraum, insbesondere auf Ebene der Informationsinhalte und -systeme,
- Anpassbarkeit entsprechend abgestufter Zielstellung für den flexiblen Einsatz des Instrumentariums.

Die konkrete Bestimmung der Qualität der Mobilitätsinformation beruht auf dem in Kapitel 3.4 definierten Qualitätsmodell. Daraus ergibt sich für die Entwicklung des Instrumentariums, wie zuvor bereits beschrieben, die Anforderung, die folgenden Teilbereiche zu integrieren und diese hinsichtlich der Erfüllung des Bedarfs der Mobilitätsnutzer im konkreten Nutzungskontext zu evaluieren:

- die Informationsinhalte,
- den Informationsfluss sowie
- die Systemgestaltung

Dafür sind die Qualitätsmerkmale Effizienz, Effektivität und Zufriedenstellung sowie Verlässlichkeit, Konsistenz und Transparenz sowie ihre Operationalisierung in den Teilbereichen, wie sie in Kapitel 5 beschrieben sind, die Grundlage. Die Analyse der Evaluationsmethoden und Verfahren ist ergänzende Voraussetzung für die Entwicklung des Instrumentariums und die Integration der verschiedenen Anforderungen an das Instrumentarium in den Teilbereichen.

Aufgrund der Heterogenität des Nutzungskontextes, wie dieser am Fallspiel des öffentlichen Personenverkehrs in Kapitel 4 dargestellt ist, sowie des Ziels, eine Evaluation aus Perspektive der Mobilitätsnutzer durchzuführen, ist es notwendig, dass das Instrumentarium entsprechend der unterschiedlichen

- Nutzer, Aufgaben, Systeme sowie
- der physischen und sozialen Umgebung,

flexibel eingesetzt und diesbezüglich ausgewertet werden kann.

Der Aufbau des Instrumentariums muss zudem den Anforderungen

- der Reliabilität, also der Zuverlässigkeit hinsichtlich der Wiederholung der Evaluation und der daraus resultierenden Ergebnisse, sowie
- der Validität, also der Gültigkeit der Evaluation und des Instrumentariums entsprechend des Ziels bzw. Objektes der Evaluation,

gerecht werden (Schnell et al. 2011, S. 143–146). Die Anforderung der Reliabilität und Validität muss sich auch auf die Gestaltung der Evaluation als abgestuften Prozess abbilden. Dabei muss berücksichtigt werden, dass es sich bei der Mobilitätsinformation, wie in Kapitel 2.2 und Kapitel 2.4 sowie in Kapitel 4 bereits dargestellt, um ein komplexes Konstrukt handelt.

Ziel des Instrumentariums ist es hingegen nicht, zu den Verbesserungspotenzialen bereits Lösungen aufzuzeigen. Dies kann, wie beispielhaft im Kapitel 7 dargestellt, als nachgelagerter Prozess erfolgen. Demnach besteht keine Anforderung an die Entwicklung des Instrumentariums, die einen Prozess der Lösungsfindung und Anpassung der Mobilitätsinformation beinhaltet. Die Ergebnisse, die die aktuelle Qualität sowie die Potenziale zur Verbesserung, u. a. anhand von Informationslücken, aufzeigen, müssen, entsprechend der Zielstellungen der Mobilitätsanbieter, eigenständig bewertet und in einem anschließenden Prozess Maßnahmen zur Qualitätssteigerung abgeleitet werden. Dennoch sollen das Instrumentarium und die Methoden, bspw. die Erhebung des Informationsbedarfs in Kapitel 5.1, u. a. von Entwicklern zur Gestaltung neuer Systeme herangezogen werden können. Dies soll jedoch nicht zentraler Fokus des im Folgenden vorgestellten Instrumentariums und Methodensets sein.

6.2   Entwicklung des Instrumentariums

Basierend auf den beschriebenen Anforderungen sowie den methodischen und inhaltlichen Grundlagen zur Qualität von Mobilitätsinformation, zur nutzerzentrierten Evaluation von Systemen in definierten Nutzungskontexten sowie den operationalisierten Qualitätsmerkmalen, wird im Folgenden die Entwicklung des Instrumentariums zu einem Evaluationssystem mit drei Stufen beschrieben. Wesentlich ist dabei die Definition einer für alle Stufen übergreifenden Grundsystematik, die anschließend entsprechend der Stufen ausgestaltet werden kann.

6.2.1   Definition des Evaluationsverfahrens

Die Grundlage für das Evaluationsverfahren bildet das Qualitätsmodell für die Mobilitätsinformation in Kapitel 3.4. Im Folgenden werden für jedes Qualitätsmerkmal die Definition und die Operationalisierung für die Teilbereiche noch einmal tabellarisch zusammengefasst und das Verfahren für die Bestimmung der einzelnen Merkmale in Verbindung mit den in Kapitel 5 dargestellten Methoden sowie Ergebnissen dieser Methoden definiert. Abschließend erfolgt die Kombination zu einem Instrumentarium, welches in drei Stufen gegliedert ist.

6.2.1.1 Evaluationsverfahren für den Informationsinhalt

Grundlegend für die Bestimmung der Qualität der Mobilitätsinformation anhand des Teilbereichs Informationsinhalt, sind insbesondere die Merkmale Verlässlichkeit, Konsistenz und Transparenz in Verbindung mit dem Mobilitätsraum sowie dem Informationsbedarf und dem mentalen Modell der Nutzer. Eine Übersicht ist in Tabelle 39 dargestellt.

Tabelle 39: Übersicht über den Teilevaluationsbereich Informationsinhalt (siehe auch Kapitel 3.4.3.1)

Informationsinhalt	
Definition	Die für die Durchführung der Reise notwendige Information, die aus den vom Nutzer durchgeführten Aufgaben in Normal- und Ereignissituationen entlang der Reise und dem damit entstehenden Informationsbedarf resultiert.
Effektivität & Effizienz	Im Sinne der Deckung des Informationsbedarfs durch die Bereitstellung von Informationsinhalten sind diese die Grundlage für die Nutzbarkeit der Mobilitätsinformation.
Zufriedenstellung	Die Bereitstellung von Informationsinhalten ist im Sinne der Utility der Mobilitätsinformation die Grundlage für die Gestaltung des Informationsraums und der Informationssysteme und Voraussetzung für die Zufriedenstellung der Mobilitätsnutzer.
Verlässlichkeit	Die kommunizierten Informationsinhalte sind das Abbild des Mobilitätsraums, an denen die Verlässlichkeit gemessen werden kann.
Konsistenz	Im Sinne der äußeren Konsistenz der Informationsinhalte mit den mentalen Modellen der Mobilitätsnutzer und im Sinne der inneren Konsistenz sind die Informationsinhalte Voraussetzung für die Analyse der Systemgestaltung.
Transparenz	Die Anreicherung der Informationsinhalte mit Informationen, die es den Mobilitätsnutzern erlauben, diese zu bewerten.

Nutzerorientiert wird die Evaluation der Qualität der Informationsinhalte durch den Nutzungskontext geprägt. Für die systematische Evaluation der Informationsinhalte ist es deshalb zielführend, diesen als strukturierendes Element heranzuziehen. Die Reisekette, siehe Kapitel 2.3, bietet hierfür eine fundierte Struktur mit unterschiedlichen Stationen, die sich auch in der Bestimmung des Informationsbedarfs bereits als strukturierendes Element bewährt hat. Aus Sicht der Mobilitätsnutzer stellt die Reisekette die Struktur dar, in der diese den Informationsraum, insbesondere der systemgebundenen Informationssysteme, wie in Kapitel 3.4 beschrieben, erleben und nutzen. Daraus ergibt sich für die Evaluation je Station der Reisekette das in Abbildung 47 dargestellte Verfahren für die Evaluation der Informationsinhalte.

An jeder Station der Reisekette werden die Informationsinhalte systematisch analysiert, die entsprechend Kapitel 5.1, dem Informationsbedarf der Nutzer an dieser Station entsprechen. Darin bildet sich auch das Qualitätsmerkmal der **Effektivität und Effizienz** ab. Die Evaluation erfolgt nicht spezifisch je Nutzergruppe, sondern entsprechend des maximalen Informationsbedarfs je Station. Innerhalb der Auswertung kann dann eine Evaluation und Beurteilung in Abhängigkeit der Nutzergruppe erfolgen.

Mit diesem Verfahren müssen die Informationsinhalte nur einmal erfasst werden und können nachträglich auch für Nutzergruppen ausgewertet werden, die zu Beginn der Evaluation nicht im Fokus lagen.

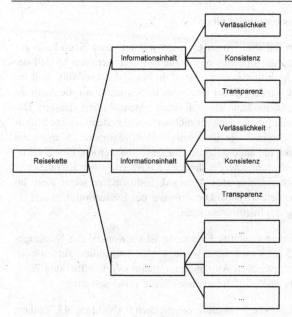

Abbildung 47: Verfahren zur Evaluation des Informationsinhalts je Station der Reisekette

Verlässlichkeit der Informationsinhalte

Für jeden Informationsinhalt wird anschließend analysiert, ob dieser den Mobilitätsraum verlässlich abbildet. Dies erfolgt über die Erfassung der folgenden Charakteristika:

- Art der Information: Soll-/Ist-Information
- Übereinstimmung zwischen Informationselement und Mobilitätsraum: ja/nein
- Bei Abweichungen:
- Art der Abweichung nach Kategorien
- Umfang der Abweichung

Das dargestellte Verfahren schließt die in Kapitel 5.4.1 beschriebenen typischen Fragestellungen ein, ohne dass für alle Informationsinhalte Fragen definiert werden müssen. Somit ist eine Erweiterung auf Basis der Informationsinhalte bzw. des Informationsbedarfs möglich. Bei der Analyse ist jedoch zu berücksichtigen, dass die Verlässlichkeit sowohl im Normal- als auch im Ereignisfall zu prüfen ist.

Äußere Konsistenz der Informationsinhalte

Die Äußere Konsistenz kann auf zwei Arten evaluiert werden. Zum einen kann zur Prüfung der Übereinstimmung der Informationsinhalte mit dem mentalen Modell der Nutzer eine Evaluation mit Mobilitätsnutzern, bspw. in Form von Usability Test im Labor und Feld durchgeführt werden. Dabei kommt es insbesondere auf die Auswahl der Nutzergruppen an. Zum anderen kann die Evaluation expertenbasiert erfolgen. Dabei muss geprüft werden, ob die Inhalte auch für nicht orts- und systemkundige Mobilitätsnutzer ebenso verständlich sind, wie für kundige Mobilitätsnutzer. Somit kann grundlegend eine Aussage über die äußere Konsistenz getroffen werden. Eine Evaluation mit Nutzern ist für die Bestimmung der äußeren Konsistenz zwar als fundierter anzusehen, erfordert jedoch entsprechenden Aufwand, insbesondere wenn diese im realen Nutzungskontext durchgeführt wird. Die Auswahl der Evaluationsmethode erfolgt innerhalb der Abstufung des Instrumentariums.

Die Durchführung der benannten Usability Evaluation ist im Kontext der Systemgestaltung bereits in Kapitel 5.2.2.3 und 5.3.2 sowie in den Fallstudien zur mobilen Fahrgastinformation und elektronischen Aushanginformation (VDV-Mitteilung 7035; VDV-Mitteilung 7036) beschrieben, auf die an dieser Stelle verwiesen wird.

Für die Expertenanalyse erfolgt die Evaluation entsprechend Abbildung 47. Entlang jedes Informationsinhaltes wird geprüft, ob die Information inhaltlich und hinsichtlich ihrer Gestaltung allgemein verständlich ist. Die Evaluation erfolgt anhand der folgenden Fragestellungen:

- Beinhaltet der Informationsinhalt Beschreibungen, Benennungen o. ä., die ohne:

- Ortskenntnis vom Mobilitätsnutzer nicht interpretiert und verstanden werden können?

- Systemkenntnis vom Mobilitätsnutzer nicht interpretiert und verstanden werden können?

- Beinhaltet der Informationsinhalt in seiner Gestaltung Formen, Farben, Bezüge o. ä., die ohne Systemkenntnis vom Mobilitätsnutzer nicht verstanden oder interpretiert werden können?

- Werden Hilfestellungen angeboten, die das Verständnis und die Interpretation des Informationsinhaltes ermöglichen?

Für alle Fragestellungen wird nach der Evaluation dieser zudem dokumentiert, welcher Art die Beschreibung, Benennung, Form, Farbe o. ä. ist und inwiefern diese System- oder Ortskenntnis erfordern. Für die Hilfestellung wird ebenfalls die Art der Hilfestellung erfasst und der Einfluss auf den Informationsinhalt dokumentiert. Als Beispiel kann hierfür die Bezeichnung eines Ausganges an der Haltestelle, bspw. mit der Ergänzung Nord genannt werden. Diese erfordert vom Nutzer eine Kenntnis über die aktuelle geografische Position und Orientierung und damit Ortskenntnis. Hilfsmittel zur Erläuterung könnten bspw. ein Haltestellenplan oder eine Ergänzung, um zusätzliche Informationen, wie markante Punkte (POI) sein.

Transparenz des Informationsinhaltes

Grundlegend für die Bestimmung der Transparenz der Informationsinhalte ist, ob diese selbst oder durch Anreicherung mit weiteren Beschreibungen in verbaler, textlicher oder symbolischer Form, die Mobilitätsnutzer in die Lage versetzen, den Informationsinhalt zu bewerten. Die Art der Anreicherung ist zumeist eng verbunden mit der Art des Informationsinhaltes. Ein Soll-Fahrplan kann z. B. bereits durch seine Gestaltung als Aushang auf Papier, die Qualität der dort abgebildeten Abfahrtszeiten, als statisch, kommunizieren. Eine zusätzliche Erläuterung, geplante Abfahrts- und Ankunftszeiten mit Datum, kann diese Transparenz noch unterstützen. Insbesondere im Störungsfall kann die Transparenz durch kurze Erläuterungen, bspw. unterhalb der Abfahrtszeiten an einem DFI-Anzeiger erzeugt werden.

Für die Bestimmung der Transparenz bzw. der Fähigkeit zur Schaffung einer Bewertungsgrundlage beizutragen, werden deshalb für jeden Informationsinhalt die folgenden Charakteristika erfasst:

- Bedarf an Erläuterungen: ja/nein;
- Form vorhandener Erläuterungen:
- verbaler Form,
- textlicher Form,
- symbolischer Form.

Prinzipiell könnte im Vorhinein bereits definiert werden, welche Informationselemente einer Erläuterung bedürfen. Da die Transparenz jedoch stark vom Nutzungskontext geprägt ist und dieser als stark heterogen im Mobilitätskontext definiert werden kann, ist für eine systematische Evaluation, die Bestimmung vor Ort der theoretischen Definition im Vorhinein vorzuziehen.

6.2.1.2 Evaluationsverfahren für den Informationsfluss

Der Informationsfluss ist eng mit der Bereitstellung der Informationsinhalte im Sinne des Informationsbedarfs der Mobilitätsnutzer sowie mit der Systemgestaltung verknüpft. Insbesondere die **Effizienz und Effektivität** sind in diesem Zusammenhang aus Nutzersicht die entscheidenden Merkmale für den Informationsfluss. Eine Übersicht über den Teilevaluationsbereich ist in Tabelle 40 dargestellt.

Nutzerorientiert ist der Informationsfluss durch typische Nutzungsszenarien geprägt, die sich über typische Reisen und Strecken definieren. Somit kann neben der Evaluation der Verfügbarkeit der Informationsinhalte, wie diese zuvor je Station der Reisekette beschrieben ist, auch der typische Ablauf einer Reise und das Zusammenspiel der Informationssysteme abgebildet werden.

Die **Konsistenz** manifestiert sich über die Reise durch eine einheitliche Informationsdarstellung und soll an dieser Stelle nicht explizit evaluiert werden, um Dopplungen mit dem Merkmal Systemgestaltung zu vermeiden. Lediglich solche Besonderheiten sollen erfasst werden, die den Informationsfluss maßgeblich stören, sodass die Reisedurchführung beeinträchtigt wird.

Tabelle 40: Übersicht über den Teilbereich Informationsfluss (siehe auch Kapitel 3.4.3.2)

Informationsfluss	
Definition	Der aus dem Zusammenspiel der einzelnen Informationssysteme und -inhalte generierte Informationsraum, der sich für den Nutzer in einem kontinuierlichen und lückenlosen Fluss an Informationen entsprechend des Kontextes und der Aufgaben entlang der Reise ausprägt.
Effektivität & Effizienz	Im Sinne des Informationsflusses charakterisiert durch die örtliche Verfügbarkeit und das Zusammenspiel der Informationsinhalte, als Grundlage für die Nutzbarkeit der Mobilitätsinformation.
Zufriedenstellung	Vermeidung von Informationslücken zur Reduzierung von Unsicherheiten mit dem Ziel der Steigerung der Zufriedenstellung.
Verlässlichkeit	Indirekter Einfluss auf den Informationsfluss über die Informationsinhalte.
Konsistenz	Im Sinne der inneren Konsistenz ist der Informationsfluss von einer konsistenten inhaltlichen und gestalterischen Informationsdarstellung abhängig, die die Aufnahme der Information über verschiedene Systeme hinweg ermöglicht.
Transparenz	Unter Maßgabe der inneren Konsistenz kann der Informationsfluss im Sinne des Zusammenspiels der Informationsinhalte über Informationssysteme hinweg die Schaffung einer Entscheidungsgrundlage ermöglichen bzw. fördern.

Die Evaluation des Informationsflusses kann sowohl experten- als auch nutzerbasiert erfolgen. Wie bereits im vorherigen Kapitel dargestellt, soll diese Auswahl in den entsprechenden Stufen erfolgen. Die Durchführung der nutzerbasierten Evaluation ist, wie ebenfalls im vorhergehenden Kapitel zu den Informationsinhalten beschrieben, bereits ausführlich dargelegt. Aus diesem Grund ist im Folgenden lediglich der Aufbau der Expertenevaluation innerhalb des Instrumentariums, der auf der Auswahl von typischen Reisen bzw. Strecken beruht, dargestellt. Abbildung 48 zeigt den Ablauf der Evaluation je ausgewählter Reise.

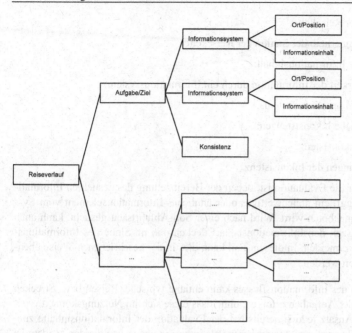

Abbildung 48: Verfahren zur Evaluation des Informationsflusses entlang des Reiseverlaufes

Die Expertenevaluation basiert auf einer Durchführung der Reise im Sinne eines Walkthroughs, wobei sich der oder die Experten in spezifische vorher zu definierende Mobilitätsnutzer hineinversetzen und die Reise durchführen. Entlang der Reise werden die durchgeführten Aufgaben dokumentiert, an denen der Informationsfluss aus Sicht der jeweiligen Nutzergruppen Lücken aufweist. Eine Systematisierung der Aufgaben erfolgt entsprechend der in Kapitel 4.2 dargestellten Methode zur Aufgabenanalyse. Für jede Aufgabe, für die dies der Fall ist, wird dokumentiert, welche Information gesucht wird und wo der Informationsbedarf innerhalb der Station der Reisekette genau auftritt. Dabei ist der Ort so genau zu beschreiben, dass sich daraus eine Informationssituation ergibt. Basierend auf diesem Vorgehen kann auch dokumentiert werden, wenn der Informationsbedarf nur teilweise gedeckt wird. Dann wird zusätzlich das Informationssystem dokumentiert, das den Bedarf zu Teilen deckt. Ergänzend werden in Bezug zur Konsistenz, die Inkonsistenzen erfasst, die die Reise maßgeblich negativ beeinflussen.

Somit werden für die Evaluation des Informationsflusses die folgenden Charakteristika entlang der Reise erfasst:

- Auslösende Aufgabe für den Informationsbedarf:

- Station der Reisekette,

- Position innerhalb der Station der Reisekette,

- Gesuchter Informationsinhalt;

- Verfügbarkeit der Information durch ein Informationssystem:

- Art des Informationssystems;

- Maßgebliche Inkonsistenzen:

- Art der Inkonsistenz,

- Auswirkungen der Inkonsistenz.

Entscheidend für die Evaluation ist, neben der Bereitstellung des gesuchten Informationsinhaltes, ob ggf. ein gleichwertiges oder ähnliches Informationselement vom System als Ersatz angeboten wird. Wird nach einer Soll-Abfahrtszeit gesucht, kann auch eine Ist-Abfahrtszeit den Informationsbedarf decken und im Sinne des Informationsflusses Lücken vermeiden. In diesem Fall kann dies in der beschriebenen Weise ebenfalls dokumentiert werden.

Eine Evaluation des Informationsflusses kann entlang typischer Reisen bzw. Strecken auch auf Basis der Aufgaben erfolgen, ohne dass diese sich im Nutzungskontext ergeben. Da dieser Ansatz jedoch bereits bei der Evaluation der Informationsinhalte zum Tragen kommt, kann dieser Aspekt bereits als integriert angesehen werden. Zudem ist der Informationsfluss stark von der natürlichen Abfolge der Aufgaben abhängig, die sich über das beschriebene Verfahren systematischer abbilden lässt.

Die Qualität der Evaluation wird entscheidend durch die Auswahl typischer Reisen bzw. Strecken bestimmt. Dabei sollte die Auswahl in Abhängigkeit typischer Nutzergruppen erfolgen, wie sie in Kapitel 4.1 beschrieben sind. Somit kann z. B. für Touristen eine typische Strecke vom Flughafen ins Stadtzentrum oder zu bestimmten Sehenswürdigkeiten zur Analyse des Informationsflusses herangezogen werden. Für typische Pendlerstrecken muss zuvor analysiert werden, wie sich diese im Mobilitätsraum abbilden. Dafür ist entscheidend zu prüfen, ob ggf. in Metropolen typische Ein- und Ausfallstrecken zu Vororten und Wohngebieten existieren. Der Umfang der typischen Reisen bzw. Strecken, der im Sinne des Informationsflusses evaluiert werden sollte, ist insbesondere von der Abstufung des Instrumentariums abhängig.

6.2.1.3 Evaluationsverfahren für die Systemgestaltung

Ausgehend von dem Ziel der Qualitätsevaluation der Mobilitätsinformation aus Nutzersicht, kommt der nutzerzentrierten Systemgestaltung, insbesondere im Hinblick auf interaktive Mobilitätsinformationssysteme, eine besondere Bedeutung zu. Dabei sind im Sinne der Usability (DIN EN ISO 9241-11, S. 4) die Effektivität und Effizienz bei der Nutzung der Informationssysteme die stärksten Qualitätsmerkmale. Eine Übersicht über den Teilevaluationsbereich Systemgestaltung ist in Tabelle 41 dargestellt.

Tabelle 41: Übersicht über den Teilbereich Systemgestaltung (siehe auch Kapitel 3.4.3.3)

Systemgestaltung	
Definition	Alle Aspekte, die im Sinne des Usability Engineerings mit der nutzerzentrierten Konzeption des Informationssystems und der Gestaltung des User Interfaces verbunden sind. Dies bezieht die Auswahl von Funktionen, die Gestaltung des Workflows und Integration von Informationsinhalten sowie die visuelle Gestaltung mit ein. Im Falle von auditiven Systemen oder Teilsystemen sind auch diese Aspekte Teil der Systemgestaltung.
Effektivität & Effizienz	Im Sinne des einfachen Zugangs zu den Informationsinhalten für die Mobilitätsnutzer sowie zur Gewährleistung des Informationsflusses. Die Nutzbarkeit ist entsprechend der Usability nach (DIN EN ISO 9241-11, S. 4) von der effizienten und effektiven Systemgestaltung abhängig.
Zufriedenstellung	Die durch die Systemgestaltung und das Zusammenspiel aus inhaltlichen, gestalterischen sowie den Workflow unterstützenden Teilaspekten erzeugte Wahrnehmung vom Gesamtsystem beim Nutzer. Die Zufriedenstellung bezieht sich innerhalb der Systemgestaltung auf das Einzel-, Teil- oder Gesamtmobilitätsinformationssystem.
Verlässlichkeit	Indirekter Einfluss auf die Systemgestaltung über die Informationsinhalte, die die Grundlage für die Gestaltung bilden.
Konsistenz	Innere Konsistenz der visuellen und inhaltlichen Gestaltung innerhalb der Einzelsysteme sowie übergreifend, über verschiedene Informationssysteme hinweg.
Transparenz	Die über die originären Informationsinhalte der Mobilität hinausgehende Erweiterung und Annotation dieser, insbesondere durch visuelle Elemente.

Die Identifikation und Evaluation einzelner Systeme sowie vergleichende Analyse mehrerer Systeme, zum Zwecke der Evaluation der inneren Konsistenz, bildet die Grundlage für das nachstehend in Abbildung 49 dargestellte Verfahren zur Evaluation der Systemgestaltung.

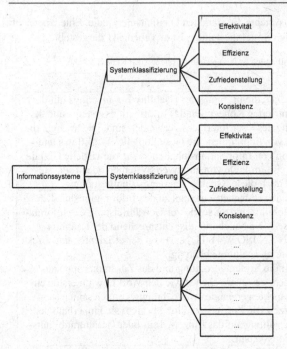

Abbildung 49: Verfahren zur Evaluation der Systemgestaltung anhand der Informationssysteme

Für die Auswertung der Evaluation ist insbesondere die Art des Informationssystems entscheidend, da diese bereits Aufschluss darüber gibt, welche Informationsinhalte durch das Informationssystem kommuniziert werden können. Eine entsprechende Klassifizierung findet sich bereits in Kapitel 2.4.4. Aufbauend darauf kann eine Evaluation des Informationssystems anhand etablierter Methoden des Usability Engineerings, wie sie in Kapitel 5.3.2 dargestellt sind, durchgeführt werden. Basierend auf dieser Übersicht kann eine Evaluation sowohl expertenbasiert als auch nutzerbasiert erfolgen. Im Folgenden wird lediglich auf die expertenbasierte Evaluation eingegangen, da die nutzerorientierte Evaluation in Form eines Usability Tests zuvor bereits ausführlich beschrieben ist.

Die Anforderungen an die Systemgestaltung, wie sie in Kapitel 5.3.1 beschrieben sind, schließen insbesondere die Grundsätze der Dialoggestaltung nach DIN EN ISO 9241-110 zur Bestimmung der **Effektivität und Effizienz** ein. In dieser Hinsicht bietet der ISONORM 9241/10 Fragebogen (Prümper und Anft 1993) eine etablierte Methode. Alternativ kann auch der IsoMetrics Fragebogen (Gediga et al. 1998) zur Anwendung kommen, der ebenfalls auf den Grundsätzen der Dialoggestaltung beruht. Die Studie von Figl zeigt, dass beide Methoden zur Bewertung der ISO 9241-10 bzw. 110 in positiver Weise miteinander korrelieren und hinsichtlich der Zufriedenheit bei der Durchführung seitens der Probanden keine eindeutige Tendenz zu verzeichnen ist (Figl 2009, S. 148–151). Dabei sind sowohl für den ISONORM als auch den IsoMetrics Fragebogen Kenntnisse über das System notwendig, die sich z. B. aus der Vorgabe von Aufgaben und Szenarien (Gediga et al. 1998, S. 9) ergeben. Im Kontext der Mobilitätsinformation ergeben sich diese entlang der Reisekette im Zusammenhang mit der Systemcharakteristik der Informationssysteme. Tabelle 42 zeigt den Vergleich der beiden Methoden anhand ausgewählter Kriterien auf Basis der Ergebnisse der Studie von Figl (Figl 2010, S. 328–336). Im Ergebnis sind beide Methoden vergleichbar und weichen lediglich hinsichtlich der Nutzungsökonomie deutlich ab (Figl 2010, S. 335–336). Hinsichtlich des Umfangs der Qualitätsevaluation und der Vielfalt der zu evaluierenden Systeme, wird daher der ISONORM Fragebogen präferiert.

Tabelle 42: Vergleich des IsoMetrics und des ISONORM Fragebogens nach (Figl 2010, S. 328–336)

	IsoMetrics	ISONORM
Objektivität	Standardisierter Fragebogen	Standardisierter Fragebogen
Validität	erfüllt	erfüllt
Reliabilität	zufriedenstellende Reliabilität	Hohe Retest-Reliabilität
Nutzungsöko-nomie	75 Items	35 Items

Für die Anwendung auf die Vielfalt der Mobilitätsinformationssysteme ist einzuschränken, dass diese zum Teil nicht interaktiv gestaltet sind und somit Bestandteile der Fragebögen, bspw. zur Steuerbarkeit, in der Evaluation dieser Systeme keine Anwendung finden können. Dies muss beim ISONORM Fragebogen durch die Integration eines Feldes für keine Angaben berücksichtigt werden. Allerdings ist bereits jetzt ein Trend zu verzeichnen, in dem interaktive Systeme, statische und zumeist papierbasierte Systeme, z. B. im Bereich der Haltestellen (VDV-Mitteilung 7029, S. 4, 35-37), in Zukunft ersetzen oder verdrängen werden, sodass perspektivisch die Zahl bzw. die Bedeutung der nicht interaktiven Systeme sinken wird.

Für die Evaluation ist hinsichtlich der Vergleichbarkeit der Ergebnisse eine einheitliche Methodik zwingend erforderlich. Ziel der Grundsätze der Dialoggestaltung ist insbesondere der Schutz der Nutzer vor Systemen, die (DIN EN ISO 9241-110, S. 4):

- Informationen zur Verfügung stellen, die
- irreführend,
- unzureichend oder knapp sind;
- einen unzureichenden Zugang zu den Informationen bieten,
- Rückmeldungen geben, die für den Nutzer unerwartet sind,
- unzureichende Unterstützung bei Fehlern bieten.

Insbesondere die ersten beiden Punkte in Bezug zur Information können auch auf andere nicht interaktive Systeme übertragen werden.

Ergänzend ist die Betrachtung der über die Grundsätze der Dialoggestaltung hinausgehenden Eigenschaften der Systemgestaltung, wie sie auch in Kapitel 5.3.1 beschrieben sind, zwingend erforderlich, um die Qualität der Systemgestaltung zu beurteilen. Diese schließen insbesondere die positive Grundhaltung und Einstellung der Mobilitätsnutzer gegenüber dem Produkt und der Produktnutzung im Sinne der **Zufriedenstellung** nach DIN EN ISO 9241-11 ein (DIN EN ISO 9241-11, S. 4). Aus Perspektive der Mobilitätsnutzer bilden sich diese Eigenschaften der Qualität insbesondere in der User Experience ab, die das Benutzererlebnis resultierend aus der Benutzung bzw. der erwarteten Benutzung eines Systems umfasst (DIN EN ISO 9241-210, S. 5). Dabei besteht eine enge Verknüpfung zwischen Usability und User Experience, sodass die Merkmale, die die Usability charakterisieren, auch die User Experience beeinflussen (DIN EN ISO 9241-210, S. 7). Weiterhin gilt die zuvor getroffene Einschränkung hinsichtlich der Komplexität der User Experience bzw. Travel Experience. Der User Experience Questionnaire (UEQ) nach (Laugwitz et al. 2008) bietet für diese Evaluation ein schnelles und einfaches, primär für die Evaluation mit Nutzern entwickeltes Werkzeug, dass in Form eines semantischen Differentials die User Experience im vorgesehenen Umfang evaluiert (Laugwitz et al. 2008, S. 63–64). Der UEQ besteht aus einem semantischen Differential mit 25 Paaren, die die Bereiche

- Attraktivität,
- Durchschaubarkeit,
- Effizienz,
- Steuerbarkeit,
- Stimulation und
- Originalität

erfassen (Laugwitz et al. 2008, S. 70-72 ,75). Der UEQ bildet in diesem Instrumentarium somit eine Ergänzung zu dem zuvor beschriebenen ISONORM Fragebogen und kann durch seine Verknüpfung von Merkmalen der Usability und User Experience (Laugwitz et al. 2008, S. 73) auch alleine innerhalb der Abstufung des Instrumentariums Anwendung finden.

Für das Qualitätsmerkmal der **inneren Konsistenz** erfolgt die Erfassung in drei Schritten. Innerhalb des evaluierten Systems wird anhand der zuvor für die Durchführung der Evaluation von Effektivität und Effizienz festgelegten Aufgaben und Szenarien die innere Konsistenz des Einzelsystems beurteilt. Dazu müssen entlang der Aufgabenbearbeitung alle inhaltlichen oder gestalterischen Inkonsistenzen dokumentiert werden.

Dazu werden die folgenden Charakteristika der Inkonsistenz erfasst:

- Art der Inkonsistenz: Inhalt oder Form,
- Position oder Teilbereich der Inkonsistenz innerhalb des Einzelsystems,
- Beschreibung der Inkonsistenz.

Im zweiten Schritt erfolgt die Evaluation der inneren Konsistenz des Informationsraums. Dadurch kann auch systemübergreifend evaluiert werden, ob Informationsinhalte in unterschiedlichen Systemen konsistent kommuniziert werden. Für eine in Abhängigkeit der Stufe des Instrumentariums zu definierende Menge an Informationsinhalten werden je System die folgenden Charakteristika dokumentiert:

- Art und Beschreibung der Darstellung bzw. Form,
- genauer Inhalt der Information.

Innerhalb der Auswertung kann somit auch übergreifend über die einzelnen Stationen der Reisekette die innere Konsistenz evaluiert werden.

Im dritten Schritt erfolgt eine Evaluation je Station der Reisekette, die die aus dem Nutzungskontext und der Abbildung des Mobilitätsraums auf unterschiedliche Systeme innerhalb des Informationsraums entstehenden Herausforderungen erfasst. Dazu wird eine Evaluation der zuvor definierten Inhalte hinsichtlich der konsistenten inhaltlichen Kommunikation durchgeführt. Alle Inkonsistenzen werden entsprechend der folgenden Charakteristika festgehalten:

- Informationssysteme, zwischen denen die Inkonsistenz besteht,
- Beschreibung der Inkonsistenz mit entsprechenden Inhalten.

Dieser Schritt hat zudem Auswirkungen auf die **Verlässlichkeit**, da inhaltliche Inkonsistenzen neben den Systemcharakteristika auch aus einer unzureichenden oder systembedingt nicht korrekten Abbildung des Mobilitätsraums resultieren können. Die Bewertung erfolgt innerhalb der Auswertung auf Basis aller innerhalb der Evaluation gesammelten Daten.

Für die Durchführung aller Teilevaluationen ist die dem Mobilitätskontext innewohnende Unterscheidung in Normalbetrieb sowie den Ereignis- und Störungsfall zu berücksichtigen. Die Definition des Umfangs der Integration typischer Ereignisse und Störungsfälle ist Teil der Abstufung des Instrumentariums.

6.2.2 Stufen des Instrumentariums

Der Einsatz des entwickelten Instrumentariums zur Qualitätsevaluation von Mobilitätsinformation (IQMI) soll in Stufen, die sich insbesondere über die Detaillierung des

Evaluationsverfahrens, wie es in Kapitel 6.2.1 und Abbildung 50 schematisch dargestellt ist, unterscheiden.

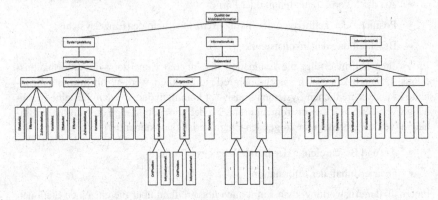

Abbildung 50: Schematische Darstellung des Evaluationsverfahrens zur Bestimmung der Qualität der Mobilitätsinformation

Die Definition der Auditstufen erfolgt entsprechend des Ziels eines abgestuften Einsatzes des Instrumentariums für verschiedene Nutzungsszenarien:

- Erste schnelle Qualitätsevaluation zur Bestimmung der Notwendigkeit vertiefter Maßnahmen zur Adressierung lokal identifizierter Herausforderungen und Verbesserungspotenziale.

- Umfassende Qualitätsevaluation des definierten Mobilitätsraums zur Bestimmung der Qualität sowie detaillierten Analyse von Herausforderungen und Verbesserungspotenzialen.

- Vertiefende Qualitätsevaluation mit Fokussierung auf vorher definierte Mobilitätsszenarien, Mobilitätsinformationssysteme oder Nutzergruppen, mit dem Ziel, bereits identifizierte Herausforderungen detailliert zu analysieren und anschließend Lösungsmöglichkeiten zu entwickeln.

Tabelle 43 zeigt die Zuordnung der Ziele und Auslöser für den Einsatz des Instrumentariums zu den Auditstufen. Die Definition erfolgt basierend auf der Zielstellung für die Entwicklung des Instrumentariums, abgeleitet aus dem Stand der Forschung in Kapitel 1.3.

Tabelle 43: Übersicht über die Beziehung der Auditstufen zu den Evaluationszielen der Nutzungsszenarien

Ziel/Auslöser	Voraussetzung	Stufe 1	Stufe 2	Stufe 3
Erstevaluation zur Bestimmung des Handlungsbedarfs	keine	x		
Gesamtevaluation des Mobilitätsraums zur Identifikation von Verbesserungspotenzialen	keine		x	
Vertiefende Qualitätsevaluation einzelner Bestandteile der Mobilitätsinformation	Definition des entsprechenden Bestandteils			x
Evaluation aufgrund von wiederkehrenden Beschwerden	Erfassung der Beschwerden	x	x	x
Weiterführende Evaluation auf Basis einer Erstevaluation	Ergebnisse der Erstevaluation		x	x
Begleitung der Einführung neuer Informationssysteme	keine	x	x	x

Basierend auf diesen Zielen, werden im Folgenden die drei Auditstufen entsprechend

- der Art des Evaluationsverfahrens,
- der Evaluation des Informationsinhaltes, -flusses und der Systemgestaltung sowie
- der Berücksichtigung von Ereignisfällen

definiert und beschrieben. Zudem müssen im Kontext der Mobilitätsinformation zur Erreichung der zuvor benannten Ziele, die

- zu evaluierenden Stationen der Reisekette,
- typischen Reiseverläufe sowie
- Informationssysteme

festgelegt werden. Entsprechend der Ziele der drei Stufen, erfolgt die Benennung der Auditstufen wie folgt:

- Stufe 1: Schnellaudit
- Stufe 2: Standardaudit
- Stufe 3: Detailaudit

Die Definition von Durchführungsempfehlungen bildet die Grundlage für die Anwendung der drei Auditstufen im Kontext der Mobilität. Somit kann eine grundlegende Vergleichbarkeit bei der Anwendung erreicht werden. Die Definition erfolgt in Kapitel 6.2.2.4.

6.2.2.1 Stufe 1: Schnellaudit

Das Ziel des Schnellaudits ist eine erste Qualitätsevaluation der Mobilitätsinformation im definierten Mobilitätsraum. Diese soll für die typischen Stationen der Reisekette, typische Reiseverläufe und Informationssysteme eine erste Einschätzung der Qualität ermöglichen. Die Durchführung soll den Umfang von zwei Evaluationstagen nicht überschreiten. Basierend auf den Ergebnissen kann dann entschieden werden, ob weitere Stufen des Instrumentariums zum Einsatz kommen. Das Schnellaudit wird rein als Expertenevaluation durchgeführt, eine Einbeziehung von Nutzern erfolgt nicht. Dies würde der Zielstellung der Anwendbarkeit und des Aufwandes entgegen sprechen.

Informationsinhalte

Grundlegend für die Evaluation der Informationsinhalte ist die Definition der Stationen bzw. Phasen der Reisekette, die es zu evaluieren gilt. Im Schnellaudit bezieht sich dies insbesondere auf die Durchführung der Reise und die speziell dem Mobilitätssystem zuzuschreibenden Orte. Diese Stationen spiegeln sich in den Phasen 3-9 der Reisekette, siehe Kapitel 2.3.1, wider. In den Phasen 3+4 und 8+9 sind dies z. B. die Haltestellen und in den Phasen 5-7 die Fahrzeuge. Für die Phasen 3+4, 8+9 sollten je zwei typische Vertreter in Abhängigkeit der Gestaltung des Mobilitätsraums, wie sie z. B. für den öffentlichen Personenverkehr in Kapitel 4.3 beschrieben sind, ausgewählt werden, um eine erste Evaluation zu ermöglichen. Dadurch ergeben sich bei einem Schnellaudit im öffentlichen Personenverkehr mindestens vier evaluierte Haltestellen unterschiedlichen Typs.

Für die Phase 5-7 sollten je ein typischer Vertreter von Verkehrsmitteln im Mobilitätsraum ausgewählt werden. In einem Mobilitätsraum mit Bussen, Straßen-/Stadt-/U-Bahnen[7] sowie S-Bahnen, sind dies somit wiederum drei typische Vertreter. Sonderfahrzeuge, wie z. B. Touristenattraktionen, Seilbahnen etc. werden dabei nicht in das Schnellaudit einbezogen.

Informationsfluss

Zu dieser Auswahl kommen je definierter Hauptnutzergruppe, noch Stationen und Fahrzeuge hinzu, die entlang typischer Reiseverläufe evaluiert werden. Dabei kann die Auswahl der Nutzergruppen auf Nutzerstatistiken und Nutzungsprofilen beruhen. In Mobilitätsräumen mit hohem Touristikaufkommen sollten typische Touristenrouten ebenso integriert werden, wie typische Pendlerstrecken. Ein Beispiel für die Beschreibung von typischen Nutzergruppen des öffentlichen Personenverkehrs mit zugehörigen Reiseverläufen ist in Kapitel 4.1.3 dargestellt.

---

[7] Bezeichnungen für den Schienenpersonennahverkehr in Städten weichen zum Teil in den Regionen ab, sodass unterschiedliche Begriffe gleiche oder ähnliche Systeme bezeichnen können.

Systemgestaltung

Die Evaluation der Informationssysteme sieht eine Evaluation anhand von ausgewählten Vertretern mit unterschiedlichen Systemcharakteristiken nach Kapitel 2.4.4 vor. Die Auswahl ist stark von der Vielfalt des Informationsraums abhängig. Sofern möglich sollten in Kombination jeweils zwei statische und zwei dynamische Systeme evaluiert werden sowie die Charakteristika mobil/stationär und individuell/kollektiv mindestens einmal vertreten sein. Daraus ergeben sich mindestens vier zu evaluierende Systeme, die beispielhaft die unterschiedlichen Zugänge für die Nutzer darstellen sollen und den Einblick in den Informationsraum sowie die Konsistenz ermöglichen.

Die Evaluation im Schnellaudit erfolgt aufgrund des Ziels einer schnellen ersten Qualitätsbeurteilung auf Basis des User Experience Questionnaire (UEQ) und anhand von je einer typischen Aufgabe je Station der Reisekette, die mit dem Informationssystem durchgeführt werden soll und vorher zu definieren ist. Dabei sollen je System nur solche Stationen berücksichtigt werden, an denen das System aufgrund seiner Konzeption für die Informationsversorgung vorgesehen ist bzw. zur Verfügung steht. So ist z. B. ein Linienplan für die Suche nach einer Zielstraße ungeeignet und ein DFI-Anzeiger steht nur an Haltestellen zur Verfügung. Typische Aufgaben können aus der HTA in Kapitel 4.2 abgeleitet werden.

Für jedes System sowie systemübergreifend sollen solche Informationsinhalte im Schnellaudit definiert werden, deren Konsistenz es zu prüfen gilt. Diese Inhalte können aus der Informationsbedarfsanalyse in Kapitel 5.1 abgeleitet werden. Zudem sollte eine Evaluation der systemübergreifenden Konsistenz entsprechend den für die Informationsinhalte festgelegten Phasen 3-9 erfolgen.

Ereignisfälle

Für die Mobilitätsnutzer stellen Ereignisfälle eine besondere Herausforderung dar. Für das Schnellaudit sollen zwei typische Ereignisfälle in die Evaluation integriert werden, die stellvertretend für das Mobilitätssystem stehen. Diese wirken sich auf alle zuvor benannten Evaluationen aus und sollten aus Perspektive der Mobilitätsnutzer, also hinsichtlich der wahrnehmbaren Auswirkung, z. B. Verspätung, ausgewählt werden. Grundlage dafür kann auch die betriebliche Betrachtung von Ereignis- und Störfällen sowie deren innerbetriebliche Handhabung sein, wie sie bspw. in der VDV-Mitteilung 7025 für den öffentlichen Personenverkehr beschrieben sind (VDV-Mitteilung 7025, S. 34–63).

Tabelle 44: Evaluation der Mobilitätsinformation im Schnellaudit-Verfahren

Schnellaudit – Evaluationsstufe 1	
Evaluationsziel	Schnelle Erfassung der Qualität der Mobilitätsinformation anhand von typischen Stationen der Reisekette, typischen Reiseverläufen der Mobilitätsnutzer sowie anhand von ausgewählten Informationssystemen im definierten Mobilitätsraum.
Verfahren	Das Evaluationsverfahren wird durch Experten durchgeführt. Mobilitätsnutzer werden im Schnellaudit nicht in die Evaluation einbezogen.
Informationsinhalt	Entsprechend des Evaluationsverfahrens werden beim Schnellaudit die Phasen 3-9 der Reisekette evaluiert, dazu werden folgende Vorbereitungen für die Evaluation getroffen: • Auswahl je zwei typischer Orte für die Phasen 3+4, 8+9 • Auswahl von je einem Fahrzeug je typisches Verkehrsmittel für die Phasen 5-7 Die Prüfung der Informationsinhalte erfolgt entsprechend des maximalen Informationsbedarfs.
Informationsfluss	Der Informationsfluss wird über alle Phasen der Reisekette anhand typischer Reisen evaluiert, dafür werden im Schnellaudit je Hauptnutzergruppe ein typischer Reiseverlauf ausgewählt.
Systemgestaltung	Die Evaluation der Systemgestaltung erfolgt im Schnellaudit mit dem UEQ anhand von typischen Systemen aus dem Informationsraum. Diese sollten z. B. je ein typisches System aus den folgenden Bereichen beinhalten: • Statisch/stationäres/kollektives System, • Statisch/stationäres/individuelles System, • Dynamisch/stationäres/kollektives System, • Dynamisch/mobiles/individuelles System. Die Auswahl der Systeme erfolgt basierend auf den im Informationsraum integrierten Systemen sowie deren Nutzung und Verbreitung. Des Weiteren müssen die folgenden Festlegungen getroffen werden: • Auswahl von je einer typischen Aufgabe je System je Station der Reisekette, an der das System vorhanden ist und genutzt wird. • Auswahl von je drei Informationsinhalten für die Prüfung der inneren Konsistenz je System. Für die systemübergreifende Konsistenz erfolgt die Evaluation für die Phasen 3-9 der Reisekette anhand von drei typischen Inhalten.
Ereignisfälle	Für das Schnellaudit sollen zwei typische Ereignisfälle evaluiert werden.

Tabelle 44 zeigt die Übersicht, der im Schnellaudit gestellten Anforderungen an die Vorbereitung der Evaluation, und fasst die beschriebenen Aspekte zusammen. Dabei ist der Umfang des Schnellaudits so gewählt, dass dieses an zwei Arbeitstagen durchgeführt werden kann. Um die verschiedenen Nutzergruppen zu integrieren und Ereignisfälle abzudecken, ist jedoch die Verteilung auf verschiedene Tage unter Einbeziehung von Wochenenden sinnvoll. Die Auswahl und genaue Evaluationsplanung in Abhängigkeit des Mobilitäts- und Informationsraums ist innerhalb der Evaluationsvorbereitung zu treffen.

6.2.2.2 Stufe 2: Standardaudit

Das Standardaudit zeichnet sich gegenüber dem Schnellaudit durch die Evaluation der gesamten Reisekette mit den Phasen 1-11 für die Informationsinhalte und die Systemgestaltung sowie die Betrachtung von Vertretern aller eingesetzten Informationssysteme aus. Dabei ist einzuschränken, dass für die Auswahl der Informationssysteme nicht die Informationsinhalte, sondern die Systemcharakteristik entscheidend ist. Somit wird bei einem Taschenfahrplan im öffentlichen Personenverkehr nicht je Linie ein Vertreter, sondern nur eine zu bestimmende Beispiellinie evaluiert. Der Informationsfluss wird für alle ausgewählten Nutzergruppen mit zwei typischen Reiseverläufen evaluiert. Die Systemgestaltung wird im Gegensatz zum Schnellaudit durch die Kombination von User Experience Questionnaire und ISONORM Fragebogen in einem größeren Aufgabenumfang durchgeführt. Dies steigert die Tiefe der Qualitätsbeurteilung durch die Analyse der Dialogprinzipien.

Für die Ereignisfälle erfolgt die Evaluation in vier typischen Fällen, die in Anlehnung an das Schnellaudit auszuwählen sind. Die Anzahl ist insoweit zu reduzieren, wenn keine vier Ereignisfälle identifiziert werden können. Die Ereignisfälle sollten sich in ihrer Art, z. B. Haltestellensperrung oder Fahrzeugausfall, oder in ihren Auswirkungen auf den Mobilitätsnutzer, z. B. geringere zeitliche Verzögerung oder gravierende Neuplanung, deutlich voneinander unterscheiden. Da Ereignisfälle nicht geplant werden können, ist in der Auswahl eine entsprechende Charakterisierung vorzugeben, die sich nicht auf einen bestimmten Ort oder Zeitpunkt bezieht, sondern auf die Art und/oder Auswirkung.

Tabelle 45 zeigt das Standardaudit-Verfahren mit den Anforderungen an die Vorbereitung und Auswahl. Erfolgt das Standardaudit im Anschluss an ein Schnellaudit, können die vollständig behandelten Teile des Instrumentariums übernommen werden.

Tabelle 45: Evaluation der Mobilitätsinformation im Standardaudit-Verfahren

Standardaudit – Evaluationsstufe 2	
Evaluationsziel	Erfassung der Qualität der Mobilitätsinformation entlang aller Stationen der Reisekette, typischer Reiseverläufe der Mobilitätsnutzer sowie anhand der eingesetzten Informationssysteme im definierten Mobilitätsraum.
Verfahren	Das Evaluationsverfahren wird durch Experten durchgeführt. Mobilitätsnutzer werden innerhalb des Standardaudits nicht in die Evaluation einbezogen.
Informationsinhalt	Entsprechend des Evaluationsverfahrens werden beim Standardaudit die Phasen 1-11 der Reisekette evaluiert. Dazu werden folgende Vorbereitungen für die Evaluation getroffen: • Auswahl von zwei typischen Orten für die Phasen 1+2 sowie 11. • Auswahl je drei typischer Orte für die Phasen 3-4, 8, 9,10. • Auswahl von zwei Fahrzeugen je typisches Verkehrsmittel für die Phasen 5-7. Die Prüfung der Informationsinhalte erfolgt entsprechend des maximalen Informationsbedarfs.
Informationsfluss	Der Informationsfluss wird über alle Phasen der Reisekette anhand typischer Reisen evaluiert. Dafür werden je Nutzergruppe zwei typische Reiseverläufe ausgewählt.
Systemgestaltung	Die Evaluation der Systemgestaltung erfolgt im Standardaudit für alle Systeme aus dem Informationsraum anhand des ISONORM Fragebogens und dem UEQ. Ausschlaggebend ist dabei die Systemcharakteristik und nicht der Inhalt. Des Weiteren müssen die folgenden Festlegungen getroffen werden: • Auswahl von je zwei typischen Aufgaben je System je Station der Reisekette, an der das System vorhanden ist. • Auswahl von je sechs Informationsinhalten für die Prüfung der inneren Konsistenz je System, sofern das Informationssystem diese Anzahl aufweist. Für die systemübergreifende Konsistenz erfolgt die Evaluation für die Phasen 1-11 der Reisekette anhand von sechs Inhalten.
Ereignisfälle	Für das Standardaudit sollen vier typische Ereignisfälle evaluiert werden.

6.2.2.3 Stufe 3: Detailaudit

Das Detailaudit weist im Vergleich zum Schnell- und Standardaudit die Besonderheit auf, dass die Mobilitätsinformation nicht als Ganzes, sondern in der Tiefe evaluiert wird.

Die Integration von Mobilitätsnutzern ermöglicht zudem die Limitierungen, die einer Expertenevaluation hinsichtlich der Nutzerperspektive innewohnen, zu überwinden und zuvor bestimmte Qualitätsherausforderungen detaillierter zu untersuchen. Der Fokus der Evaluation kann dabei auf den Informationsinhalten, dem Informationsfluss oder der Systemgestaltung und dem Ereignis- oder Normalfall sowie einer Kombination dieser liegen.

Tabelle 46: Evaluation der Mobilitätsinformation im Detailaudit-Verfahren

Detailaudit – Evaluationsstufe 3	
Evaluationsziel	Das Ziel des Detailaudits ist die erweiterte und detaillierte Evaluation der Qualität der Mobilitätsinformation, insbesondere durch Integration der Mobilitätsnutzer.
Verfahren	Das Evaluationsverfahren basiert primär auf der Integration von Mobilitätsnutzern und entsprechender nutzerzentrierter Evaluationsmethoden.
Informationsinhalt	Schwerpunkt der Evaluation der Informationsinhalte ist die Evaluation der äußeren Konsistenz. Dazu muss definiert werden, welche Stationen der Reisekette dieser detaillierten Evaluation unterzogen werden sollen bzw. von denen Informationsinhalte für die Evaluation extrahiert werden sollen.
Informationsfluss	Für die Evaluation des Informationsflusses müssen entsprechend der Zielgruppen die Reisestrecken mit Start- und Zielorten festgelegt werden. Zudem sind die Freiheit des Reiseverlaufes und der Evaluationszeitraum zu definieren.
Systemgestaltung	In Abhängigkeit von der Evaluationsform, bspw. Usability-Test im Feld oder Labor, müssen die Aufgaben und Szenarien sowie das detaillierte Testziel definiert werden.
Ereignisfälle	Im Detailaudit kann auch die Fokussierung auf eine Auswahl von Ereignisfällen erfolgen. Ist dies nicht der primäre Fokus der Evaluation, sind typische Ereignisfälle je nach Art der Evaluation zu integrieren.

Zwar ist die Durchführung des Detailaudits nicht in der Weise vorgegeben, wie dies im Schnell- und Standardaudit der Fall ist, jedoch bleiben die im Sinne des Qualitätsmodells für die Mobilitätsinformation definierten Merkmale (siehe Kapitel 3.4.2) sowie deren Verfeinerung (siehe Kapitel 5) grundlegende Voraussetzung sowohl für die Methodenauswahl als auch die Evaluationsdurchführung.

Das Detailaudit sollte vorwiegend infolge eines Schnell- oder Standardaudits erfolgen und nicht zu Beginn einer Qualitätsevaluation. Ausnahme bilden hier entsprechende Voruntersuchungen, die eine klare Lokalisierung eines Qualitätsdefizites ermöglichen.

Für die Durchführung einer nutzerzentrierten Entwicklung und der Vorbereitung und Durchführung von Usability Evaluationen kann das Detailaudit zudem eine Grundlage bieten. Für die Durchführung als Folge eines Schnell- oder Standardaudits sind in Tabelle 46 die Anforderungen an das Evaluationsverfahren definiert.

6.2.2.4 Allgemeine Durchführungsempfehlungen

Für die Durchführung der Schnell- und Standardaudits sind die folgenden Hinweise zu beachten, die zur Sicherung der Ergebnisqualität sowie der reibungslosen Durchführung beitragen:

- Der zu evaluierende Mobilitätsraum sollte aus Perspektive der Nutzer definiert werden. Eine Trennung zwischen einzelnen Mobilitätsanbietern kann zwar durch die Auswahl von typischen Stationen der Reisekette, Reiseverläufen und Informationssystemen erfolgen, sollte aber bei Überschneidungen zwischen Mobilitätsanbietern nicht zum Ausschluss führen. Eine Bereinigung der Ergebnisse auf einen Mobilitätsanbieter kann innerhalb der Auswertung erfolgen.

- Die Auswahl der Informationssysteme für die Evaluation der Systemgestaltung sollte sich nicht nur an vermeintlichen Trends, bspw. der mobilen Fahrgastinformation mittels mobilen Applikationen, orientieren, sondern das Spektrum entsprechend der Vorgaben abdecken.

- Da es sich bei der Mobilitätsinformation und der Qualität dieser, um ein sehr komplexes System handelt, ist zu empfehlen, die Evaluation immer von zwei Experten durchführen zu lassen. Dies sichert in einem hoch dynamischen Nutzungskontext die Erfassungsqualität.

- Für die Beurteilung der Transparenz kann das Verständnis über technische Abläufe zur Bereitstellung der Mobilitätsinformation notwendig sein. Alternativ gilt für die Durchführung ein kritisches Hinterfragen der Informationsinhalte als Grundvoraussetzung zur Beurteilung der Transparenz.

Für die Durchführung des Detailaudits ist die Kenntnis von Usability Engineering Methoden und eine Grundvertrautheit mit dem Anwendungsfeld der Mobilität Voraussetzung. Entsprechende Beispiele für ein dem Detailaudit vergleichbares Evaluationskonzept sind für die mobile Fahrgastinformation und die elektronische Aushanginformation in den VDV-Mitteilungen 7035 und 7036 aufgeführt (VDV-Mitteilung 7035, S. 54–59; VDV-Mitteilung 7036, S. 14–18).

6.3 Expertenevaluation des Instrumentariums

Ziel der Expertenevaluation ist es, die entwickelte Systematik des IQMI, bestehend aus Qualitätsmerkmalen, Evaluationsverfahren und Auditstufen, mit den Experten zu diskutieren sowie die Einsatzpotenziale im Kontext des Fallbeispiels öffentlicher Personenverkehr zu analysieren. Aufbauend erfolgt im nächsten Schritte die Anwendung des Instrumentariums in zwei Mobilitätsräumen.

6.3.1 Methodisches Vorgehen

Das methodische Vorgehen zur Durchführung der Evaluation des Instrumentariums mittels Experteninterview umfasst die folgenden Schritte:

- Aufbereitung des Instrumentariums zur Kommunikation an die Experten,
- Definition der Leitfragen zur Evaluation des Instrumentariums,
- Auswahl der Experten,
- Auswertung der Leitfragenergebnisse.

Die Expertenevaluation umfasst, neben einem kurzen Fragenkomplex zum Arbeitshintergrund der Experten, die folgenden Themengebiete in Bezug zum Instrumentarium:

- Integration der Nutzerperspektive,
- Relevanz der Qualitätsmerkmale und Teilbereiche des Qualitätsmodells,
- Systematik des Evaluationsprozesses mit Schwerpunkt Auditstufen,
- Auswertung und Einsatz der Ergebnisse der Qualitätsevaluation,
- Gesamtbewertung des Instrumentariums.

Die Aufbereitung in Form des Leitfrageninterviews findet sich in Anhang I: Leitfaden Experteninterview. Die Leitfragen ergeben sich aus den zuvor benannten Bereichen.

Die Expertenauswahl erfolgt basierend auf den Erfahrungen dieser im Bereich der Mobilitätsinformation. Dabei werden Experten bevorzugt, die einen konkreten Bezug zum Fallbeispiel des öffentlichen Personenverkehrs besitzen. Zudem ist es Ziel, Experten mit hohem technischen und praktischen Erfahrungswissen sowie mit Bezug zu den Mobilitätsnutzern zu integrieren. Als Ergebnis dieses Auswahlprozesses konnten die folgenden Experten für die Durchführung des Leitfadeninterviews gewonnen werden:

- Berthold Radermacher, Verband Deutscher Verkehrsunternehmen (VDV), Fachbereichsleiter Telematik, Informations- und Kommunikationstechnik
- Eberhardt Kurtz, Stuttgarter Straßenbahnen AG (SSB), Leiter Fahrgastinformation

- Kurt Stern, Münchner Verkehrsgesellschaft mbH (MVG), Bereichsleiter Verkehrstelematik (seit Mitte 2014 im Ruhestand)

Die Durchführung des Leitfadeninterviews gliedert sich in drei Bereiche und ist mit einer Dauer von 30-60 Minuten geplant:

- Erläuterung des Instrumentariums anhand eines vorbereiteten Konzeptes von Folien und einer Kurzbeschreibung basierend auf den Kapiteln 2, 3, 5 und 6,

- Systematische Erschließung der Expertenmeinung anhand von Leitfragen,

- Abschluss des Interviews und Raum für weitere Anmerkungen und Kommentare.

Ziel der Erläuterung des Konzeptes ist es, die Systematik der Erstellung des Instrumentariums mit dem Qualitätsmodell, den Qualitätsmerkmalen und den Auditstufen sowie den Auswertungsmöglichkeiten darzustellen. Aufbauend auf dieser Erläuterung soll es den Experten ermöglicht werden, das Instrumentarium im Kontext der eigenen Tätigkeiten und Erfahrungen zu bewerten und Verbesserungspotenziale bzw. die Tauglichkeit für den Einsatz im Mobilitätssystem zu beurteilen.

6.3.2 Ergebnisse der Expertenevaluation

Die Auswertung erfolgt basierend auf der Dokumentation der Experteninterviews, welche die Kernaussagen der einzelnen Interviews beinhaltet. Eine vollständige Transkription ist durch die klare Abgrenzung der Leitfragen und die Aufforderung an die Experten einzelne Teilbereiche zu bewerten und zu kommentieren nicht zielführend. Die Teilnahme an den Experteninterviews erfolgte zudem unter der Vereinbarung keine wörtlichen Zitate der Teilnehmer zu veröffentlichen. Mit Ausnahme der Analyse der Aufgaben- und Arbeitsbereiche wird die inhaltliche Auswertung deshalb über alle Experteninterviews durchgeführt.

Frage 1: Kernaufgaben und Erfahrung der Experten

Die ausgewählten Experten zeigen hinsichtlich ihrer Kernaufgaben innerhalb der Verkehrsunternehmen sowie des Verbandes eine sehr hohe Qualität für die Beurteilung des Instrumentariums.

Tabelle 47 zeigt diesbezüglich, dass sowohl eine übergreifende Sichtweise durch die Ausschusstätigkeiten der Experten als auch eine fachspezifische Perspektive durch die Aufgabenbereiche vertreten sind. Alle Experten weisen neben einem hohen technischen Verständnis für die Bereitstellung der Mobilitätsinformation auch eine hohe Kenntnis über die Herausforderungen der Mobilitätsinformation im Kontext des aktuellen Betriebs sowie aus Sicht der Fahrgäste auf.

Tabelle 47: Kernaufgaben und Erfahrungen der Experten

Experte	Kernaufgaben und Erfahrungen
Dipl.-Ing. Berthold Radermacher (VDV)	Fachbereichsleiter Telematik, Informations- und Kommunikationstechnik Kernaufgaben: • Weiterentwicklung des Fachbereiches, • Mitgliederinformation, • Analyse des Umfeldes, • Ausschusstätigkeit (VDV-ATI und K³), • Standardisierung, • Kommunikation mit Politik, Wirtschaft und Wissenschaft. Der Experte ist zudem stellv. Obmann des dt. Normungsgremium DIN FAKRA GK717.
Dipl.-Ing. (FH) Eberhardt Kurtz (SSB)	Leiter Fahrgastinformation Kernaufgaben: • Entwicklung, Produktion und Koordination der Fahrgastinformation bei der SSB, • Bereitstellung von Fahrgastinformation entlang der Reisekette, • Abstimmung der Fahrgastinformation mit dem Verbund (VVS), • Ausschusstätigkeit (VDV-K³) Der Experte wirkt zudem in verschiedenen Forschungs- und Entwicklungsprojekten mit.
Dipl.-Ing. Kurt Stern (MVG)	Bereichsleiter Verkehrstelematik Kernaufgaben: • Gesamtleitung der Kommunikationstechnik, • Leit- und Fahrgastinformationssysteme, • Nachrichten- und Funktechnik, • Videosysteme, • Ausschusstätigkeit (UITP-IT+I, ATI, UA-itcs, AIV) Der Experte befindet sich seit Mitte 2014 im Ruhestand, nachdem er über 10 Jahre als Bereichsleiter und 40 Jahre im Bereich Telematik und Informationstechnik tätig war. Weiterhin ist er u. a. noch im Rahmen der Ausschusstätigkeit sowie der Vorlesung Informationsmanagement im öffentlichen Verkehr an der RWTH Aachen aktiv.

Frage 2 und 3: Relevanz der Qualitätsevaluation von Mobilitätsinformation

Die Verbesserung und Beurteilung der Qualität nimmt bei allen drei Experten in der beruflichen Tätigkeit einen hohen Stellenwert ein. Besonders hervorzuheben ist dabei, dass die Qualität der Mobilitätsinformation in enger Verbindung mit dem Ansehen der Unternehmen steht.

Zu unterscheiden sind zwei Bereiche der Qualitätssicherung:

- Interne Qualitätssicherungsmaßnahmen,
- Externe Qualitätssicherungsmaßnahmen.

Die internen Maßnahmen fokussieren nach Angabe der Experten auf die gesamte Informationskette von der Aufnahme der Information auf Ebene der Informationstechnik bis zur Bereitstellung für die Kunden. Zudem gehören zu den Tätigkeiten der Experten auch interne Projekte, die auf einzelne Qualitätsaspekte fokussieren, z. B. die Störungsinformation.

Externe Maßnahmen beziehen insbesondere solche in Kapitel 1.3.2 beschriebenen Erhebungen, z. B. des Kundenbarometers oder der Statistikanalysen, ein.

Frage 4: Beurteilung der Integration der Nutzerperspektive in das Instrumentarium

Alle drei Experten sehen die Fokussierung auf den Mobilitätsnutzer im Instrumentarium als sehr wichtig an. Ein Experte sieht dies als wichtige Ergänzung zur technischen Sicht, da die Fahrgastinformation dadurch nachhaltig verbessert wird. Ein Experte war der Meinung, dass die Nutzerperspektive zumeist im operativen Tagesgeschäft zu kurz kommt, jedoch seit den letzten 5 Jahren ein Wandel zu verzeichnen ist. Nach den Experten ist die Nutzerperspektive für die Beantwortung zentraler Fragen der Qualitätssicherung ausschlaggebend. Dies sind u. a.:

- Welche Information benötigen die Nutzer und wird diese zur Verfügung gestellt?
- Erfolgt die Bereitstellung an der richtigen Stelle und im richtigen zeitlichen Kontext?
- Stimmt die Information auf verschiedenen Systemen überein?

Die Kenntnis über die Nutzer ermöglicht nach Aussage zweier Experten auch, die Information systemweit zu filtern und anzupassen.

Frage 5: Relevanz der Qualitätsmerkmale und Teilbereiche des Qualitätsmodells

Aus Sicht der drei Experten greifen die Qualitätsmerkmale in den Teilbereichen ineinander und sind somit im Verbund für die Qualität der Mobilitätsinformation wichtig. Alle drei Experten benannten die Verlässlichkeit und Konsistenz als besonders wichtige Merkmale. Dies stimmt mit der zuvor durchgeführten Expertenbefragung in Kapitel 3.3 überein. Aus den Teilbereichen priorisierten die Experten den Informationsinhalt und den Informationsfluss. Tabelle 48 zeigt die Anzahl der direkten Nennungen für die Merkmale und Teilbereiche durch die 3 Experten.

Tabelle 48: Relevanz der Qualitätsmerkmale und Teilbereiche

Merkmal	Nennungen	Teilbereich	Nennungen
Verlässlichkeit	3 Experten	Informationsinhalt	3 Experten
Konsistenz	3 Experten	Informationsfluss	3 Experten
Transparenz	2 Experten	Systemgestaltung	1 Experte
Effektivität	Kein Experte	Alle 3 Experten sehen die Kombination der 6 Merkmale in den 3 Teilbereichen als sehr relevant an.	
Effizienz	Kein Experte		
Zufriedenstellung	2 Experten		

Frage 6: Systematik des Evaluationsprozesses mit Schwerpunkt Auditstufen

Übereinstimmend sehen die drei Experten die Abstufung des Instrumentariums als sinnvolle Maßnahme zur Adressierung unterschiedlicher Fragestellungen. Für die drei Stufen konnten durch das Experteninterview die folgenden Einsatzbereiche identifiziert werden:

- Stufe 1: Schnellaudit

    o Überblick über die eigene Qualität aus Perspektive der Mobilitätsnutzer,

    o Erste Identifikation von Verbesserungspotenzialen,

    o Grundlage für die Diskussion mit politischen Vertretern und Gremien,

    o Analyse aus Perspektive spezieller Nutzergruppen;

- Stufe 2: Standardaudit

    o Selbstevaluation der Mobilitätsanbieter,

    o Vertiefende Evaluation zur Identifikation von Verbesserungspotenzialen,

    o Analyse typischer Reiseverläufe verschiedener Nutzergruppen.

- Stufe 3: Detailaudit

    o Evaluation eines speziellen Produktes bzw. Systems,

    o Genaue Identifikation von Schwachstellen in einem Bereich.

Die Stufen 1 und 2 des Instrumentariums werden von den Experten als besonderes wichtig zur Adressierung aktueller Fragestellungen eingestuft.

Frage 7: Auswertung und Einsatz der Ergebnisse der Qualitätsevaluation

Die Diskussion der Auswertungsmöglichkeiten und daraus abgeleiteter Einsatzfelder erfolgte anhand der im Kapitel 6.5 dargestellten Auswertungsübersichten. Hierdurch konnten die Experten die Vielfalt der Auswertungsmöglichkeiten schnell erfassen. Die in den dargestellten drei folgenden Tabellen zusammengefassten Ergebnisse zeigen, dass die Experten eine Vielzahl der Auswertungsmöglichkeiten als sinnvoll erachten und für diese Einsatzmöglichkeiten in ihrem Tätigkeitsbereich sehen. Die Auswertung der Inkonsistenzen ist aus Sicht der Experten insbesondere im Kontext des Informationsflusses interessant. Ein Experte gab an, dass es innerhalb eines Mobilitätsanbieters keine Inkonsistenzen geben darf. Dies müsse die interne Qualitätssicherung sowie die technische Umsetzung nach dem Prinzip ‚Alles aus einer Quelle' verhindern.

Tabelle 49: Priorisierte Auswertungsmöglichkeiten für den Informationsinhalt

Auswertung	Nennungen
Bereitstellung der Informationsinhalte	3 Experten
Deckung des Informationsbedarfs je Nutzergruppe	3 Experten
Grad der Ortskenntnis und Systemkenntnis	3 Experten
Zusammenspiel mit mobilen Endgeräten	2 Experten
Eingesetzte Informationssysteme	1 Experte
Art und Umfang von Abweichungen	1 Experte
Notwendigkeit von Erläuterungen	1 Experte

Tabelle 50: Priorisierte Auswertungsmöglichkeiten für den Informationsfluss

Auswertung	Nennungen
Art der Informationslücken entlang der Reise	3 Experten
Auslösende Aufgaben für Informationslücken	3 Experten
Informationsinhalte zur Schließung der Informationslücken	3 Experten
Informationssysteme die Inhalte teilweise zur Verfügung stellen	3 Experten
Informationssysteme zwischen denen Inkonsistenzen existieren	2 Experte
Inhaltliche Analyse der Inkonsistenzen	1 Experte

Tabelle 51: Priorisierte Auswertungsmöglichkeiten für die Systemgestaltung

Auswertung	Nennungen
Nach User Experience Questionnaire (UEQ)	3 Experten
Nach Dialogprinzipien der DIN EN ISO 9241-210	3 Experten
Kombinierte Auswertung des UEQ und der Dialogprinzipien	2 Experten
Art der Inkonsistenzen	1 Experte
Informationssysteme zwischen denen Inkonsistenzen auftreten	1 Experte
Systemcharakteristik	1 Experte

Frage 8: Gesamtbewertung des Instrumentariums

Die abschließende Bewertung des Instrumentariums durch die Experten fiel durchweg positive aus. Die Experten führten hierfür die folgenden Punkte an:

- konkrete Identifikation von Verbesserungspotenzialen,
- Betrachtung des gesamten Spektrums der Mobilitätsinformation,
- flexible Einsatzmöglichkeit für unterschiedliche Mobilitätsräume.

Ein Experte betonte die Wichtigkeit, nach der Durchführung der ersten Evaluationen bei verschiedenen Mobilitätsanbietern auch die Möglichkeit zu untersuchen, aus den Ergebnissen neue Modelle für die Mobilitätsinformation zu entwickeln, die die Verbesserungspotenziale systematisch adressieren. Zudem könnte das standardisierte Vorgehen eine Entscheidungsbasis für Investitionen bilden.

6.4 Anwendung des Instrumentariums

Die Anwendung des Instrumentariums erfolgt in den Auditstufen 1 - Schnellaudit und 2 - Standardaudit jeweils in zwei vergleichbaren Mobilitätsräumen mit dem Ziel, die ausgewählten Methoden sowie die Auditabstufung zu evaluieren. Da es sich beim Detailaudit in der Auditstufe 3 um etablierte Methoden des Usability Engineerings handelt, deren Anwendbarkeit bereits evaluiert ist (VDV-Mitteilung 7035, S. 54–59; VDV-Mitteilung 7036, S. 14–18), erfolgt im Rahmen der Anwendung des Instrumentariums keine Evaluation der Auditstufe 3. Als Fallbeispiel dient für die Evaluation der öffentliche Personenverkehr mit dem entsprechend aufgespannten Mobilitätsraum. Der Evaluation im ersten Mobilitätsraum folgt eine Zwischenauswertung, um eventuellen Anpassungsbedarf abzuleiten.

Das methodische Vorgehen folgt der Durchführung der jeweiligen Auditstufen nach dem entwickelten Instrumentarium. Im Anschluss an die Durchführung der Audits in den Stufen 1 und 2 erfolgt eine Auswertung der erhobenen Daten zur Analyse der Auswertungsmöglichkeiten, der Validität sowie der Reliabilität. Insbesondere zu diesem Zweck erfolgt die Durchführung in zwei Mobilitätsräumen und durch zwei Evaluatoren. Die Ableitung typischer Herausforderungen bildet die abschließende inhaltliche Analyse und Aufbereitung der Ergebnisse im folgenden Kapitel.

6.4.1 Vorbereitung der Evaluation

Im ersten Vorbereitungsschritt müssen für die Durchführung der Evaluation zwei vergleichbare Mobilitätsräume ausgewählt werden. Als Auswahlkriterien dienen:

- Mobilitätsraumcharakteristik:

- Einzugsgebiet,

- Mobilitätsangebot,

- Informationsangebot;

- Leitbild in Bezug zur Fahrgastinformation.

Für die Evaluation des Instrumentariums ist die Vielschichtigkeit des Mobilitätsraums, hinsichtlich des Mobilitäts- und Informationsangebotes besonders wichtig, um zu erfassen, inwieweit das Instrumentarium die daraus resultierende Komplexität erfassen kann. Zudem werden zur Vermeidung von Überschneidungen zwischen den Mobilitätsräumen, z. B. durch verbindende Linien, angrenzende Mobilitätsräume ausgeschlossen.

Für die Durchführung werden nach einer Analyse potenzieller Mobilitätsräume, die Regionen Stuttgart und Köln ausgewählt. Beide Regionen können als große Mobilitätsräume mit vielseitigem Mobilitäts- und Informationsangebot charakterisiert werden. In ihrem Leitbild verschreiben sich beide Mobilitätsräume der Qualität der Mobilitätsinformation. Tabelle 52 zeigt die Übersicht der beiden Mobilitätsräume entsprechend der Auswahlkriterien.

Die Evaluation selbst wird ausgehend vom Kern des jeweiligen Mobilitätsraums, der Stadt Stuttgart sowie der Stadt Köln, konzipiert.

Tabelle 52: Übersicht über ausgewählte Mobilitätsräume

Kriterium	Mobilitätsraum Stuttgart	Mobilitätsraum Köln
Einzugsgebiet	Fläche: 3.000 km² Einwohner: 2,4 Millionen	Fläche: 5.000 km² Einwohner: 3,3 Millionen
Mobilitätsangebot	Bus, Stadtbahn, S-Bahn sowie Regional- und Fernverkehr	Bus, Stadtbahn, S-Bahn sowie Regional- und Fernverkehr
Informationsangebot	Papiergebundene Information, mobile Applikation, Webseite, Interaktive Displays	Papiergebundene Information, mobile Applikation, Webseite, Interaktive Displays
Leitbild	„Wir sorgen für [...] eine hochwertige Fahrgastinformation unter Nutzung moderner Technologien sowie für die zielgerichtete Vermarktung in der Region Stuttgart."(Verkehrs- und Tarifverbund Stuttgart (VVS), S. 1)	„Die schnelle und zuverlässige Information vor und während der Reise ist mit ausschlaggebend für die Zufriedenheit der Fahrgäste." (Schmidt-Freitag und Reinkober 2015, S. 14)

Der zweite Vorbereitungsschritt beinhaltet die Erstellung der Auditunterlagen und damit die Auswahl typischer Stationen der Reisekette, typischer Reisestrecken sowie Systeme. Die ausführlichen Auditunterlagen sind in Anhang II: Audit-Anweisungen dargestellt und umfassen die Anweisungen für die Erfassung

- des Informationsinhaltes,
- des Informationsflusses,
- der Systemgestaltung.

Im ersten Schritt erfolgt die **Auswahl typischer Orte** für die Evaluation des Informationsinhaltes entlang der Phasen der Reisekette. Da es sich bei der Evaluation um eine ganzheitliche Betrachtung des Mobilitätsraums am Fallbeispiel des öffentlichen Personenverkehrs handelt und nicht um eine Analyse einzelner Verkehrsunternehmen, erfolgt die Auswahl insbesondere entsprechend der Mobilitätscharakteristik und der Anforderungen der unterschiedlichen Nutzergruppen. Orte mit unterschiedlicher Mobilitätscharakteristik sind entsprechend Kapitel 4.3 einfache Bushaltestellen, lokale Umsteigepunkte mit vielfältigen Verkehrsmitteln des Nahverkehrs sowie zentrale Bahnhöfe. Hingegen sind typische Start- und Zielpunkte von Nutzern u. a. Wohngebiete, Stadtzentren mit Einkaufsmöglichkeiten und öffentliche Einrichtungen.

Der zweite Schritt umfasst die **Auswahl typischer Strecken** für die Evaluation des Informationsflusses. Diese lassen sich u. a. aus Mobilitätserhebungen, wie z. B. Mobilität in Deutschland (Follmer 2010), ableiten sowie aus typischen wiederkehrenden Reiseketten von Mobilitätsnutzern, z. B. von Touristen. Für diese sind u. a. Fahrten vom Flughafen in die Innenstadt und von dort zu Sehenswürdigkeiten typisch. Pend-lerstrecken können aus der Lage von Wohngebieten und Industriezentren abgeleitet werden. Einer statistischen Grundlage ist hier immer eine Analyse des konkreten Mobilitätsraums hinzuzuziehen.

Im dritten Schritt müssen **Systeme** ausgewählt werden, die hinsichtlich der Systemge-staltung anhand typischer Aufgaben und Informationsinhalte evaluiert werden. Für den jeweils zu evaluierenden Mobilitätsraum, in dem hier dargestellten Fallbeispiel der öffentliche Personenverkehr in Stuttgart und Köln, müssen dazu die vorhandenen Sys-teme anhand der in Kapitel 2.4.4 dargestellten Systematik klassifiziert und typische Vertreter ausgewählt werden. Zu diesen gehören im öffentlichen Personenverkehr ins-besondere auch die papierbasierten Informationssysteme. Weitere typische Vertreter sind Fahrkartenautomaten, dynamische Anzeiger an Haltestellen und in Fahrzeugen sowie mobile Applikationen und Webseiten.

Zum Zweck der Evaluation des Instrumentariums muss zudem auf eine hohe Ver-gleichbarkeit bei der Auswahl geachtet werden.

6.4.2 Durchführung der Evaluation

Die Anwendung des Instrumentariums in den Auditstufen Schnell- und Standardaudit erfolgt basierend auf den gleichen typischen Orten, Strecken und Systemen. Da das Standardaudit eine umfassendere Analyse darstellt, wird das Schnellaudit erweitert. Die Durchführung erfolgt durch zwei Evaluatoren mit und ohne spezifische Fach-kenntnis des öffentlichen Personenverkehrs. Somit kann der Einfluss der Fachkenntnis auf die Anwendung des Instrumentariums ebenfalls evaluiert und die Validität und Reliabilität analysiert werden.

Für die Evaluation wird das Instrumentarium in eine digitale Fragenbogenstruktur überführt, die es den Evaluatoren ermöglicht die Analyse systemgestützt durchzufüh-ren und die Ergebnisse digital zu erfassen.

Abbildung 51 zeigt die Aufbereitung als Fragebogen. Im Feld erfolgte die Erfassung durch beide Evaluatoren mithilfe von Tablets. Der Ablauf der Durchführung der Eva-luation gliedert sich in die vier Phasen:

- Anwendung des Instrumentariums im Mobilitätsraum 1,
- Zwischenauswertung der ersten Anwendung in Bezug zu:
  - o Handhabbarkeit des Instrumentariums,
  - o Qualität der Erfassung;
- Anwendung des Instrumentariums im Mobilitätsraum 2,
- Beispielhafte Auswertung zur Demonstration des Instrumentariums.

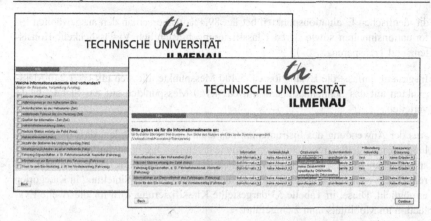

Abbildung 51: Beispiele für die Umsetzung des Instrumentariums in einer Fragebogenstruktur

Das primäre Ziel für die Durchführung ist die Evaluation des Instrumentariums zur Qualitätsevaluation der Mobilitätsinformation (IQMI). Die Ergebnisse der Evaluation der zwei Mobilitätsräume werden nur insoweit betrachtet, wie diese für die Evaluation des Instrumentariums sowie für die Ableitung typischer Herausforderungen notwendig sind. Dies bedeutet, dass kein ganzheitlicher Vergleich zwischen den Mobilitätsräumen mit Gesamtbewertung angestrebt wird und die Darstellung der Ergebnisse nicht in diesem Zusammenhang bewertet werden sollten.

6.4.3 Zwischenauswertung und Anpassung

Die erste Evaluationsphase im Mobilitätsraum 1 umfasste im Schnellaudit:

- 19 Evaluationen der Informationsinhalte entlang der Reisekette,
- 6 Evaluationen des Informationsflusses mit typischen Reisen,
- 4 Evaluationen der Systemgestaltung anhand typischer Systeme.

Im Standardaudit umfasste die erste Evaluationsphase:

- 42 Evaluationen der Informationsinhalte entlang der Reisekette,
- 10 Evaluationen des Informationsflusses mit typischen Reisen,
- 9 Evaluationen der Systemgestaltung anhand typischer Systeme.

Die digitale Erfassung konnte von beiden Evaluatoren strukturiert und ohne größere Unterbrechungen durchgeführt werden. Zuvor erfolgte für die Evaluatorin mit wenig fachspezifischem Wissen jedoch eine ausführliche Einweisung in die Handhabung des Instrumentariums sowie die Bedeutung der zentralen Begriffe. Die Übereinstimmung bei der Evaluation der Informationsinhalte zwischen den im Schnell- und Standardaudit identischen Evaluationspunkten beträgt 89,4%, gemessen an den ausgewählten Informationsinhalten sowie deren Klassifizierung hinsichtlich Verlässlichkeit, Konsistenz und Transparenz.

Insgesamt umfasst die Evaluation ca. 5.400 Messpunkte, die sich mit ca. 1.240 Messpunkten auf das Schnellaudit und mit ca. 4.160 Messpunkten auf das Standardaudit verteilen.

Aus der Anwendung des Instrumentariums kann abgeleitet werden, dass die Beurteilung der notwendigen Systemkenntnis sowie deren Beschreibung, nur mit hohem fachspezifischem Wissen über den ÖV möglich ist. Jedoch kann aus den Ergebnissen bereits eine Systematik abgeleitet werden, die eine vereinfachte Einteilung in Kategorien ermöglicht. Diese, in Tabelle 53 dargestellte Klassifizierung wird für die zweite Evaluation im Mobilitätsraum 2 eingeführt.

Ähnlich der Systemkenntnis ist auch die Beurteilung der notwendigen Ortskenntnis für die Evaluatoren leicht erfassbar, wenn diesen dafür eine Klassifikation gegeben wird. Demnach stellte Tabelle 54 in Anlehnung an die Systemkenntnis eine entsprechende Klassifizierung abgeleitet aus den Ergebnissen der ersten Evaluationsphase dar.

Tabelle 53: Klassifikation der notwendigen Systemkenntnis im ÖV

Stufe	Erläuterung	Beispiel
1: keine Systemkenntnis	Für die Nutzung der Informationsinhalte, eingebettet in das jeweilige System, ist keine Kenntnis mobilitätssystemspezifischer Inhalte oder Gestaltungen notwendig.	Stadtpläne und Fußwege oder Wegbeschreibungen ohne ÖV-spezifische Elemente.
2: grundlegende Systemkenntnis	Für die Nutzung des ÖV sind grundlegende Systemkenntnisse, z. B. Bezeichnungen von Linien mit Fahrtrichtung oder Symbole für Haltestellen, notwendig.	Abfahrtsmonitore an Haltestellen, Haltestellenpläne, Stadtpläne mit ÖV-Elementen.
3: spezifische Systemkenntnis	Abhängig von den Informationssystemen kann für die Nutzung der Informationsinhalte ein spezifisches Systemverständnis notwendig sein, ohne dass das System in Darstellung und Inhalt nur schwer erschlossen werden kann.	Liniennetzpläne, Haltebereichsmarkierungen, Tarifsysteme.
4: weiterführende Systemkenntnis	Um Informationsinhalte, insbesondere bei geringer Transparenz, verstehen zu können, können weiterführende Systemkenntnisse, zumeist aufbauend auf Erfahrungen erforderlich sein.	Beurteilung von Störungs- und Ereignisinformation, Systematik einzelner Funktionen, bspw. Perlschnur.

Tabelle 54: Klassifikation der notwendigen Ortskenntnis im ÖV

Stufe	Erläuterung	Beispiel
1: keine Ortskenntnis	Für die Interpretation der Informationsinhalte ist keine Ortskenntnis erforderlich, wenn diese vom System übernommen wird oder ortsunabhängig informiert wird.	Navigation anhand von allgemein verständlichen Wegmarken.
2: grundlegende Ortskenntnis	Da sich Angaben im ÖV zumeist auf Städte, Stadtteile und markante Punkte beziehen, ist eine grundlegende Kenntnis über den Ort erforderlich.	Fahrtrichtung, z. B. Messe, oder Fahrtverlauf auf einer Karte.
3: spezifische Ortskenntnis	Ergänzend zur grundlegenden Ortskenntnis ist z. B. beim Verlassen der Haltestelle eine ungefähre Richtung, zumeist auf Basis von Straßennamen notwendig.	Beschilderungen zum Verlassen von Haltestellen, Kenntnis über aktuellen Standort.
4: weiterführende Ortskenntnis	Um weitreichende eigene Entscheidungen über die Wahl der Route, z. B. im Störungsfall, treffen zu können, kann eine erweiterte Ortskenntnis zur Einordnung der Störung notwendig sein.	Beurteilung der Fußwegdauer und -beschaffenheit, Alternativplanung.

Die Anwendbarkeit der Klassifikation auf andere Mobilitätsangebote sowie eine entsprechende Anpassung muss vor der Evaluation durch Experten geprüft werden.

Zentraler Bestandteil der Analyse ist auch die Analyse der Transparenz der Mobilitätsinformation. Allerdings kann hier bereits festgestellt werden, dass die Mobilitätsnutzer nur in Ausnahmefällen in die Lage versetzt werden, die Qualität eines Informationsinhaltes zu beurteilen und daraus qualifiziert Entscheidungen zu treffen.

Als problematisch sind nach der Qualitätsanalyse solche **Informationsinhalte** oder Funktionen hinsichtlich der Transparenz zu beurteilen, die den Mobilitätsnutzern eine Informationsqualität suggerieren, die objektiv nicht vorhanden ist. Ein Beispiel für die fehlende Transparenz ist die Verwendung der Haltestellenfolge (Perlschnur) in mobilen Applikationen in Form einer fortlaufenden Linie, die sich nach Durchfahren einer Haltestelle füllt und somit den aktuellen Ort kennzeichnet. Beruht diese Füllung jedoch auf der aktuellen Uhrzeit des mobilen Endgerätes, z. B. um den Datentransfer zu reduzieren, ohne die Mobilitätsnutzer darüber zu informieren, wird das Kriterium der Transparenz nicht erfüllt und führt ggf. zu einem gegenteiligen Effekt.

Die Methode der Evaluation des **Informationsflusses** hat sich über die 16 evaluierten Strecken bewährt. Ergänzend zu den Informationsinhalten ist dies die einzige Möglichkeit, räumliche Lücken in der Versorgung mit Informationsinhalten festzustellen. Dabei konnten sowohl leichtere Fälle, in denen ein entsprechendes Schild zu klein und damit nicht sichtbar war sowie deutlichere Fälle, in denen durch die Nutzung eines Fahrstuhls wesentliche Informationsinhalte sowie der Fahrkartenautomat nicht passiert wurden, erfasst werden.

Bei der **Systemgestaltung** zeigt sich nach dem ersten Mobilitätsraum, dass die systematische Erfassung der Gestaltung und des Inhaltes für die Evaluation der Konsistenz besonders geeignet ist. Die Kombination mit der Suche nach Inkonsistenzen je Station der Reisekette sowie die aktive Nutzung durch die Evaluatoren ermöglicht eine vielschichtige Evaluation aus verschiedenen Perspektiven. Beispielsweise konnten durch aktive Nutzung der Systeme im Rahmen der typischen Reisestrecken bei den verschiedenen im Fahrzeug verbauten DFI-Systemen Inkonsistenzen in Bezug zu den Umsteigemöglichkeiten auf inhaltlicher Ebene festgestellt werden.

Ergänzend zur Erfassung der Konsistenz ist es zudem sinnvoll, in der nächsten Evaluationsphase solche Fälle zu dokumentieren, die scheinbar auf einem ggf. temporären Systemfehler beruhen. Damit können diese nach Abschluss der Evaluation überprüft werden und somit eine Verzerrung der Ergebnisse verhindert werden. So konnten wiederum vereinzelt bei den DFI-Anzeigern im Fahrzeug abweichende Liniennummern festgestellt werden, die im Umfang eher einer ID-Struktur entsprachen. Hierbei kann zwar ein Fehler angenommen, jedoch auch eine systematische Inkonsistenz zwischen Mobilitätsanbietern nicht ausgeschlossen werden.

6.5   Auswertungsübersicht

Die Auswertung der Evaluation in den beiden Mobilitätsräumen erfolgt in diesem Kapitel nicht im Detail, sondern beispielhaft zur Bewertung und Darstellung des Umfangs der Auswertungsmöglichkeiten. Ziel ist es, die Qualität in den Teilbereichen der Evaluation zu bestimmen und Ursachen zu identifizieren, die die Qualität der Mobilitätsinformation negativ beeinflussen. Diese können zur Qualitätssteigerung anschließend behoben werden. Kein Ziel dieser Auswertung ist es, dem jeweiligen Mobilitätsraum eine Gesamtqualität zuzuordnen oder ein abschließendes Urteil über die Mobilitätsräume abzugeben.

6.5.1   Auswertung der Evaluation der Informationsinhalte

Die Evaluation der Informationsinhalte teilt sich, wie in Tabelle 55 dargestellt, auf die Stationen und Fahrzeuge innerhalb des öffentlichen Personenverkehrs sowie Punkte außerhalb des ÖV, z. B. beim Reiseantritt oder dem Weg zum Ziel, auf. Die Tabellen enthalten die kombinierten Ergebnisse des Schnell- und Standardaudits. Abweichungen resultieren aus den dokumentierten Ereignisfällen

Tabelle 55: Verteilung der Evaluationen auf Stationen und Fahrzeuge sowie Punkte außerhalb des ÖV

	Mobilitätsraum 1	Mobilitätsraum 2
Stationen im ÖV	44% der Evaluation	45% der Evaluation
Fahrzeuge im ÖV	47% der Evaluation	45% der Evaluation
Außerhalb des ÖV	9% der Evaluation	10 % der Evaluation

Die Art der untersuchten Stationen ist in Tabelle 56 dargestellt, welche einen Überblick über die Charakteristik der untersuchten Stationen in den Bereichen Stationstyp, Bauart und Verkehrsmittel aufzeigt.

Tabelle 56: Charakteristik der untersuchten Stationen

	Mobilitätsraum 1	Mobilitätsraum 2
Haltestellen	93% der Stationen	93% der Stationen
Bahnhöfe (HBF etc.)	7% der Stationen	7% der Stationen
Überdachung	75% der Stationen	82 % der Stationen
Unterirdische Bereiche	57% der Stationen	54% der Stationen
Mehrere Haltepunkte	64% der Stationen	68% der Stationen
Abfahrtspunkt für Busse	71% der Stationen	64% der Stationen
Abfahrtspunkt für Stadtbahnen	68% der Stationen	68% der Stationen
Abfahrtspunkt für S-Bahnen	25% der Stationen	25% der Stationen
Abfahrtspunkt für Züge	7% der Stationen	25% der Stationen

Entsprechend können die Fahrzeuge über die Art des untersuchten Verkehrsmittels, wie in Tabelle 57 dargestellt, eingeordnet werden. Die Evaluation umfasste keine Züge des Regional- und Fernverkehrs.

Tabelle 57: Charakteristik der untersuchten Fahrzeuge

	Mobilitätsraum 1	Mobilitätsraum 2
Busse	30% der Fahrzeuge	25% der Fahrzeuge
Stadtbahnen	40% der Fahrzeuge	43% der Fahrzeuge
S-Bahnen	30% der Fahrzeuge	32% der Fahrzeuge

Die Auswertung der Qualität der Mobilitätsinformation in Bezug zu den **Informationsinhalten** umfasst, entsprechend Kapitel 6.2.1, die vier Bereiche:

- Vorhandene Informationsinhalte entsprechend dem Informationsbedarf,
- Verlässlichkeit der Information,
- Äußere Konsistenz der Information,
- Transparenz der Information.

Aufgrund des Umfangs der Ergebnisse werden im Folgenden für die vier Bereiche lediglich Beispiele dargestellt, die die Auswertungsmöglichkeiten aufzeigen.

Vorhandene Informationsinhalte entsprechend dem Informationsbedarf

Innerhalb der Evaluation wurden aufsummiert entlang der Reisekette 299 Informationsinhalte auf Bereitstellung durch die verschiedenen Informationssysteme überprüft. In Mobilitätsraum 1 sind davon 226 Informationsinhalte vorhanden, in Mobilitätsraum 2 sind 154 Informationsinhalte vorhanden. Diese Werte umfassen auch die durch mobile Applikationen bereitgestellten Informationsinhalte.

Anhand der Evaluationsdaten kann je Punkt der Reisekette der allgemeine Erfüllungsgrad des Informationsbedarfs analysiert und daraus Verbesserungspotenziale identifiziert werden. Abbildung 52 zeigt die Auswertung für die Reisephase Einstieg ins Verkehrsmittel. Daraus kann abgelesen werden, dass an allen Evaluationspunkten, zumindest die Linienbezeichnung und die Fahrtrichtung, als wichtigste Informationsinhalte beim Einstieg, kommuniziert werden.

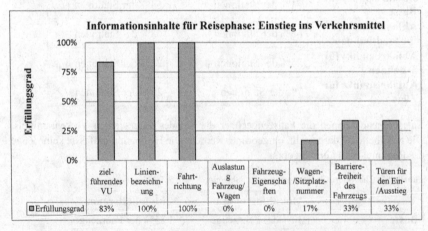

Informationsinhalte für Reisephase: Einstieg ins Verkehrsmittel

	ziel-führendes VU	Linien-bezeichnung	Fahrt-richtung	Auslastung Fahrzeug/ Wagen	Fahrzeug-Eigenschaften	Wagen-/Sitzplatznummer	Barriere-freiheit des Fahrzeugs	Türen für den Ein-/Ausstieg
Erfüllungsgrad	83%	100%	100%	0%	0%	17%	33%	33%

Abbildung 52: Erfüllungsgrad der Informationsinhalte im Mobilitätsraum 2 – Phase: Einstieg ins Verkehrsmittel

Weitere Informationsinhalte, wie bspw. die Sitzplatznummer, werden nur in 17% der evaluierten Fälle angegeben. Allerdings muss bei der Auswertung immer berücksichtigt werden, ob dies für ein spezielles Verkehrsmittel sinnvoll ist, da hier nicht zwischen einem Bus und bspw. einem Zug unterschieden wird. Diese Unterscheidung kann jedoch anhand der erhobenen Verkehrsmittelart extrahiert und somit auch verkehrsmittelspezifisch ausgewertet werden. Kritisch ist in dem hier dargestellten Ergebnis zu analysieren, warum die Information zur Barrierefreiheit des Fahrzeuges weitgehend fehlt und wie diese Information zur Qualitätssteigerung integriert werden kann.

Dies betrifft auch die Information über die Fahrzeugeigenschaften, der auch die Information über vorhandene Fahrschein-/Ticketautomaten zugeordnet ist. Potenzial für eine Qualitätssteigerung bietet zukünftig auch die Integration von Auslastungsinformationen.

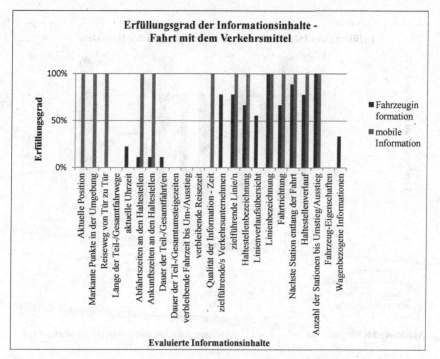

Abbildung 53: Erfüllungsgrad der Informationsinhalte mit mobilen Informationssystemen

Da mobile Applikationen zunehmend auch den Standard für eine umfassende Mobilitätsinformation bilden, bieten die erhobenen Daten die Möglichkeit, das Zusammenspiel bei der Informationsbereitstellung mit und ohne mobile Applikationen auszuwerten und somit die Qualität der Mobilitätsinformation für Nutzer mit und ohne mobilem Endgerät zu beurteilen. Abbildung 53 zeigt wie sich entlang der Fahrt mit dem Verkehrsmittel, die Fahrzeuginformation mit der Information von mobilen Endgeräten ergänzt und welche Informationsinhalte, auch in Kombination der beiden Informationsquellen, weiterhin nicht angeboten werden. Die Ergebnisse zeigen, dass die mobile Information zusätzliche Informationsinhalte bereitstellt sowie Informationsinhalte, die nicht in jedem Fahrzeug angeboten werden, zuverlässig ergänzt.

Die allgemeine Auswertung über die vorhandenen Informationsinhalte kann nur in soweit Verbesserungspotenziale identifizieren, wenn alle potenziellen Nutzergruppen im Fokus des Mobilitätssystems und der bereitgestellten Informationssysteme sind. Wird vielmehr die gezielte Qualitätssteigerung einzelner Nutzergruppen fokussiert, muss eine Auswertung spezifisch abgestimmt auf den Informationsbedarf der jeweiligen Nutzergruppen, entsprechend Kapitel 5.1.3, erfolgen.

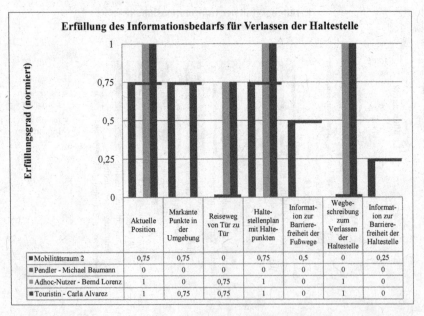

Abbildung 54: Vergleich der vorhandenen Informationsinhalte mit dem Informationsbedarf der Nutzer

Abbildung 54 zeigt, wie eine solche Auswertung anhand der Evaluationsergebnisse für die drei Nutzergruppen Pendler, Adhoc-Nutzer und Tourist erfolgen kann. Die Abbildung verdeutlicht den erreichten Grad der Bereitstellung der Informationsinhalte im Mobilitätsraum 2 für das Verlassen der Haltestelle im Vergleich mit den drei Nutzergruppen normiert über die Haupt- und Unteraufgaben für diese Station der Reisekette.

Die Nutzergruppe der Pendler weist in diesem Fall keinen Informationsbedarf auf, so-dass für diese die Informationsbereitstellung im Mobilitätsraum ausreicht. Dies ist für Adhoc-Nutzer und Touristen auch bei der Barrierefreiheit der Fall. Für den Reiseweg von Tür zu Tür im geografischen Kontext und die Wegbeschreibung kann an keinem Punkt des Mobilitätsraums eine entsprechende Information gegeben werden. Für die anderen Informationsinhalte zumindest in den überwiegenden Fällen.

Verlässlichkeit der Information

Im Verlauf der Evaluation wird für jeden Informationsinhalt der Grad der Verlässlich-keit anhand der zeitlichen, örtlichen, tariflichen und systembezogenen Abweichungen erfasst. Die Auswertung erfolgt in den folgenden Bereichen:

- Gesamtverlässlichkeit über alle Informationsinhalte,

- Spezifische Verlässlichkeit der Informationsinhalte,

- Art und Umfang der Abweichung.

Für beide Mobilitätsräume konnte eine hohe Gesamtverlässlichkeit festgestellt werden. Abweichungen sind vorwiegend zeitlicher Art und bewegen sich im Bereich von we-nigen bis ca. 15 Minuten. Tabelle 58 zeigt die Gesamtverlässlichkeit und die Abwei-chungen auf Basis der vorhandenen Informationsinhalte und den im Schnell- und Standardaudit durchgeführten Analysen entlang der Reisekette. Im Mobilitätsraum 1 umfasst die Bestimmung der Verlässlichkeit 671 Messpunkte und im Mobilitätsraum 2 umfasst diese 496 Messpunkte. Die Unterschiede resultieren aus den vorhandenen In-formationsinhalten, die im Mobilitätsraum 1 höher sind als im Mobilitätsraum 2. Die Auswertung der Verlässlichkeit stellt keine statistische Gesamtbeurteilung, wie sie in vielen Verkehrsunternehmen für die Pünktlichkeit üblich ist, dar, sondern fokussiert auf eine nutzerorientierte Betrachtung der Verlässlichkeit.

Tabelle 58: Gesamtverlässlichkeit der Informationselemente

	Mobilitätsraum 1	Mobilitätsraum 2
Keine Abweichungen	94% der Inhalte	98% der Inhalte
Zeitliche Abweichungen	5% der Inhalte	2% der Inhalte
Örtliche Abweichungen	--	---
Systembezogene Abweichung	1% der Inhalte	---

Im Mobilitätsraum 1 ist die zeitliche Abweichung höher als im Mobilitätsraum 2, was u. a. auf eine höhere Zahl von Ereignissen mit Auswirkungen auf das Gesamtmobili-tätssystem zurückzuführen ist. Die hohe Verlässlichkeit resultiert auch aus der Evalua-tionsanweisung, die aktuellste Information für die Verlässlichkeitsbewertung heranzu-ziehen. Dies bedeutet, dass durch Echtzeitangaben zu Abfahrtszeiten, auch bei Verspätungen, die Verlässlichkeit erhalten bleibt. Dies entspricht der Wahrnehmung der Mobilitätsnutzer und spiegelt die Qualität der Mobilitätsinformation aus Nutzersicht im Sinne der Verlässlichkeitsdefinition korrekt wider. Die Abweichungen sind zwar im Verhältnis zu der hohen Zahl der verlässlichen Informationsinhalte gering, jedoch kann auf Basis der Evaluationsdaten spezifisch je Ort ausgewertet werden, welcher Informationsinhalt abgewichen ist. Im Mobilitätsraum 2 sind die zeitlichen Abweichungen mehrheitlich nicht auf das Fehlen von Echtzeitinformation, sondern auf scheinbar fehlerhafte Anzeigen auf den DFI-Anzeigern zurückzuführen.

Äußere Konsistenz der Information

Basierend auf der Klassifikation der System- und Ortskenntnis kann eine Auswertung für die Bestimmung der äußeren Konsistenz der Informationsinhalte in den definierten Stufen erfolgen.

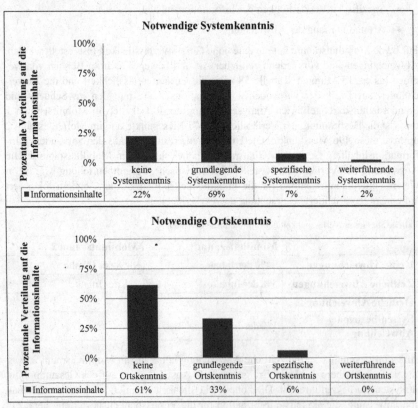

Abbildung 55: Notwendige System-/Ortskenntnis in Bezug zu den Informationsinhalten

Dabei zeigt sich für die 496 Informationsinhalte, die im Schnell- und Standardaudit erfasst wurden, dass vorwiegend eine grundlegende Systemkenntnis notwendig ist und 61% der Inhalte ohne Ortskenntnis nutzbar sind. Abbildung 55 zeigt die Ergebnisse des zweiten Mobilitätsraums. Ausschlaggebend für den hohen Bedarf an grundlegender Systemkenntnis sind insbesondere Aushanginformationen, z. B. Pläne und Karten, für die ein grundlegendes Verständnis notwendig ist. Ziel für eine Qualitätssteigerung sollte hierbei ein ähnliches Profil wie bei der Ortskenntnis sein. Kritisch zu analysieren sind die 7% der Informationsinhalte in denen spezifische sowie die 2% in denen weiterführende Systemkenntnisse notwendig sind. Dazu kann aus der Evaluation der zugehörige Informationsinhalt sowie der Ort und die vorhandenen Informationssysteme extrahiert werden. Die Erzeugung eines Informationsraums ohne Orts- und Systemkenntnis kann zeitnah nicht als erreichbares Ziel definiert werden. Eine Tendenz kann jedoch aus einer systemspezifischen Auswertung für die mobile Applikation im Mobilitätsraum entnommen werden, wie sie in Abbildung 56 dargestellt ist.

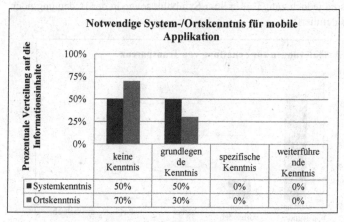

Abbildung 56: Notwendige System-/Ortskenntnis der Informationsinhalte im Mobilitätsraum 2

Transparenz der Information

Die Evaluation zeigt, dass die Transparenz der Informationsinhalte in 83% der Messpunkte durch die Art der Informationsinhalte selbst erzeugt wird und keine weiteren Erläuterungen notwendig sind. In 2% der Fälle wird diese durch textuelle Erläuterungen erzeugt. Für die Steigerung der Qualität durch die Identifikation von Verbesserungspotenzialen sind die 15% der Messpunkte der Informationsinhalte näher zu betrachten, in denen keine Erläuterungen vorhanden sind, diese jedoch benötigt werden. Abbildung 57 zeigt die Auswertung für den Mobilitätsraum 2.

Die Analyse der spezifischen Evaluationsdaten zeigt, dass sich die Verbesserungspotenziale der Transparenz insbesondere im Bereich der dynamischen Informationssysteme manifestieren. Dies betrifft u. a. die Transparenz von:

- Abfahrtszeiten in Echtzeit auf DFI-Anzeigern und mobilen Applikationen,
- Störungsinformationen, insbesondere Dauer und Auswirkungen,
- Berechnung von Verbindungen innerhalb der Reiseplanung.

Zudem kann die Tarifinformation den Informationsinhalten zugeordnet werden, zu denen keine oder nicht ausreichende Erläuterungen vorhanden sind, die den Mobilitätsnutzer bei der Aufgabenerledigung unterstützen. Die Evaluation zeigt, dass für die Erzeugung der Transparenz kein übergreifendes Konzept vorhanden ist, das die Mobilitätsnutzer in die Lage versetzt, die Qualität der Information zu beurteilen und eine Entscheidungsbasis zu erzeugen. Erste Ansätze zeigen sich in mobilen Applikationen, in denen zum Teil Symbole eingesetzt werden, um Echtzeitinformationen zu kennzeichnen. Diese sind jedoch zum Teil in ihrer Symbolik sowie in der Bedeutung noch nicht ausreichend definiert.

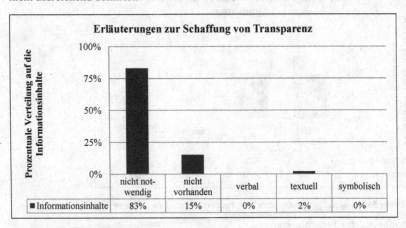

Abbildung 57: Auswertung der Transparenz anhand der notwendigen Erläuterungen

Abschließend zeigt Tabelle 59 die aufgeführten und weiteren Auswertungsmöglichkeiten für die durch die Audits erhobenen Daten zu den Informationsinhalten. Ergänzend können auch Ereignisfälle nach diesen Auswertungsmöglichkeiten analysiert werden.

Tabelle 59: Gesamtübersicht über die Auswertungsmöglichkeiten des Informationsinhaltes

Merkmal	Auswertung	Detailstufe
Allgemein	Charakteristik des Kontextes	des gesamten Mobilitätsraums
		je Station der Reisekette
	Eingesetzte Informationssysteme	des gesamten Mobilitätsraums
		je Station der Reisekette
		für definierten Ort
Effizienz und Effektivität	Bereitstellung der Informationsinhalte	im gesamten Mobilitätsraum
		je Station der Reisekette
		für definierten Ort
	Deckung des Informationsbedarfs je Nutzergruppe	im gesamten Mobilitätsraum
		je Station der Reisekette
		für definierten Ort
		je Informationskategorie
		je Informationsinhalt
	Zusammenspiel mit mobilen Endgeräten	im gesamten Mobilitätsraum
		je Station der Reisekette
		für definierten Ort
		je Nutzergruppe
		je Informationsinhalt
Verlässlichkeit	Grad der Verlässlichkeit	im gesamten Mobilitätsraum
		je Station der Reisekette
		für definierten Ort
		je Informationsinhalt
	Art und Umfang der Abweichung	im gesamten Mobilitätsraum
		je Station der Reisekette
		für definierten Ort
		je Informationsinhalt
		in Abhängigkeit v. Ereignissen
Äußere Konsistenz	Grad der Ortskenntnis	im gesamten Mobilitätsraum
		je Station der Reisekette
		für definierten Ort
		je Informationskategorie
		je Informationsinhalt
	Grad der Systemkenntnis	im gesamten Mobilitätsraum
		je Station der Reisekette
		für definierten Ort
		je Informationskategorie
		je Informationsinhalt
Transparenz	Notwendigkeit von Erläuterungen	im gesamten Mobilitätsraum
		je Station der Reisekette
		für definierten Ort
		je Informationskategorie
		je Informationsinhalt

6.5.2 Auswertung der Evaluation des Informationsflusses

Ziel der Analyse des Informationsflusses ist die Identifikation von Informationslücken, die die effiziente, effektive und zufriedenstellende Nutzung der Mobilität und der Informationssysteme negativ beeinflussen. Ausschlaggebend für die Auswertung des Informationsflusses sind, wie in Kapitel 6.2.1 dargestellt, die den Informationsbedarf auslösenden Aufgaben entlang der Reisekette, die gesuchte Information und der Grad der Verfügbarkeit. Zudem kann der Informationsfluss durch Inkonsistenzen beeinflusst werden, die in ihren Auswirkungen bis zum Grad einer Informationslücke anwachsen können. Tabelle 60 zeigt einen Überblick über die in den zwei Mobilitätsräumen durchgeführten Evaluationen und erste Auswertung des Evaluationsumfangs.

Tabelle 60: Übersicht über die Evaluation des Informationsflusses in den Mobilitätsräumen

	Mobilitätsraum 1	Mobilitätsraum 2
Gesamt - Lücken im Informationsfluss	40 Datensätze	33 Datensätze
Schnellaudit - Lücken im Informationsfluss	15 Datensätze	11 Datensätze
Standardaudit - Lücken im Informationsfluss	25 Datensätze	22 Datensätze
Maßgebliche Inkonsistenzen	3 Datensätze	7 Datensätze

Tabelle 61: Verteilung der Informationslücken auf die Stationen der Reisekette

Station der Reisekette	Mobilitätsraum 1	Mobilitätsraum 2
Reiseplanung	17,5%	3,0%
Reiseantritt	2,5%	12,2%
Orientierung und Vorbereitung am Einstiegspunkt	10,0%	21,2%
Orientierung im Verkehrsmittel (innen)	0%	3,0%
Fahrt mit dem Verkehrsmittel	17,5%	12,2%
Vorbereiten des Ausstiegs (innen)	17,5%	18,2%
Ausstieg aus dem Verkehrsmittel (außen)	0%	6%
Umstieg in ein anderes Verkehrsmittel	27,5%	21,2%
Verlassen des Ausstiegspunktes	7,5%	0%
Weg zum Ziel	0%	3%

Die Verteilung der Lücken im Informationsfluss, wie sie in Tabelle 61 dargestellt ist, zeigt in beiden Mobilitätsräumen eine Verteilung über die Stationen der Reisekette mit den Schwerpunkten Einstiegspunkt, Fahrt im Verkehrsmittel, Vorbereitung des Ausstieges und Umstieg. Dabei zeigen sich sowohl Gemeinsamkeiten als auch Unterschiede zwischen den Mobilitätsräumen, die näher anhand der Aufgaben und des Informationsbedarfs analysiert werden müssen.

Die auslösenden Aufgaben verteilen sich auf 25 Aufgaben in den verschiedenen Bereichen der Reisekette, wie dies Abbildung 58 zeigt. Besonders hervorstechend sind die in Bezug zum Ein- und Umstieg relevanten Aufgaben zur Identifikation von Zeiten und Wegen. Anhand dieser Aufgaben sowie der zugehörigen Stationen der Reisekette, die ebenfalls abgeleitet werden können, können die Informationslücken genauer untersucht und adressiert werden.

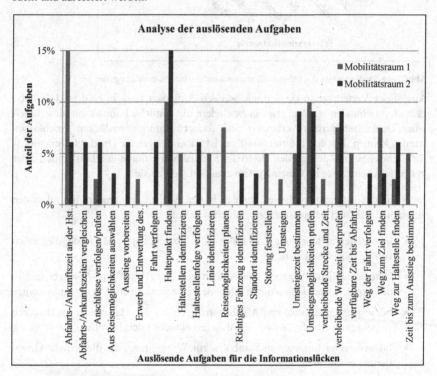

Abbildung 58: Verteilung der Informationslücken auf die auslösenden Aufgaben

Der Informationsbedarf, der von den Aufgaben ausgelöst und nicht oder nur teilweise gedeckt wird, verteilt sich insbesondere auf die Informationskategorie Zeit. Abbildung 59 zeigt die Verteilung über die sieben aus dem Informationsbedarf im Kapitel 5.1.3 abgeleiteten Informationskategorien.

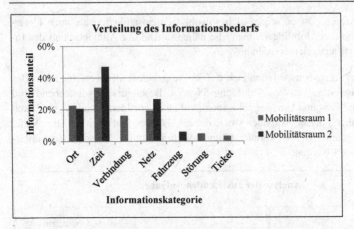

Abbildung 59: Verteilung des Informationsbedarfs auf die Informationskategorien

Aus dieser Verteilung sowie den auslösenden Aufgaben kann in beiden Mobilitäts-räumen geschlossen werden, dass insbesondere die zeitliche Information hinsichtlich einer Qualitätssteigerung verbessert und dadurch Informationslücken geschlossen werden können. Für den Informationsfluss ist dabei der genaue Ort der Informations-lücke entscheidend, der aus den Daten der Evaluation bestimmt und hinsichtlich einer systematischen Lücke im Gesamtsystem evaluiert werden kann.

Im Sinne des Informationsflusses konnten in den Evaluationen zudem die folgenden zusammengefassten Inkonsistenzen ermittelt werden:

- Inkonsistente Benutzung von Haltestellenbezeichnung, z. B. durch Weglassen von Teilbezeichnungen,

- Unterschiedliche Angaben von Abfahrtszeiten, z. B. am DFI-Anzeiger und in der mobilen Applikation durch fehlende Echtzeitinformation in einem System,

- Inkonsistenter Einsatz von Abfahrtsanzeigern an den Haltestellen, z. B. durch Anzeige von Abfahrtszeiten, die nicht das aktuelle Gleis betreffen,

- Inkonsistenter Einsatz von Symbolen zur Wegeleitung, die die örtliche Orien-tierung erschweren,

- Inkonsistente Übergabe von Informationen zwischen mobilen Anwendungen, z. B. bei der Übergabe von Start- und Zielorten.

Nutzergruppenspezifisch zeigt sich, dass insbesondere die Strecken und die Charakte-ristika der Nutzergruppen Tourist und Gelegenheitsnutzer mit dem entsprechend ho-hen Informationsbedarf, zur Erhebung der Informationslücken beitragen. Aber auch spezifische Informationslücken für Pendler, Power-User und Alltagsnutzer konnten aufgedeckt werden, die sich insbesondere auf die Echtzeitinformation sowie die Umstiege und die Herausforderungen der mobilen Informationssysteme beziehen. Abbildung 60 zeigt die Verteilung der Informationslücken auf die Nutzergruppen in den beiden Mobilitätsräumen.

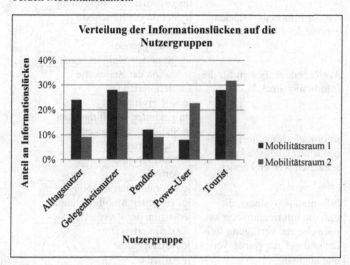

Abbildung 60: Verteilung der Informationslücken auf die Nutzergruppen in den Mobilitätsräumen

Tabelle 62 zeigt die beschriebenen sowie weitere Auswertungsmöglichkeiten für die durch die Audits erhobenen Daten des Informationsflusses.

Tabelle 62: Gesamtübersicht über die Auswertungsmöglichkeiten des Informationsflusses

Merkmal	Auswertung	Detailstufe
Effizienz und Effektivität	Art der Informationslücken entlang der Reisekette	im gesamten Mobilitätsraum
		je Station der Reisekette
		für definierten Ort
		je Nutzergruppe
	Auslösende Aufgaben für die Informationslücken	im gesamten Mobilitätsraum
		je Station der Reisekette
		für definierten Ort
		je Nutzergruppe
	Informationsinhalte, mit denen Informationslücken geschlossen werden können	im gesamten Mobilitätsraum
		je Station der Reisekette
		für definierten Ort
		je Nutzergruppe
		je Aufgabe
		je Informationskategorie
	Informationssysteme, die ggf. die Information bereits teilweise zur Verfügung stellen und ggf. angepasst werden können	im gesamten Mobilitätsraum
		je Station der Reisekette
		für definierten Ort
		je Nutzergruppe
		je Aufgabe
Zufriedenstellung	Anzahl der Inkonsistenzen	je Nutzergruppe
		je Reise
		je Station der Reisekette
Innere Konsistenz	Art der Inkonsistenz	im gesamten Mobilitätsraum
		je Station der Reisekette
		für definierten Ort
	Informationssysteme zwischen denen Inkonsistenzen auftreten	im gesamten Mobilitätsraum
		je Station der Reisekette
		für definierten Ort
		je Informationsinhalt
	Inhaltliche Analyse der Inkonsistenz	je Station der Reisekette
		je Inkonsistenz
		je Aufgabe
		je Informationssystem

6.5.3 Auswertung der Evaluation der Systemgestaltung

Im Fokus der Qualitätsevaluation der Systemgestaltung liegt, wie in Kapitel 6.2.1 dargestellt, die effektive, effiziente und zufriedenstellende Nutzung der Systeme sowie die Beurteilung der inneren Konsistenz der Informationssysteme. Tabelle 63 zeigt eine Übersicht über die im Schnell- und Standardaudit erhobenen Datensätze.

Tabelle 63: Übersicht über die Evaluation der Systemgestaltung in den Mobilitätsräumen

	Mobilitätsraum 1	Mobilitätsraum 2
Schnellaudit	5 Datensätze	4 Datensätze
Standardaudit	12 Datensätze	11 Datensätze
Gesamt	17 Datensätze	15 Datensätze

Die analysierten Systeme zeigen eine breite Systemcharakteristik entsprechend der in Kapitel 2.4.4 entwickelten Klassifizierung. Die Auswertung der Systemcharakteristik ist in Abbildung 61 dargestellt.

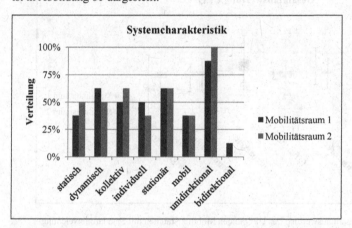

Abbildung 61: Systemcharakteristik der untersuchten Systeme in den Mobilitätsräumen

Ergänzend zu der Beurteilung der einzelnen Systeme anhand ihrer Charakteristik, gibt diese auch einen Überblick über die Vielfalt der für den Mobilitätsraum evaluierten Systeme wieder, die mit den Zielen der Auswahl für die Audits abgeglichen werden können und in diesem Fall übereinstimmen..

Für die Qualitätsevaluation im Schnell- und Standardaudit stellt der User Experience Questionnaire (UEQ) nach (Laugwitz et al. 2008) ein zentrales Erhebungs- und Bewertungsverfahren für die effektive, effiziente und zufriedenstellende Systemgestaltung dar. Wie bereits im Kapitel 6.2.1 dargestellt, umfasst das semantische Differential des UEQ 25 Paare in den Bereichen (Laugwitz et al. 2008, S. 70-72 ,75):

- Attraktivität,
- Durchschaubarkeit,
- Effizienz,
- Steuerbarkeit,

- Stimulation und
- Originalität.

Entsprechend erfolgt die Auswertung in diesen sechs Bereichen unter Einsatz des für die Auswertung des UEQ bereitgestellten Systems (UEQ-Online 2015). Für einen ersten Überblick zeigt Abbildung 62 die Gesamtauswertung über die fünf Bereiche. Durch die Integration aller Systeme bietet die Abbildung nur einen groben Überblick, der je System unterschiedlich ausgeprägt sein kann.

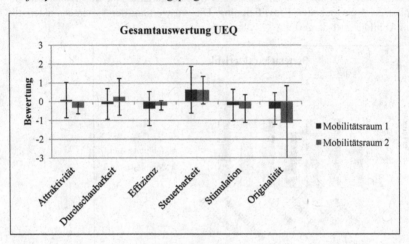

Abbildung 62: Gesamtauswertung des UEQ in den Mobilitätsräumen mit Standardabweichung

Der Vergleich einzelner Systeme ist bei der Qualitätsevaluation der Systemgestaltung einer Gesamtauswertung vorzuziehen. Eingeschränkt werden muss in diesem Zusammenhang, dass die geringe Anzahl der Evaluationen nur ein erstes Indiz für eine geringe Qualität darstellt und mit entsprechenden weiteren Auditstufen präzisiert werden sollte. Abbildung 63 zeigt die Auswertung des UEQ für die evaluierten mobilen Applikationen. Dabei wird deutlich, dass in den sechs Bereichen, die Mittelwerte zwischen 1,125 und -1,583 liegen. Aufbauend auf den als Referenz von den Entwicklern des UEQ (Laugwitz et al. 2008) eingesetzten Studien, werden im Instrumentarium zur Auswertung des UEQ die Werte <-0,8 als negative und >0,8 als positive Bewertungen eingestuft (UEQ-Online 2015).

Als Ergebnis für die Qualität kann aus der Analyse des UEQ abgeleitet werden, dass im Mobilitätsraum 1, Qualitätssteigerungen insbesondere im Rahmen der Originalität möglich sind, sowie die Durchschaubarkeit nicht positiv bewertet wird. Für den Mobilitätsraum 2 zeigt sich in allen Bereichen Handlungsbedarf, wobei die Originalität und die Attraktivität hervorstechen.

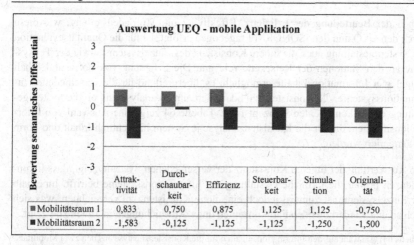

Abbildung 63: Auswertung der Systemgestaltung der mobilen Applikationen in den Mobilitätsräumen

Ausgehend von dieser Bewertung des UEQ zeigt die Evaluation mithilfe des ISONORM Fragebogens, dass sich das Gesamtbild aus dem UEQ bestätigt, wobei die Auswertung des ISONORM Fragebogens deutlich präziser die Verbesserungspotenziale hinsichtlich der Dialoggestaltung aufzeigt. Abbildung 64 zeigt, dass diese insbesondere bei der Aufgabenangemessenheit und der Individualisierbarkeit zu finden sind. Die Möglichkeit, die Bewertungen fachlich zu kommentieren, ermöglicht im ISONORM Fragebogen zudem, die Verbesserungspotenziale genauer zu identifizieren.

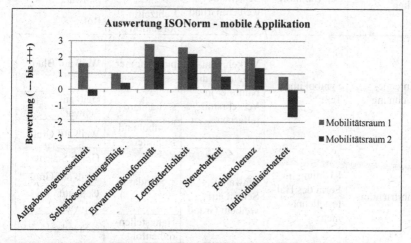

Abbildung 64: Auswertung des ISONORM Fragebogens für die mobilen Applikationen

Neben der Beurteilung der Effizienz, Effektivität und Zufriedenstellung, wie diese durch den UEQ und den ISONORM Fragebogen erfolgt, ist für die Qualitätsevaluation der Systemgestaltung auch die innere Konsistenz des Einzelsystems sowie der Teilsysteme an den Stationen der Reisekette relevant. Die Erfassung von Form und Inhalt festgelegter Informationsinhalte ermöglicht es, übergreifend für die verschiedenen Informationssysteme, die Konsistenz zu beurteilen, um zu analysieren, ob die Systemgestaltung einem konsistenten Konzept folgt. Tabelle 64 zeigt eine Auswahl von Informationsinhalten, die für die Konsistenzanalyse je System hinsichtlich Inhalt und Form dokumentiert wurden.

Die Auswertung der inneren Konsistenz der verschiedenen Systeme zeigt, dass Inkonsistenzen primär die farbliche Gestaltung der Informationssysteme betrifft. Innerhalb der Einzelsysteme ist zumeist jedoch eine hohe Konsistenz zu verzeichnen, was sich auch an den wiederholenden Farbkonzepten unter Abweichungen in Tabelle 64 zeigt.

Tabelle 64: Auswahl aus den Informationsinhalten für die Konsistenzanalyse aus den zwei Mobilitätsräumen

Informati- onsinhalt	Standard		Abweichung	
	Inhalt	Form	Inhalt	Form
Haltestellen- bezeichnung	Name der Haltestelle	schwarze Schrift auf weißem Grund	Name und Symbol	Weiß auf Blau
				Gelb auf Schwarz
Abfahrts- zeiten	Zeit (hh:mm)	schwarze Schrift auf weißem Grund	Zeit (Minu- ten)	Weiß auf Blau
				Gelb auf Schwarz
			Echtzeitin- formation	Rot
Linienbe- zeichnung	Symbol und Text	Verkehrsmit- telzeichen und Nummer in Verkehrsmit- telfarben	nur Nummer	Weiß auf Blau
			s. Standard	Gelb auf Schwarz
			Symbol und Nummer	Weiß auf Grau
Fahrtrichtung	Richtung in Form des Hal- testellenna- mens	schwarze Schrift auf weißem Grund	s. Standard	Graue Schrift
				Weiß auf Grau
				Gelb auf Schwarz
			Haltestellen- reihenfolge	s. Standard

Diese Abweichungen sind insoweit besonders von Relevanz, wenn der farblichen Gestaltung ein inhaltlicher Charakter zukommt, wie dies bei der Echtzeitinformation der Fall ist. Eine Abweichung kann in diesem Fall bei den Mobilitätsnutzern schnell zu Verwirrung und dem Verlust von Transparenz führen. Ähnlich sind die Abweichungen im Inhalt, insbesondere bei der Inkonsistenz beim Einsatz von Symbolen, zu sehen. Wird durch die Mobilitätsnutzer nur nach den Symbolen gesucht, um den Informationsbedarf zu decken, erzeugt die Inkonsistenz ggf. einen erhöhten Suchaufwand bis hin zu einer unzureichenden Deckung des Informationsbedarfs. Die Abweichungen resultieren zum Teil auch aus den unterschiedlichen Mobilitätsanbietern, bei denen in dieser Hinsicht zwar intern Inhalt und Form konsistent sind, diese aber im Zusammenspiel mit anderen Anbietern im Mobilitätsraum Inkonsistenzen aufweisen. Die Analyse der Inkonsistenzen während der Evaluation der Systemgestaltung ergibt u. a. die folgenden beispielhaft ausgewählten Abweichungen:

- Inhalt:

  o Reduktion der Haltestellennamen für die Zielanzeiger der Verkehrsmittel,

  o Fehlende Einzelangaben zu Umstiegen auf Anzeigern, die über Ansagen jedoch zur Verfügung gestellt werden,

  o Anzeiger von Abfahrten je Gleis oder Haltepunkt und teilweise Ergänzung durch Abfahrtszeiten der gesamten Haltestelle,

  o Kennzeichnung des aktuellen Standortes auf verschiedenen Karten erfolgt nicht durchgehend,

  o Anzeige von Umsteigezeiten im Fahrzeug nur an ausgewählten Haltestellen;

- Form:

  o Einsatz von Symbolen zur Kennzeichnung der Echtzeit erfolgt nicht immer konsistent an der Abfahrts-/Ankunftszeit, sondern wechselnd auch an Linien,

  o Unterschiedliche Darstellungen der Perlschnur,

  o Abweichungen in der Farbgebung von Logos und Symbolen gegenüber dem üblichen Gebrauch, bspw. S-Bahn-Symbol.

Grundsätzlich zeigen die in Abhängigkeit des Informationssystems und der Station der Reisekette erfassen Inkonsistenzen beispielhaft die Verbesserungspotenziale auf. Teilweise resultieren diese auch aus unterschiedlichen Entwicklungsständen und Überarbeitungszyklen der jeweiligen Systeme und können somit aufzeigen, an welchen Stationen der Reisekette ggf. Systeme überarbeitet werden müssen, um eine Qualitätssteigerung zu erreichen.

Tabelle 65: Gesamtübersicht über die Auswertungsmöglichkeiten der Systemgestaltung

Merkmal	Auswertung	Detailstufe
Allgemein	Systemcharakteristik	im gesamten Mobilitätsraum
		Je Informationssystem
Effizienz, Effektivität und Zufriedenstellung	Nach UEQ: • Attraktivität, • Durchschaubarkeit, • Effizienz, • Steuerbarkeit, • Stimulation, • Originalität,	im gesamten Mobilitätsraum
		je Informationssystem
	Nach Dialogprinzipien: • Aufgabenangemessenheit, • Selbstbeschreibungsfähigkeit, • Erwartungskonformität, • Lernförderlichkeit, • Steuerbarkeit, • Fehlertoleranz, • Individualisierbarkeit,	im gesamten Mobilitätsraum
		je Informationssystem
	User Experience und Dialoggestaltung in Kombination aus UEQ und ISONORM	im gesamten Mobilitätsraum
		je Informationssystem
Innere Konsistenz	Art der Inkonsistenz	im gesamten Mobilitätsraum
		je Station der Reisekette
		für definierten Ort
		je Informationssystem
	Informationssysteme zwischen denen Inkonsistenzen auftreten	im gesamten Mobilitätsraum
		je Station der Reisekette
		je Informationssystem
		je Inkonsistenz
	Inhaltliche Analyse der Inkonsistenz	je Station der Reisekette
		je Informationssystem
		je Inkonsistenz

Tabelle 65 zeigt die beschriebenen sowie weitere Auswertungsmöglichkeiten für die durch die Audits erhobenen Daten der Systemgestaltung. In allen Bereichen können die Evaluationsergebnisse auch dazu genutzt werden, um Mobilitätssysteme miteinander zu vergleichen und beispielsweise übergreifende Herausforderungen zu identifizieren, wie sie in Kapitel 7 als Resultat der durchgeführten Evaluation dargestellt sind.

6.6 Evaluation des Instrumentariums

Die zuvor dargestellten Ergebnisse aus der Qualitätsevaluation ermöglichen bereits eine erste Beurteilung der Anwendbarkeit des Instrumentariums. Weiterführend ist die Anwendbarkeit des Instrumentariums sowie die Gültigkeit der resultierenden Ergebnisse von der Zuverlässigkeit der Wiederholbarkeit der Evaluation im Sinne der Reliabilität sowie der Gültigkeit der Evaluation für das Objekt der Evaluation im Sinne der Validität abhängig (Schnell et al. 2011, S. 143–146).

6.6.1 Reliabilität des Instrumentariums

Tabelle 66 zeigt den Vergleich zwischen den Mobilitätsräumen differenziert nach Schnell- und Standardaudit sowie in Hinblick auf die Übereinstimmung zwischen den beiden durchgeführten Auditformen.

Tabelle 66: Vergleich der Evaluation der zwei Mobilitätsräume

	Mobilitätsraum 1	Mobilitätsraum 2
	Informationsinhalte	
Schnellaudit	1.240 Messpunkte	1.170 Messpunkte
Standardaudit	4.160 Messpunkte	3.720 Messpunkte
Gesamt	5.400 Messpunkte	4.890 Messpunkte
Übereinstimmung zwischen Schnell- und Standardaudit	89,4%	95,9%
	Informationsfluss	
Schnellaudit	15 Datensätze	11 Datensätze
Standardaudit	25 Datensätze	22 Datensätze
Gesamt	40 Datensätze	33 Datensätze
Übereinstimmung zwischen Schnell- und Standardaudit	93,6%	94,3%
	Systemgestaltung	
Schnellaudit	214 Messpunkte	132 Messpunkte
Standardaudit	998 Messpunkte	955 Messpunkte
Gesamt	1.212 Messpunkte	1.087 Messpunkte
Übereinstimmung zwischen Schnell- und Standardaudit	87,1%	80,3%

Für die Informationsinhalte zeigt die Analyse der erhobenen Daten, dass im Mobilitätsraum 1 mehr Messpunkte in die Evaluation der Qualität eingeflossen sind, als im Mobilitätsraum 2. Dies ist maßgeblich auf die höhere Anzahl an verfügbaren Informationsinhalten zurückzuführen. Im Vergleich zwischen Schnell- und Standardaudit ist festzustellen, dass im Standardaudit etwa dreimal mehr Messpunkte in den Mobilitäts-räumen erhoben werden. Die Übereinstimmung zwischen den beiden Auditformen liegt im Mobilitätsraum 1 bei 89,4% und konnte durch die Anpassung des Instrumen-tariums, auf Basis der Zwischenauswertung in Kapitel 6.4.3, auf 95,9% gesteigert werden. Für die Berechnung der Übereinstimmung sind nur solche Messpunkte einge-flossen, die in beiden Auditformen in den Mobilitätsräumen evaluiert wurden.

Neben der Anpassung des Instrumentariums kann die Steigerung der Übereinstim-mung zudem auf die steigende Vertrautheit mit dem Instrumentarium zurückgeführt werden, die insbesondere auf der Kenntnis der Informationsinhalte und -systeme be-ruht.

Für die Evaluation des Teilbereiches Informationsfluss innerhalb des Instrumentariums sind, wie in Tabelle 66 dargestellt, die aufgenommenen Datensätze entscheidend, da im Kontrast zur Evaluation der Informationsinhalte und der Systemgestaltung, ledig-lich dann Daten erhoben werden, wenn Lücken im Informationsfluss entlang der typi-schen Reisen durch die Evaluatoren festgestellt werden. Allerdings kann aus der reinen Anzahl der Datensätze keine Beurteilung der Qualität erfolgen. Diese kann nur auf Basis der Auswertung der erhobenen Daten sowie der Auswirkungen auf die Nutzer-gruppen erfolgen. Die Übereinstimmung zwischen den Auditformen liegt konstant auf hohem Niveau bei 93,6% bzw. 94,3%. Voraussetzung dafür ist insbesondere eine ge-naue Kenntnis der Nutzergruppe, in die sich im Sinne eines Walkthroughs hineinver-setzt werden soll sowie die dafür notwendige Fähigkeit, Informationslücken nicht durch System- oder Ortskenntnis auszugleichen, die über die der Nutzergruppe hin-ausgehen.

Die Übereinstimmung zwischen Schnell- und Standardaudit für die Systemgestaltung ist im Vergleich zu den anderen Teilen des Instrumentariums mit 87,1% bzw. 80,3% geringer. Gemessen an dem hohen Anteil, den der UEQ mit einer siebenstufigen Skala im semantischen Differential an dieser Bewertung einnimmt, ist die Übereinstimmung jedoch als hoch einzuordnen.

Abbildung 65 zeigt in diesem Zusammenhang beispielhaft die Unterschiede und Ge-meinsamkeiten zwischen der Bewertung im Schnell- und Standardaudit. Dabei ist die Bewertung im semantischen Differential nach dem UEQ auch durch die Kenntnis an-derer Systeme beeinflusst, was sich insbesondere in den Gegensatzpaaren originell – konventionell, neuartig – herkömmlich und konservativ – innovativ zeigt. Die Unter-schiede sind, wie im vorhergehenden Kapitel dargestellt, jedoch insoweit in ihrem Ein-fluss begrenzt, wie einem Schnellaudit ein Standardaudit unter Einsatz des ISONORM Fragebogens folgt. Grundlegend zeigen die Ergebnisse des Vergleichs zwischen dem UEQ des Schnell- und Standardaudit jedoch auch bei den Unterschieden eine hohe Übereinstimmung bei der Tendenz, wie diese auch in Abbildung 65 zu erkennen ist.

Abbildung 65: Bewertung eines mobilen Informationssystems mit dem UEQ für den Mobilitätsraum 1

Neben dem hohen Grad der Übereinstimmung in den drei Teilbereichen kann für die Durchführung der Qualitätsevaluation festgestellt werden, dass die Qualität der Evaluation selbst im Sinne der Reliabilität insbesondere durch die folgenden Faktoren beeinflusst wird:

- Kenntnis über die Informationsinhalte und deren verschiedene Ausprägungen,
- Fähigkeit, sich in die Nutzergruppen während des Walkthroughs hineinzuversetzen,
- Fachkenntnis über Informationssysteme für die Bewertung des UEQ.

Eine entsprechende Einweisung in das Instrumentarium ist demnach unverzichtbar und sollte auch einen praktischen Einsatz des Instrumentariums enthalten.

6.6.2 Validität des Instrumentariums

Die zuvor dargestellten Ergebnisse und die im Kapitel 7 aus diesen abgeleiteten typischen Herausforderungen zeigen die Fähigkeit des Instrumentariums, die Qualität der Mobilitätsinformation zu bestimmen.

Grundlegend fehlen für eine Beurteilung des Instrumentariums vergleichbare Messverfahren, die auf die Qualität der Mobilitätsinformation fokussieren. In sich zeigt das Instrumentarium jedoch die Fähigkeit, typische Herausforderungen aus unterschiedlichen Perspektiven zu erfassen und somit die Qualität der Evaluation zu erhöhen. Die Ergebnisse dieser Beurteilung zeigen sich in Kapitel 7. So kann beispielsweise die typische Herausforderung der Echtzeitinformation im Umsteigeprozess sowohl anhand der fehlenden Informationsinhalte als auch an den Informationslücken entlang der Reise, im Sinne des Informationsflusses, abgeleitet werden. Im Zusammenwirken der Teilergebnisse ergibt sich somit ein umfängliches Bild der Herausforderungen und ermöglicht zudem, die Einzelergebnisse zu verifizieren.

Abseits der konkreten Beurteilung der Qualität der Mobilitätsinformation fokussieren verschiedene Studien in Teilaspekten auf die Mobilitätsinformation. Das EU-Projekt Metpex beispielsweise analysiert die ‚Travel Experience‘, die u. a. auch aus der Mobilitätsinformation resultiert (Woodcock et al., S. 319).

Als Zwischenergebnis konnten innerhalb des Metpex-Projektes die folgenden Herausforderungen identifiziert werden (Marco 2014, S. 4–5):

- Steigerung der Nutzbarkeit von Informationssystemen, insbesondere für Nutzergruppen mit geringer Kenntnis des Informationssystems,

- Vielfalt der Nutzergruppen, insbesondere in Hinblick auf Mobilitäts- und weitere Einschränkungen,

- Fehlen einer gemeinsamen Vision oder Strategie hinsichtlich des Services im Ganzen und der einzelnen Leistungen,

- Konservativer Umgang mit neuen Technologien und deren Einführung,

- Fehlende Informationsinhalte, u. a.:

    o Fahrpläne,

    o Liniennetze,

    o Echtzeitinformationen,

    o Informationen im Fahrzeug,

    o Multimodale Verbindungsinformationen;

- Verfügbarkeit der vorhandenen Information für die Nutzergruppen,

- Kombination von Informationsinhalten aus unterschiedlichen Systemen,

- Fehlende Standardisierung des Informationsraums.

Zwar ist in einem europäischen Rahmen immer von einer gewissen Breite der Ergebnisse auszugehen, z. B. zeigen die Ergebnisse aus den zwei Mobilitätsräumen keine fehlende Bereitstellung von Fahrplänen und Liniennetzen, jedoch zeigt sich eine hohe Überstimmung zwischen der Metpex-Studie und den dargestellten Ergebnissen des Instrumentariums zur Qualitätsevaluation von Mobilitätsinformation (IQMI).

Ergebnisse der Usability-Evaluation der mobilen Fahrgastinformation im Projekt IP-KOM-ÖV (VDV-Mitteilung 7035, S. 12–14) zeigen zudem in Hinblick auf die Transparenz und die Systemgestaltung Grundsätze für die mobile Fahrgastinformation auf, die auch als Teil der Evaluation in den zwei Mobilitätsräumen als Verbesserungspotenziale identifiziert werden konnten. Dies betrifft insbesondere (VDV-Mitteilung 7035, S. 12–14):

- Transparente und eindeutige Kennzeichnung von Echtzeit-Informationsinhalten,

- Kontinuierliche Information entlang der Reise,

- Gestaltung der Störungsinformation.

Im Hinblick auf die notwendige System- und Ortskenntnis decken sich die Ergebnisse der Evaluation in den Mobilitätsräumen zudem mit den entlang der Entwicklung der elektronischen Aushanginformation durchgeführten Analysen (VDV-Mitteilung 7036, S. 49–61, Hörold et al. 2015a, 2015b).

6.6.3 Diskussion

Die Anwendung des Instrumentariums hat in beiden Mobilitätsräumen vier Tage in Anspruch genommen, wobei die Evaluation der Informationsinhalte sowie die Durchführung der typischen Reisen innerhalb des Informationsflusses den Großteil dieser Zeit eingenommen haben. Die Durchführung der Evaluation mithilfe des eingesetzten Online-Fragebogens führt zu einer schnellen digitalen Dokumentation der Messpunkte und Auswertung nach der Evaluation. Die Gestaltung dieses Hilfsmittels kann jedoch noch weiter optimiert werden, um u. a. die vorhandenen Informationssysteme im Fahrzeug für alle drei Stationen der Reisekette innerhalb des Fahrzeuges nicht dreifach eingeben zu müssen. Diese Potenziale beziehen sich jedoch auf die Optimierung der Nutzbarkeit der Hilfsmittel und nicht auf das Instrumentarium selbst.

Als Ergebnis der Anwendung des Instrumentariums in Form des Schnell- und Standardaudits in den zwei Mobilitätsräumen kann festgestellt werden, dass das Standardaudit mit seiner hohen Zahl an Messpunkten und Perspektiven für eine umfängliche Qualitätsevaluation besonders geeignet ist.

Das Schnellaudit hingegen bietet erste Hinweise auf mögliche Herausforderungen und Verbesserungspotenziale, die, u. a. aufgrund des deutlich geringeren Umfangs des Audits, ggf. nicht auf systematische Herausforderungen im Mobilitätsraum schließen lassen.

Die Ergebnisse des Standardaudits und die daraus in Kapitel 7 abgeleiteten Herausforderungen zeigen, dass diese eine gute Basis für die Durchführung eines Detailaudits sind, um Herausforderungen z. B. mit Mobilitätsnutzern, weiter zu evaluieren. Dies betrifft insbesondere die innerhalb der Systemgestaltung eingesetzten Methoden des UEQ und des ISONORM Fragebogens.

Zudem kann der ISONORM Fragebogen innerhalb des Standardaudits als detaillierte Ergänzung zum UEQ, wie dies im Kapitel 6.2.1 dargestellt ist, als wichtige Methode zur Beurteilung der effizienten, effektiven und zufriedenstellenden Nutzung der Informationssysteme betrachtet werden. Allerdings ist dies für nicht interaktive, insbesondere papierbezogene, Informationssysteme nur eingeschränkt der Fall. Hier beschränkt sich der Nutzen auf eine begrenzte Betrachtung der Aufgabenangemessenheit, Selbstbeschreibungsfähigkeit sowie Erwartungskonformität und Lernförderlichkeit. Entsprechend müssen die Ergebnisse je System einzeln bewertet werden und können u. U. nicht miteinander kombiniert oder verglichen werden.

Die Anwendung des Instrumentariums in Form von Audits mit definierten Vorgaben für alle drei Teilbereiche hat sich als geeignet erwiesen, um die Qualität aus verschiedenen Perspektiven entsprechend der Qualitätsmerkmale zu erheben.

Weiterführend ist es jedoch auch möglich, gezielt einzelne Methoden des Instrumentariums entsprechend klar definierter Fragestellungen, z. B. für bestimmte Nutzergruppen, Strecken oder Orte, einzusetzen. Die Ergebnisse sind im Sinne des Qualitätsmodells dann jedoch entsprechend begrenzt.

7. Typische Herausforderungen der Mobilitätsinformation

Vorgehen	Methoden	
	analytisch	empirisch
...		
Entwicklung des Instrumentariums	Systematische Entwicklung des Instrumentariums	
		Evaluation des Instrumentariums Expertenanalyse
		Evaluation des Instrumentariums Anwendung
	Ableiten typischer Herausforderungen	
...		

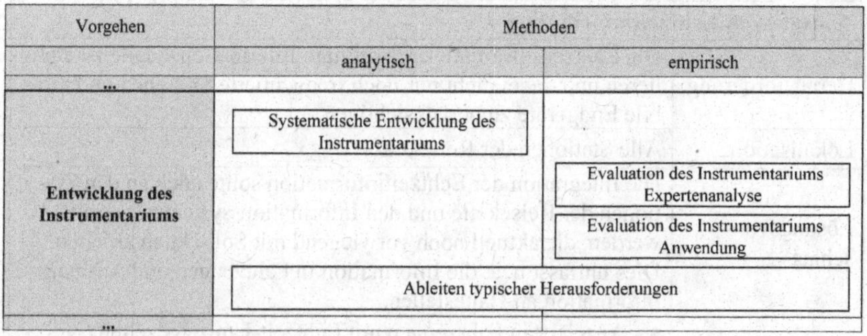

Abbildung 66: Ableiten typischer Herausforderungen aus dem Instrumentarium

Neben den im vorangegangenen Kapitel dargestellten Ergebnissen und Auswertungs-möglichkeiten können aus den zwei Mobilitätsräumen auch typische Herausforderungen der Mobilitätsinformation im öffentlichen Personenverkehr abgeleitet werden. Die Ableitung erfolgt basierend auf einer Extraktion und einem Vergleich wiederkehrender Herausforderungen in den zwei Mobilitätsräumen der Evaluation. Die Darstellung wird nach einem einheitlichen Muster realisiert, welches neben der Beschreibung der Herausforderung auch Lösungsbeispiele enthält. Die Herausforderungen werden im Folgenden in den Bereichen der Evaluation dargestellt:

- Informationsinhalt,
- Informationsfluss,
- Systemgestaltung.

Die typischen Herausforderungen und beispielhaften Lösungsvorschläge dienen als Guidelines, um die Mobilitätsinformation weiterzuentwickeln. Die Lösungsbeispiele werden beruhend auf beobachteten guten Beispielen in den Mobilitätsräumen ange-führt und müssen bei der Umsetzung immer auch den Nutzungskontext berücksichti-gen. Ziel dieses Kapitels ist es, neben den Verbesserungspotenzialen, die Ableitung zukünftiger Forschungsfelder anhand der typischen Herausforderungen zu ermögli-chen.

7.1   Herausforderungen des Informationsinhaltes

Tabelle 67: Einsatz von Echtzeitinformation

Einsatz von Echtzeitinformation	
Herausforderung	Die Echtzeitinformation als primäre Informationsquelle zu etablieren und dabei nicht nur hoch frequentierte Stationen und mobile Endgeräte zu berücksichtigen.
Lokalisation	Alle Stationen der Reisekette.
Lösungsvorschlag	Die Integration der Echtzeitinformation sollte auch an den Stationen der Reisekette und den Informationssystemen geprüft werden, die aktuell noch vorwiegend mit Soll-Daten arbeiten. Dies umfasst u. a. die Information in Fahrzeugen und Aushanginformation an Haltestellen.
Lösungsbeispiel	• Anzeiger in Fahrzeugen mit Echtzeit-Umsteigezeiten. • Elektronische Aushanginformation auf Basis von Echtzeitdaten.

Tabelle 68: Transparenz von Echtzeitinformation

Transparenz der Echtzeitinformation	
Herausforderung	Bei der sogenannten Echtzeitinformation handelt es sich zumeist um Prognosen sowie um eine in Intervallen aktualisierte Information. Der unterschiedliche Einsatz in den Systemen erschwert es den Mobilitätsnutzern, die Daten selbstständig einzuordnen.
Lokalisation	Alle Stationen der Reisekette.
Lösungsvorschlag	Entwicklung eines Transparenzkonzeptes und Vermeidung des Einsatzes von Funktionen, die eine Echtzeitinformation simulieren oder bei denen der Einsatz von Echtzeitinformation unklar ist, bspw. Perlschnur in mobilen Applikationen oder Umsteigeansagen im Fahrzeug.
Lösungsbeispiel	• Erste Ansätze durch Einsatz von ähnlichen Symbolen erkennbar.

Tabelle 69: Verständlichkeit der Tarifinformation

Verständlichkeit der Tarifinformation	
Herausforderung	Informationsinhalte zu Tarifen sind breit entlang der Reisekette gestreut, jedoch zumeist ohne Orts- und Systemkenntnis nicht eindeutig durch die Mobilitätsnutzer nutzbar. Diese Herausforderung wird durch die Inkonsistenz der Tarifinformation zwischen verschiedenen Einzelsystemen verstärkt.
Lokalisation	Reiseplanung, Reiseantritt und Vorbereitung am Einstiegspunkt.
Lösungsvorschlag	Informationen sollten einheitlich über alle Einzelsysteme hinweg angeboten und für die Tarifauswahl der verschiedenen Mobilitätsnutzer anwendbar sein. Der Einsatz von Systemen mit einer klaren räumlichen oder reise-bezogenen Struktur ist vorzuziehen.
Lösungsbeispiel	• In die Reiseplanung integrierte Tarifauskünfte. • Tarifsysteme mit geringer räumlicher Komplexität.

Tabelle 70: Konsistenz der Ticketerwerbsinformation

Konsistenz der Ticketerwerbsinformation	
Herausforderung	Der Erwerb von Tickets und Fahrscheinen erfolgt in einigen Mobilitätsräumen nicht an der Haltestelle, sondern im Fahrzeug oder u. U. inkonsistent wechselnd an Haltestellen und im Fahrzeug. Ohne entsprechende Information oder Systemkenntnis können die Mobilitätsnutzer den Ort des Erwerbs sowie zugehörige Einschränkungen, bspw. nur Zahlung mit Münzgeld, nicht identifizieren.
Lokalisation	Reiseplanung, Vorbereitung am Einstiegspunkt und im Fahrzeug.
Lösungsvorschlag	Der bestehenden Tarifinformation sollte eine Information über die Erwerbsmöglichkeit sowie ggf. vorhandener Einschränkungen konsistent kommuniziert werden.
Lösungsbeispiel	• Die Kommunikation zu Handytickets folgt an Haltestellen bereits diesem Kommunikationsprinzip.

Tabelle 71: Konsistenz zwischen Informationssystem und Infrastruktur

Konsistenz zwischen Informationssystem und Infrastruktur	
Herausforderung	Die Verknüpfung zwischen Informationsraum und Mobilitätsraum basiert häufig auf dem Einsatz von Symbolen und Abstraktionen, die von den Mobilitätsnutzern entsprechend interpretiert werden müssen. Teilweise ist das Verständnis dieser Symbole und Abstraktionen jedoch von einer Systemkenntnis seitens der Mobilitätsnutzer abhängig, die nicht vorausgesetzt werden kann.
Lokalisation	Alle Stationen der Reisekette.
Lösungsvorschlag	Die Verknüpfung zwischen Informationsraum und Mobilitätsraum sollte durch eine konsistente Symbolik in beiden Räumen gestärkt werden. Dadurch können die Informationsinhalte aus dem Informationsraum mit dem Mobilitätsgeschehen leichter verknüpft werden.
Lösungsbeispiel	• Abbildung der Information zum Haltebereich der Wagen am Gleis in Form von Schildern und Symbolen sowie auf dem DFI-Anzeiger.

Tabelle 72: Transparenz über die Möglichkeit der Störungsinformation

Transparenz über die Möglichkeit der Störungsinformation	
Herausforderung	Dynamische Informationssysteme bieten zumeist die Möglichkeit, Informationen zu Störungen und Ereignissen zu kommunizieren. Diese Möglichkeiten werden jedoch häufig nur im Ereignisfall sichtbar, sodass die Mobilitätsnutzer die Situation im Mobilitätsraum nicht einschätzen können. Teilweise werden die entsprechenden Funktionen für andere Informationsinhalte zudem missverständlich eingesetzt.
Lokalisation	Alle Stationen der Reisekette.
Lösungsvorschlag	Konsistente Information außerhalb von Ereignisfällen mit den entsprechenden Funktionen.
Lösungsbeispiel	• Kommunikation des Mobilitätsgeschehens in mobilen und webbasierten Systemen.

Tabelle 73: Information zum Ausstieg aus dem Fahrzeug

Information zur Ausstiegsrichtung aus dem Fahrzeug	
Herausforderung	Das Verlassen des Fahrzeuges stellt für die Mobilitätsnutzer, insbesondere in Stoßzeiten, eine besondere Herausforderung dar. Der Fluss der Mobilitätsnutzer ist dabei auch entscheidend für geringe Haltezeiten der Fahrzeuge. Zumeist fehlt diese Information zwar nicht völlig, wird jedoch häufig nur durch Lautsprecheransagen kommuniziert, welche in vollen Zügen oder bei eingeschränkten Hörfähigkeiten nicht hinreichend ist.
Lokalisation	Fahrt im Fahrzeug und Vorbereitung des Ausstieges.
Lösungsvorschlag	Integration der Ausstiegsinformation in bestehende Anzeiger in Fahrzeugen, z. B. durch entsprechende Symbolik.
Lösungsbeispiel	• In bestehende Anzeiger in Fahrzeugen integrierte Symbolik, z. B. ◄►, teilweise gekoppelt mit einem Symbol für Sprachansagen.

Tabelle 74: Information zur aktuellen Position

Information zur aktuellen Position	
Herausforderung	Für eine schnelle räumliche Mobilität ist die Kenntnis über die aktuelle Position sowie den Weg zum Ziel entscheidend. Entsprechenden Karten fehlt jedoch zumeist die Information über die aktuelle Position des Mobilitätsnutzers.
Lokalisation	Alle Stationen der Reisekette.
Lösungsvorschlag	Einführung eines konsistenten Standardelementes zur aktuellen Position, bspw. in Form eines Punkt- oder Stecknadelsymbols.
Lösungsbeispiel	• Markierungen auf Stadtplänen zum aktuellen Standort in Form eines Punktes.

Tabelle 75: Information zur Länge von Wegen

Information zur Länge von Wegen	
Herausforderung	Bei allen Wegen, die nicht durch einen Fahrplan charakterisiert werden, muss die Dauer der Wegbewältigung in einem bestimmten Rahmen geschätzt bzw. über Standardwerte verschiedenen Typen von Mobilitätsnutzern zugeordnet werden. Vonseiten der Mobilitätsnutzer besteht die Herausforderung, die Dauer der Wege in das eigene Mentale Modell zu überführen. Dazu sind häufig neben der Zeit noch weitere Informationen, bspw. zur Länge von Wegen, notwendig, die nicht bereitgestellt werden.
Lokalisation	Alle Stationen der Reisekette, die nicht in einem ÖV-Fahrzeug erfolgen und in denen Strecken zurückgelegt werden.
Lösungsvorschlag	Integration der Länge der Wege als zusätzliche Information und damit Schaffung einer größeren Transparenz in Verknüpfung mit der dargestellten Dauer des Weges.
Lösungsbeispiel	• Verschiedene mobile Applikationen bieten diese Information ergänzend bereits an.

7.2　Herausforderungen des Informationsflusses

Tabelle 76: Echtzeitinformation im Umsteigeprozess

Echtzeitinformation im Umsteigeprozess	
Herausforderung	Der Informationsfluss, als Entscheidungsgrundlage entlang des Umsteigeprozesses, wird aktuell insbesondere durch fehlende Echtzeitinformation entlang der Umsteigewege unterbrochen. Die verlässliche und konsistente Information zur Anpassung des Verhaltens des jeweiligen Mobilitätsnutzers ist dabei jedoch entscheidend.
Lokalisation	Ausstieg aus dem Verkehrsmittel und Umstieg.
Lösungsvorschlag	Anbieten der Echtzeitinformation auch während des Umsteigeprozesses durch stationäre Informationssysteme. Dabei müssen die Wege entsprechend analysiert und geeignete Aufstellpunkte identifiziert werden. Durch die Kombination mit im Fahrzeug installierten Systemen kann ein zusätzlicher Synergieeffekt erzielt werden.
Lösungsbeispiel	• Zentral aufgestellte DFI-Anzeiger an größeren Haltestellen.

Tabelle 77: Beschilderung innerhalb von Haltestellen

Beschilderung innerhalb von Haltestellen	
Herausforderung	Die Beschilderungen für den Umstieg und das Verlassen der Haltestelle müssen den unterschiedlichen Aufgaben und Nutzern entsprechen. Häufig werden diese den Anforderungen an einen konsistenten Informationsfluss und eine schnelle Aufgabenerledigung durch inkonsistente Symbole und Begriffe jedoch nicht gerecht.
Lokalisation	Ausstieg, Umstieg und Verlassen der Haltestelle.
Lösungsvorschlag	Konsistente und lückenlose Kommunikation von Linien und Richtung, Gleisen sowie POI in der Umgebung der Haltestelle.
Lösungsbeispiel	• Konsistente und gut sichtbare Beschilderung in Übereinstimmung mit Haltestellenplänen und anderen Informationssystemen, z. B. an modernen Bahnhöfen.

Tabelle 78: Informationsfluss im Fahrzeug

Informationsfluss im Fahrzeug	
Herausforderung	Die Fahrzeuge stellen einen wichtigen Teil der Reisekette dar, die oft informationell schlecht ausgestattet sind. Informationsinhalte im Fahrzeug beziehen sich zumeist nur auf die aktuelle Fahrt ohne dabei, insbesondere in Form von Echtzeitinformationen, an das Mobilitätsgeschehen anzuknüpfen.
Lokalisation	Fahrt im Fahrzeug und Vorbereitung des Ausstiegs.
Lösungsvorschlag	Vernetzung der Fahrzeuginformation mit dem Mobilitätsgeschehen, z. B. in Form von Echtzeit-Umsteigebeziehungen, sowie konsistente Information zu Störungs- und Ereignisfällen.
Lösungsbeispiel	• Integration von Umsteigeinformationen in Anzeiger im Fahrzeug, u. a. inkl. Abfahrtszeiten, Linie und Fahrtrichtung.

Tabelle 79: Lücken durch unterschiedliche Ausbaustufen

Lücken durch unterschiedliche Ausbaustufen	
Herausforderung	Systembedingt führen unterschiedliche Fahrzeuggenerationen und Haltestellen zu einer Unsicherheit über die Verfügbarkeit von Informationen. Die Herausforderung besteht darin, dennoch einen verlässlichen Informationsfluss sicherzustellen.
Lokalisation	Alle Stationen der Reisekette.
Lösungsvorschlag	Systematische Einführung von Systemen nach entsprechender Testphase und Alternativkonzepte zur Kompensation von systembedingten Informationslücken.
Lösungsbeispiel	Die Schwierigkeit der Lösung dieser Herausforderung spiegelt sich darin wider, dass aktuell kein Lösungsbeispiel benannt werden kann, in dem dies zufriedenstellend gelöst ist. Lediglich die Einführung von mobilen Applikationen stellt ein Mittel dar, einheitlich neue Informationsinhalte und Funktionen zu integrieren.

7.3　Herausforderungen der Systemgestaltung

Tabelle 80: Funktionsumfang der Systeme

Funktionsumfang der Systeme	
Herausforderung	Grundlegend für die Systemgestaltung ist die Festlegung des Funktionsumfanges des jeweiligen Systems. Dabei sind zwei Trends zu verzeichnen: Entweder rudimentäre Systeme, mit wenigen Funktionen, die oft nicht den Erwartungen der Mobilitätsnutzer entsprechen, sowie sehr komplexe und verschachtelte Systeme, die häufig nicht effizient, effektive und zufriedenstellend genutzt werden können.
Lokalisation	Alle Stationen der Reisekette.
Lösungsvorschlag	Grundsätzliche Fokussierung auf den Workflow der Mobilitätsnutzer und nicht auf die reine Funktionalität der Informationssysteme.
Lösungsbeispiel	Workflowbasierte mobile Applikation (Mayas et al. 2015).

Tabelle 81: Einsatz von Symbolen und grafischen Elementen

Einsatz von Symbolen und grafischen Elementen	
Herausforderung	Der Einsatz von Symbolen und grafischen Elementen, z. B. Hervorhebungen und Farben, erfolgt mit dem Ziel, die Informationsdarstellung zu unterstützen und zusätzliche Informationen, z. B. für die Transparenz, zu kommunizieren. Teilweise führen jedoch uneinheitliche und schwer verständliche Symbole und grafische Elemente weder zu einer Steigerung der Informationsqualität noch der Selbstbeschreibungsfähigkeit, sondern zu zusätzlicher Verwirrung.
Lokalisation	Alle Stationen der Reisekette.
Lösungsvorschlag	Konsistente und einheitliche Gestaltung zuvor getesteter Elemente, die den Erwartungen der Nutzer entsprechen und Vermeidung von unnötigen Neuentwicklungen.
Lösungsbeispiel	Etablierte Symbole, z. B. für Fahrscheinautomaten oder Fahrzeuge.

Tabelle 82: Systemübergreifende Inkonsistenz neuer Systeme

Systemübergreifende Inkonsistenz neuer Systeme	
Herausforderung	Etablierte Informationssysteme sind häufig bereits nahtlos in die konsistente Informationsdarstellung eingebunden. Die Gestaltung neuer Systeme, z. B. mobiler Applikationen, folgt häufig nicht dieser Prämisse, sodass durch neue Symbole, Metaphern und Informationen, die systemübergreifende Konsistenz verringert wird.
Lokalisation	Alle Stationen der Reisekette.
Lösungsvorschlag	Entweder konsistente Übernahme der Systemgestaltung bestehender Systeme oder kontinuierliche Anpassung aller Systeme an Veränderungen in der übergreifenden Systemgestaltung.
Lösungsbeispiel	Anlehnung kann hierbei an bereits etablierten Konzepten des Corporate Designs genommen werden, das ebenfalls die Ziele der einheitlichen Gestaltung verfolgt.

Tabelle 83: Bedienung von interaktiven Systemen

Bedienung von interaktiven Systemen	
Herausforderung	Die Vielfalt unterschiedlicher Systeme wird dann zur Herausforderung für die Mobilitätsnutzer, wenn Systeme mit gleicher Aufgabe in einem Mobilitätsraum unterschiedlich zu bedienen sind. Der Fahrscheinautomat ist dabei das hervorstechendste Beispiel, insbesondere wenn mehrere Mobilitätsanbieter präsent sind und sich die Mobilitätsangebote örtlich überschneiden.
Lokalisation	Alle Stationen der Reisekette.
Lösungsvorschlag	Konsistente Bedienprinzipien und konsistente Festlegung des Funktionsumfangs innerhalb des Mobilitätsraums.
Lösungsbeispiel	Innerhalb der ÖPNV-Mobilitätsanbieter ist bereits eine hohe Konsistenz vorhanden.

Tabelle 84: Auslagerung von Funktionen an Zusatzanwendungen

Auslagerung von Funktionen an Zusatzanwendungen	
Herausforderung	Insbesondere bei mobilen Applikationen werden Funktionen, die das System nicht anbietet, teilweise durch die Übergabe von Daten an Zusatzanwendungen, z. B. Kartenanwendungen, kompensiert. Die Herausforderung besteht darin, dass die Informationen konsistent übergeben werden müssen und aus bspw. einer Haltestelle nicht eine Straße werden sollte. Zudem erfordert die Einbindung dieser Anwendungen auch eine Installation durch den Mobilitätsnutzer.
Lokalisation	Alle Stationen der Reisekette.
Lösungsvorschlag	Wesentliche Funktionen und Informationen sollten nicht ausgegliedert werden. Beim Einsatz von Zusatzanwendungen für besondere Fälle sollte ein konsistenter Datenaustausch sichergestellt werden.
Lösungsbeispiel	Vielfältige mobile Anwendungen kommen bereits weitgehend ohne Zusatzanwendungen aus.

Allgemein kann bei der Systemgestaltung ein hoher Bedarf an einer konsistenten sowie effizienten, effektiven und zufriedenstellenden Gestaltung festgestellt werden. Dies betrifft insbesondere interaktive Systeme, aber auch nicht interaktive Aushänge und Informationsanzeiger, wobei bei diesen die Herausforderungen eher auf der Ebene der Informationspräsentation sowie der Aktualität der Information liegen.

8. Fazit und Ausblick

Ausgehend von der Zielstellung, die Qualität der Mobilitätsinformation bestimmen und Verbesserungspotenziale identifizieren zu können, zeigt das entwickelte Instrumentarium auf, wie dies in Form eines mehrstufigen Audits erfolgen kann. Das Vorgehen zur Erreichung dieses Ziels gliedert sich in sechs Phasen.

In der ersten Phase konnte anhand einer Analyse des Standes der Forschung das Forschungsziel konkretisiert und der Forschungsbedarf im Hinblick auf die Lücken im Untersuchungsgegenstand, die Identifikation und Operationalisierung von Qualitätsmerkmalen sowie die Entwicklung einer nutzerzentrierten Systematik zur Qualitätsevaluation bestimmt werden.

Die zweite Phase der Analyse der Mobilität greift diese Lücken im Untersuchungsgegenstand auf und beinhaltet eine umfassende Analyse des Mobilitätsraums, der Reisekette sowie des Informationsraums basierend auf aktuellen Forschungsergebnissen. Im Ergebnis dieser Phase wurden der Mobilitäts- und Informationsraum mit jeweils drei Ebenen definiert und die Mobilitätsnutzer in diesen Räumen verortet. Innerhalb dieses Informationsraums konnte zur Systematisierung der Informationssysteme eine vierstufige Klassifikation abgeleitet werden, die als Ausgangsbasis für die Beschreibung und Evaluation der Systeme dient. Zudem zeigt die Analyse der Reisekette die Anwendbarkeit für die verschiedenen Mobilitätsangebote sowie die Verfeinerungspotenziale für die Übergänge zu den Verkehrsmitteln auf.

Die Entwicklung des Qualitätsmodells in der dritten Phase basiert auf einer Literaturanalyse der Qualität und der Qualitätsmerkmale in den Bereichen Usability Engineering, Mobilitätsdienstleistung und Mobilitätsinformationssysteme. Zudem werden identifizierte offene Fragestellungen aus der Literatur, u. a. zur Nutzung der Informationssysteme sowie der Entwicklung der Mobilitätsinformation, mittels empirischen Analysen unter Integration der Nutzer- und Expertenperspektive anhand des Fallbeispiels des öffentlichen Personenverkehrs geschlossen. Die Identifikation der relevanten Qualitätsmerkmale in Kombination der Literaturanalyse, der Expertenbefragung und der Usability Evaluation mit Nutzern bildet die Basis für die Ableitung des Qualitätsmodells, welches das zentrale Ergebnis dieser Phase ist. Das Qualitätsmodell für die Mobilitätsinformation ist dabei über die folgenden Merkmale definiert:

- Effektivität, Effizienz und Zufriedenstellung;
- Verlässlichkeit, Konsistenz und Transparenz.

Der im Kern des Qualitätsmodells dargestellte Einfluss des **Nutzungskontextes** wird in Phase vier im Sinne des Usability Engineerings anhand der Mobilitätsnutzer, der Aufgaben sowie der Umgebung entlang der Reisekette analysiert und am Fallbeispiel des öffentlichen Personenverkehrs mit empirischen Methoden konkretisiert und evaluiert.

Die Analyse der Mobilitätspattern und der Charakteristika der Mobilitätsnutzer sowie deren Beschreibung in Form von Personas sind die Ausgangsbasis für eine nutzerzentrierte Analyse der Aufgaben. Zentrale Merkmale der Mobilitätsnutzer sind u. a. die Orts- und Systemkenntnis sowie der Nutzungsgrund.

Für die Aufgabenanalyse vereint die eingesetzte Methode der Hierarchical Task Analysis die Erhebung und Definition der Aufgaben mit einer systematischen Form der Dokumentation. Die für das Fallbeispiel identifizierten 18 Hauptaufgaben und 107 Unteraufgaben zeigen die Komplexität und Heterogenität der Mobilität aus Nutzersicht und den daraus resultierenden Informationsbedarf auf.

Die abschließende Untersuchung der Umgebung mittels Analyse der relevanten Kontextfaktoren im Feld ergänzt diese zuvor durchgeführten Analysen in Form von typischen Kontextpattern, die die Charakteristik des Kontextes, indem die Mobilität durchgeführt und die Mobilitätsinformation genutzt wird, am Beispiel der Haltestellen des öffentlichen Personenverkehrs darstellt.

Die **Bestimmung der Qualitätsmerkmale** adressiert die Teilbereiche Informationsinhalte, -fluss und Systemgestaltung des Qualitätsmodells und den Forschungsbedarf der Operationalisierung der Qualitätsmerkmale als Grundlage für die systematische Qualitätsevaluation. Für die Informationsinhalte wird ein Framework zur Bestimmung des Informationsbedarfs aufbauend auf der Analyse des Nutzungskontextes entwickelt und am Fallbeispiel mit Experten angewendet, um typische Profile für verschiedene Mobilitätsnutzergruppen zu identifizieren. Für den Informationsfluss und die Systemgestaltung werden im Sinne der Bestimmung der Qualitätsmerkmale verschiedene Erhebungsmethoden analysiert, eingesetzt und verglichen. Die Qualitätsmerkmale Verlässlichkeit, Konsistenz und Transparenz werden zudem anhand der Zielvektoren für die Qualitätsevaluation sowie typischer Fragestellungen operationalisiert. Im Ergebnis dieser fünften Phase steht eine Verfeinerung der Qualitätsmerkmale sowie eine Analyse verschiedener Evaluationsverfahren, die im Instrumentarium eingesetzt werden können.

Aufbauend auf den vorherigen Analysen und empirischen Untersuchungen sowie den aus der Zielstellung abgeleiteten Anforderungen, beinhaltet die sechste Phase die **Entwicklung des Instrumentariums zur Qualitätsevaluation**. Das abgeleitete Verfahren umfasst insgesamt drei Auditstufen, die die zuvor definierten Evaluationsmethoden für die Qualitätsmerkmale in den drei Teilbereichen in unterschiedlicher Tiefe aufgreifen. Die ersten beiden Stufen beinhalten Methoden zur expertengestützten Evaluation, während die letzte Stufe den Einsatz von nutzerorientierten Evaluationsmethoden vorsieht. Die Evaluation des Instrumentariums erfolgt in dieser Phase in zwei Schritten.

Die erste Evaluation besteht aus einem Experteninterview mit drei Mobilitätsexperten zur Analyse der Zielerreichung. Untersuchungsgegenstand ist das Ziel der nutzerzentrierten Qualitätsevaluation zur Identifikation von Verbesserungspotenzialen sowie der Beurteilung der Anwendbarkeit für verschiedene Fragestellungen aus dem Arbeitsfeld der Experten. Das Ergebnis der Analyse zeigt neben einer positiven Beurteilung der Teilkonzepte und des Gesamtkonzeptes des Instrumentariums eine Priorisierung von Auswertungsmöglichkeiten sowie weitere Einsatzmöglichkeiten für die Auditstufen.

Die zweite Evaluation umfasst die Anwendung in zwei Mobilitätsräumen mit zwei Evaluatoren im Schnell- und Standardaudit. Die Analyse der Anwendung zeigte eine hohe Validität und Reliabilität sowie vielfältige Auswertungsmöglichkeiten. Bezüglich der Anwendbarkeit des Instrumentariums bestätigte die Analyse, dass das Schnellaudit auch von eingewiesenem Personal durchgeführt werden kann. Allerdings ist mit steigender Auditstufe ein zunehmendes Methoden- und Anwendungswissen erforderlich, welches zumeist nur bei entsprechenden Experten zu finden ist. Aus der Entwicklung und Anwendung des Instrumentariums können Empfehlungen für den Einsatz des Instrumentariums definiert werden, um die Qualität der Ergebnisse sicherzustellen:

- Vorbereitung der Audits:
  - o Auswahl der Evaluatoren hinsichtlich ihrer Fähigkeit, sich in typische Mobilitätsnutzer hineinzuversetzen.
  - o Intensive Einweisung der Evaluatoren in die Informationslandschaft des Mobilitätsraums, insbesondere in die Informationsinhalte und -systeme.
  - o Erstellung der vollständigen Auditunterlagen und Vergabe von Kennziffern für die jeweiligen Tätigkeiten zur Prüfung der Eingaben auf Plausibilität.
- Durchführung des Audits:
  - o Die Durchführung des Audits sollte entlang typischer Tage und Zeiten erfolgen und sowohl Wochentage als auch Wochenenden enthalten, wobei Pendlerfahrten bspw. primär an Werktagen erfolgen sollten.
  - o Neben den zu erfassenden vorgegebenen Merkmalen und Messpunkten sollten auch solche Ereignisse, Besonderheiten etc. dokumentiert werden, die nicht explizit adressiert werden.
  - o Eine zusätzliche Dokumentation in Form von Fotos kann zusätzlich helfen, Situationen im Nachhinein detailliert zu bewerten.

- Auswertung des Audits:

  o Im Fokus der Auswertung steht die Identifikation von Verbesserungspotenzialen zur Steigerung der Qualität der Mobilitätsinformation. Die Möglichkeiten des Instrumentariums, diese Potenziale aus verschiedenen Perspektiven und hinsichtlich unterschiedlicher Mobilitätsnutzer zu beleuchten, sollten weitgehend genutzt werden.

  o Ausgehend von den Auditstufen muss am Ende einer Auswertung definiert werden, ob weitere Audits durchgeführt werden sollten.

Für die Anwendbarkeit des Instrumentariums sollte langfristig eine Weiterentwicklung des Hilfsmittels zur Erfassung angestrebt werden. Die aktuelle Form stellt zwar eine ausreichende Möglichkeit der systematischen Erfassung dar, jedoch kann die Erfassung durch die Erhebung zusätzlicher Daten, z. B. des aktuellen Standorts mittels GPS oder einer integrierten Datenbank für Bilder und Fotos, noch weiter verfeinert werden.

Zentral für die Bestimmung der Qualität der Mobilitätsinformation sind die Informationsinhalte, die systematisch über die Aufgaben und den resultierenden Informationsbedarf bestimmt werden. Dies ist zuvor am Fallbeispiel des öffentlichen Personenverkehrs für sieben typische Gruppen von Mobilitätsnutzern erfolgt. Allerdings umfasst der Mobilitätsraum neben diesen Mobilitätsnutzern noch weitere Nutzergruppen mit detaillierterem Informationsbedarf, z. B. im Bereich der Barrierefreiheit. Zudem setzt sich der Mobilitätsraum aus weiteren Mobilitätsangeboten zusammen, deren Nutzung vernetzt erfolgen kann. Für eine solche Evaluation müssen, entsprechend Kapitel 4, die Nutzungskontexte sowie der Informationsbedarf weiterführend analysiert und definiert werden.

Im Ergebnis entsteht bei einer Analyse weiterer Nutzungskontexte schrittweise eine Datenbasis, die für einen flexibleren Einsatz des Instrumentariums über einzelne Mobilitätssysteme hinaus genutzt werden kann.

Abseits des primären Ziels des Instrumentariums, die Qualität der Mobilitätsinformation in einer Form zu bestimmen, die die Identifizierung von konkreten Verbesserungspotenzialen ermöglicht, sollte schrittweise eine Datenbasis über verschiedene Mobilitätsräume erzeugt werden, die auch einen Vergleich der Qualität zwischen diesen ermöglicht. Somit können ggf. solche Maßnahmen identifiziert werden, die die Qualität der Mobilitätsinformation in anderen Mobilitätsräumen verbessert bzw. verändert haben.

Das Ziel, ein Modell für die Qualität der Mobilitätsinformation zu entwickeln sowie die Qualität in Form eines Instrumentariums zu evaluieren, kann als erreicht angesehen werden. Die zuvor beschriebenen Verbesserungspotenziale zeigen auf, inwieweit in der Anwendung und Verfeinerung des Instrumentariums noch Erweiterungen auf der geschaffenen Basis erfolgen können. Die einzelnen Methoden, z. B. die Bestimmung des Informationsbedarfs oder die Evaluation des Informationsflusses, können zudem auch außerhalb des Instrumentariums als Grundlage für die nutzerzentrierte Entwicklung Anwendung finden. Dies entspricht dem Ziel, Mobilitätsanbietern sowie Entwicklern neben der Qualitätsevaluation auch Methoden und Werkzeuge zur Entwicklung zur Verfügung zu stellen.

Die Ergebnisse des Experteninterviews stützen diese positive Beurteilung der Zielerreichung und der Anwendbarkeit des Instrumentariums. Aus den Aussagen der Experten und dem Interesse an den Ergebnissen der dargestellten Forschung kann abgeleitet werden, dass auch aus der Praxis ein hoher Bedarf an einer nutzerzentrierten Identifikation von Verbesserungspotenzialen und den einzelnen Methoden besteht.

Über die definierten Ziele sowie die beschriebene Verfeinerung des Instrumentariums, der Daten- und Vergleichsbasis sowie der Hilfsmittel oder Werkzeuge zur Erhebung hinaus, können für die Forschung zur Qualität der Mobilitätsinformation aus der Anwendung des Instrumentariums weitere Forschungs- und Entwicklungspotenziale abgeleitet werden.

Zu diesen Forschungs- und Entwicklungspotenzialen zählen:

- Entwicklung eines Konzeptes für die Transparenz von Mobilitätsinformation.

- Systembezogene Analyse zur Reduzierung der notwendigen Orts- und Systemkenntnis für die Nutzung von Mobilitätsinformationssystemen.

- Erweiterung der Ansätze des UEQ und des ISONORM Fragebogens für die speziellen Anforderungen der verschiedenen Mobilitätsinformationssysteme.

- Analyse des Einflusses der einzelnen Qualitätsmerkmale auf das subjektive Empfinden der Mobilitätsnutzer, zur Verknüpfung des Instrumentariums mit den aktuell eingesetzten Kundenbefragungen.

- Erweiterung des Frameworks für die Bestimmung des Informationsbedarfs durch spezielle Nutzerbeschreibungen und die Verfeinerung der Definition der Informationsinhalte.

- Übertragung des Instrumentariums auf andere Kulturkreise und Mobilitätssysteme.

Zudem ist für die Betrachtung der Qualität von Mobilitätsinformation, wie diese in Kapitel 5 dargestellt ist, die Einordnung der Qualität der Mobilitätsinformation in das Gesamtsystem der Qualität und der subjektiven Reisequalität der Mobilitätsnutzer, wie sie u. a. durch (Woodcock et al., S. 319–321) betrachtet wird, genauer zu analysieren.

Abschließend kann festgestellt werden, dass das Anwendungsfeld der Mobilitätsinformation im Speziellen und der Mobilität im Allgemeinen hohes Forschungspotenzial aufweist. Die durchgeführten Analysen und Evaluationen zum dargestellten Instrumentarium der Qualitätsevaluation von Mobilitätsinformation (IQMI) bietet hierzu einen systematischen und nutzerorientierten Ansatz und ein Verfahren zur Bestimmung von Verbesserungspotenzialen zur Qualitätssteigerung. Aus der Perspektive der Mobilitätsnutzer kann die Identifikation und Adressierung typischer Herausforderungen der Mobilitätsinformation, je nach Art der Herausforderung, kurz- und langfristig zu Verbesserungen führen. Hervorzuheben ist dabei die konsistente und verlässliche Information entlang der Reise, die wichtige Voraussetzung ist, damit das Mobilitätsangebot einfach genutzt werden kann und die Mobilitätsnutzer den Fokus auf den eigentlichen Grund für die Mobilität legen können.

Literaturverzeichnis

ADAC e.V. (Hg.) (2014): ADAC Test 2014: Taxifahrten in deutschen Städten. Online verfügbar unter https://www.adac.de/infotestrat/tests/verkehrsmittel/taxi/2014/default.aspx, zuletzt geprüft am 15.05.2015.

Alles, Heike (2000): Fahrgast-Informationssysteme. Marktstudie. Februar 2000. Düsseldorf: Ministerium für Wirtschaft, Mittelstand und Technologie des Landes Nordrhein-Westfalen.

Ammoser, Hendrik; Hoppe, Mirko (2006): Glossar Verkehrswesen und Verkehrswissenschaften. Definitionen und Erläuterungen zu Begriffen des Transport- und Nachrichtenwesens. Dresden: Techn. Univ., Fak. Verkehrswiss. "Friedrich List" (Diskussionsbeiträge aus dem Institut für Wirtschaft und Verkehr, 2006,2).

Annet, John (2004): Hierarchical Task Analysis (HTA). In: Neville Stanton (Hg.): Handbook of Human Factors and Ergonomics Methods: Taylor & Francis Ltd, S. 329–337.

Anwar, Mehbub (2009): Paradox between Public Transport and Private Car as a Modal Choice in Policy Formulation. In: *Journal of Bangladesh Institute of Planners* 2009 (2), S. 71–77.

BAG ÖPNV (Hg.) (2011): Leitfaden zur Erstellung des Gesamtberichts nach Art. 7 (1) der Verordnung (EG) Nr. 1370/2007. Bundesarbeitsgemeinschaft der ÖPNV-Aufgabenträger (BAG ÖPNV) bei der Bundesvereinigung der kommunalen Spitzenverbände. Frankfurt am Main.

Baumann, Konrad (2010): Personas as a user-centred design method for mobility related service. In: Information Design Journal, Bd. 18 (2), S. 157–167.

Bäumer, Marcus; Pfeiffer, Manfred: Leitfaden für die Durchführung von Kundenzufriedenheitsbefragungen im ÖPNV. Hg. v. IVT Research GmbH. Im Auftrag des Bundesministeriums für Verkehr, Bau und Stadtentwicklung. Online verfügbar unter http://www.mobilitaet21.de/wp-content/uploads/fops/leitfaden_kundenzufriedenheitserhebungen.pdf, zuletzt geprüft am 15.09.2013.

Beckmann, Klaus J.; Chlond, Bastian; Kuhnimhof, Tobias; Ruhren, Stefan von der; Zumkeller, Dirk (2006): Mobilität - Everyday users of multimodal means of transport. In: Deutsche Verkehrswissenschaftliche Gesellschaft (Hg.): Internationales Verkehrswesen. Transport and mobility management, 58(4). Hamburg: DVV Media Group, S. 138–145.

Beutler, Felix (2004): Intermodalität, Multimodalität und Urbanibility - Vision für einen nachhaltigen Stadtverkehr. WZB - discussion paper, 2004-107. Hg. v. Wissenschaftszentrum Berlin für Sozialforschung. Berlin. Online verfügbar unter http://skylla.wz-berlin.de/pdf/2004/iii04-107.pdf, zuletzt geprüft am 12.08.2013.

Bevan, Nigel (1995): Measuring usability as quality of use. In: *Software quality journal* 4 (1995), S. 115–130. Online verfügbar unter http://dx.doi.org/10.1007/ BF00402715.

Bevan, Nigel (1997): Quality and usability: A new framework. In: Erik van Veenendaal und Julie McMullan (Hg.): Achieving software product quality. Den Bosch, Niederlande: UTN Publishers, S. 1–8.

Bevan, Nigel (2009): Extending Quality in Use to Provide a Framework for Usability Measurement. In: Masaaki Kurosu (Hg.): Human Centered Design. HCII 2009. Berlin: Springer (Lecture notes in computer science, 5619), S. 13–22.

Bevan, Nigel (2013): Using the Common Industry Format to Document the Context of Use. In: Masaaki Kurosu (Hg.): Human-centred design approaches, methods, tools and environments. Berlin [u.a.]: Springer, S. 281–289.

Bevan, Nigel; Azuma, Motoei (1997): Quality In Use: Incorporating Human Factors into ihe Software Engineering Lifecycle. In: Software Engineering Standards Symposium and Forum, 1997. 'Emerging International Standards'. ISESS 97., Third IEEE International, S. 169–179.

Boes, Andreas; Kämpf, Tobias (2010): Arbeit im Informationsraum: Eine neue Qualität der Informatisierung als Basis einer neuen Phase der Globalisierung. In: Esther Ruiz Ben (Hg.): Internationale Arbeitsräume. Unsicherheiten und Herausforderungen. Freiburg: Centaurus-Verl. (Soziologische Studien, 36), S. 19–54.

Böhler, Susanne (2009): Handbuch zur Planung flexibler Bedienungsformen im ÖPNV. Bonn: Bundesinstitut für Bau-, Stadt- und Raumforschung (BBSR) im Bundesamt für Bauwesen und Raumordnung.

Bormann, René; Bracher, Tilman; Dümmler, Oliver; et al. (2010): Neuordnung der Finanzierung des Öffentlichen Personennahverkehrs. Bündelung, Subsidiarität und Anreize für ein zukunftsfähiges Angebot. Bonn: Abt. Wirtschafts- und Sozialpolitik der Friedrich-Ebert-Stiftung (Wiso-Diskurs).

BOStrab, vom 11.12.1987 (1987): Verordnung über den Bau und Betrieb der Straßenbahnen (Straßenbahn-Bau- und Betriebsordnung - BOStrab).

Brown, Richard J.; Faber, Oscar (1995): Driver Information Systems. In: H. K. Blessington (Hg.): Urban transport. Proceedings of the Institution of Civil Engineers conference. London, New York: T. Telford Publications, S. 89–102.

Buehler, Ralph; Pucher, John; Kunert, Uwe (2009): Making Urban Transport Sustainable: Insights from Germany. Hg. v. Brookings Institution Metropolitan Policy Program. Online verfügbar unter http://dspace.cigilibrary.org/jspui/handle/123456789/26736, zuletzt geprüft am 11.08.2013.

Bundesministerium für Verkehr, Bau und Stadtentwicklung (1961): Personenbeförderungsgesetz. (PBefG), vom 08.08.1990 (BGBl. I S. 1690), das zuletzt durch Artikel 5 Absatz 5 des Gesetzes vom 26.06.2013 (BGBl. I S. 1738) geändert worden ist.

Bundesministerium für Verkehr, Bau und Stadtentwicklung (1999): Gesetz über die Statistik der See- und Binnenschifffahrt, des Güterkraftverkehrs, des Luftverkehrs sowie des Schienenverkehrs und des gewerblichen Straßen-Personenverkehrs. (Verkehrsstatistikgesetz - VerkStatG), vom 20.02.2004 (BGBl. I S. 318), das zuletzt durch Artikel 2 des Gesetzes vom 06.11.2008 (BGBl. I S. 2162) geändert worden ist.

Bundesministerium für Wirtschaft und Technologie (2008): Mobilität und Verkehrstechnologien. Das 3. Verkehrsforschungsprogramm der Bundesregierung. Berlin.

Bundesministerium für Wissenschaft und Verkehr (Österreich): Bundesgesetz über die Ordnung des öffentlichen Personennah- und Regionalverkehrs (Öffentlicher Personennah- und Regionalverkehrsgesetz 1999). (ÖPNRV-G 1999), vom 09.08.2013. Fundstelle: www.ris.bka.gv.at.

Canzler, Weert (2014): Der Öffentliche Verkehr im Postfossilen Zeitalter. In: Oliver Schöller (Hg.): Öffentliche Mobilität. Perspektiven für eine nachhaltige Verkehrsentwicklung. 2., aktualisierte und erw. Aufl. Wiesbaden: Springer VS (Research), S. 229–240.

Canzler, Weert; Knie, Andreas (1998): Möglichkeitsräume. Grundrisse einer modernen Mobilitäts- und Verkehrspolitik. Wien, Köln, Weimar: Böhlau.

CEN/TS 15531-1, 2006: Public transport - Service interface for real-time information relating to public transport operations - Part 1: Context and framework.

CEN/TS 28701, 2010: Road transport and traffic telematics - Public transport - Identification of fixed objects in public transport.

Cerwenka, Peter: Zur Sehnsucht der Mobilen: pünktlich und rasch nach überall. In: Arbeitskreis Luftverkehr der Technischen Universität Darmstadt (Hg.) 2000 – Siebtes Kolloquium Luftverkehr, Bd. 7, S. 37–59.

Chlond, Bastian; Manz, Wilko (2001): Invermo. Das Mobilitätspanel für den Fernverkehr. In: Dirk Zumkeller (Hg.): Dynamische und statische Elemente des Verkehrsverhaltens. Das deutsche Mobilitätspanel; wissenschaftliches Kolloquium, 28. und 29. September 2000 in Karlsruhe. Bergisch Gladbach: DVWG (Schriftenreihe der Deutschen Verkehrswissenschaftlichen Gesellschaft e.V., DVWG Seminar, 234), S. 203–227.

Cooper, Alan (1999): The Inmates are Running the Asylum: Sams. Online verfügbar unter http://books.google.de/books?id=udsfAQAAIAAJ.

Cooper, Alan; Reimann, Robert; Cronin, Dave (2007): About face 3. The essentials of interaction design. [3rd ed.], Completely rev. & updated. Indianapolis, IN: Wiley Pub.

Daduna, Joachim Rolf; Voß, Stefan (2000): Informationsmanagement im Verkehr. In: Joachim Rolf Daduna und Stefan Voß (Hg.): Informationsmanagement im Verkehr. Mit 8 Tabellen. Heidelberg: Physica-Verlag, S. 1–21.

Daduna, Joachim; Gabriele, Schneidereit; Voß, Stefan (2006): Dynamische Fahrgastinformation im Öffentlichen Personennahverkehr - Grundstrukturen und kundenorientierte Funktionalitätsanforderungen. In: Leena Suhl und Dirk Christian Mattfeld (Hg.): Informationssysteme in Transport und Verkehr. 1. Aufl.: Books on Demand Gmbh, S. 47–69.

Deffner, Jutta; Hefter, Tomas; Götz, Konrad (2011): Multioptionalität auf dem Vormarsch? Veränderte Mobilitätswünsche und technische Innovationen als neue Potenziale für einen multimodalen Öffentlichen Verkehr. In: Oliver Schwedes (Hg.): Verkehrspolitik: VS Verlag für Sozialwissenschaften, S. 201–227.

Denke, Nadja (2014): Evaluation des Informationsflusses an Haltestellen des öffentlichen Personenverkehrs in virtuellen Umgebungen. Masterarbeit. Technische Universität Ilmenau, Ilmenau.

Devadson, Francis Jawahar; Lingam, Pandala Pratap (1997): A Methodology for the Identification of Information Needs of Users. In: *IFLA Journal* 23 (1), S. 41–51. DOI: 10.1177/034003529702300109.

DIN EN 12896:2006, 2008: Road transport and traffic telematics - Public transport - Reference data model.

DIN EN 13816, 2002: Transport - Logistik und Dienstleistungen - Öffentlicher Personenverkehr Definition, Festlegung von Leistungszielen und Messung der Servicequalität.

DIN EN ISO 13407, 1999: Benutzer-orientierte Gestaltung interaktiver Systeme.

DIN EN ISO 9000, 2005: Qualitätsmanagementsysteme – Grundlagen und Begriffe; Dreisprachige Fassung.

DIN EN ISO 9241-11, 1998: Ergonomische Anforderungen für Bürotätigkeiten mit Bildschirmgeräten – Teil 11: Anforderungen an die Gebrauchstauglichkeit - Leitsätze.

DIN EN ISO 9241-110, 2006: Ergonomie der Mensch-System-Interaktion – Teil 110: Grundsätze der Dialoggestaltung.

DIN EN ISO 9241-210, 2010: Ergonomie der Mensch-System-Interaktion – Teil 210: Prozess zur Gestaltung gebrauchstauglicher interaktiver Systeme.

Dobeschinsky, Harry (2000): Multifunktionale Auskunftssysteme für Informationsketten im öffentlichen Personenverkehr. In: Joachim Rolf Daduna und Stefan Voß (Hg.): Informationsmanagement im Verkehr. Mit 8 Tabellen. Heidelberg: Physica-Verlag, S. 83–102.

Duchène, Chantal (2011): Gender and Transport. Discussion Paper 2011 • 11. International Transport Forum, 25-27 May 2011. Leipzig, Germany. Online verfügbar unter http://www.internationaltransportforum.org/jtrc/DiscussionPapers/DP20 1111.pdf, zuletzt geprüft am 11.08.2013.

Dutke, Stephan (1994): Mentale Modelle. Konstrukte des Wissens und Verstehens : kognitionspsychologische Grundlagen für die Software-Ergonomie. Göttingen: Verlag für Angewandte Psychologie (Arbeit und Technik, Bd. 4).

Dziambor, Ursula; Weiß, Marga (2014): Daten & Fakten 2013/2014. Informationen des VDV (digitaler Infoflyer). Berlin. Online verfügbar unter http://www.vdv.de/daten-fakten_01_2014.pdfx?, zuletzt geprüft am 24.03.2014.

Dziekan, Katrin (2011): Öffentlicher Verkehr. In: Oliver Schwedes (Hg.): Verkehrspolitik: VS Verlag für Sozialwissenschaften, S. 317–340. Online verfügbar unter http://dx.doi.org/10.1007/978-3-531-92843-2_16.

Eckhardt, Carl Friedrich (2004): Abschätzung der Marktchancen innovativer Verkehrsangebote für den Personenverkehr in Ballungsgebieten. Berlin, Techn. Univ., Diss., 2003. Online verfügbar unter http://nbn-resolving.de/urn:nbn:de:kobv:83-opus-6535.

Eichmann, Volker; Berschin, Felix; Bracher, Tilman; Winter, Matthias (2006): Umweltfreundlicher, attraktiver und leistungsfähiger ÖPNV - ein Handbuch (Kurzfassung). 1. Aufl: Deutsches Institut für Urbanistik. Online verfügbar unter www.umweltbundesamt.de/sites/default/files/medien/480/publikationen/koepnv-kf.pdf.

Europäische Union (2008): Konventionelles Transeuropäisches Bahnsystem und Transeuropäisches Hochgeschwindigkeitsbahnsystem - Technische Spezifikation für Interoperabilität - Teilbereich: Zugänglichkeit für eingeschränkt mobile Personen. TSI-PRM, vom 21.12.2007.

Fellesson, Markus; Friman, Margareta: Perceived Satisfaction with Public Transport Service in Nine European Cities. In: Transportation Research Forum (Hg.): Journal of the Transportation Research Forum, Vol. 47, No. 3 (Public Transit Special Issue), S. 93–103.

Figl, Kathrin (2009): ISONORM 9241/10 und Isometrics: Usability-Fragebögen im Vergleich. In: Hartmut Wandke, Saskia Kain und Doreen Struve (Hg.): Mensch & Computer 2009: Grenzenlos frei!? München: Oldenbourg Verlag, S. 143–152.

Figl, Kathrin (2010): Deutschsprachige Fragebögen zur Usability Evaluation im Vergleich. In: Zeitschrift für Arbeitswissenschaften, 2010/4, S. 321–337.

Flade, Antje (2013): Der rastlose Mensch. Konzepte und Erkenntnisse der Mobilitätspsychologie. Wiesbaden: Springer Fachmedien Wiesbaden; Imprint: Springer VS (SpringerLink : Bücher).

Follmer, Robert (2010): Mobilität in Deutschland 2008. Ergebnisbericht; Struktur - Aufkommen - Emissionen - Trends. Institut für Angewandte Sozialwissenschaft; Institut für Verkehrsforschung. Bonn, Berlin.

Forst, Peter (2000): Informationsmanagement im öffentlichen Personennahverkehr: Anforderungen aus Sicht eines kommunalen Verkehrsverbundes. In: Joachim Rolf Daduna und Stefan Voß (Hg.): Informationsmanagement im Verkehr. Mit 8 Tabellen. Heidelberg: Physica-Verlag, S. 25–55.

Franken, Verena; Lenz, Barbara (2007): Influences of mobility information services on travel behavior. In: Harvey J. Miller (Hg.): Societies and cities in the age of instant access. Dordrecht: Springer (The GeoJournal library, v. 88), S. 167–178.

Freistaat Bayern (1999): Gesetz über den öffentlichen Personennahverkehr in Bayern. (BayÖPNVG), vom 30.07.1999; letzte Änderung durch Gesetz vom 22.07.2008 (GVBl.2008,483).

Frese, Michael; Brodbeck, Felix C. (1989): Computer in Büro und Verwaltung. Psychologisches Wissen für die Praxis. Berlin, Heidelberg: Springer Berlin Heidelberg.

Garvin, David A. (1984): What does "product quality" really mean? In: Sloane Management Review. Fall Magazine, Volume 26, S. 25–34.

Gediga, Günther; Hamborg, Kai-Christoph; Willumeit, Heinz (1998): The IsoMetrics Manual. Hg. v. Universität Osnabrück (Osnabrücker Schriftenreihe Software-Ergonomie, OSSE- 7).

Germann, Imke; Schmidt, Katrein (2012): Mobiler Mensch - Informationen bis zum Stillstand. Rahmenbedingungen für vernetzte Informations- und Kommunikationslösungen zur Sicherung der Mobilität der Bevölkerung. In: Ulrike Stopka (Hg.): Mobilität & Kommunikation. Mobile Applikationen & Co. für flexiblen intermodalen Personenverkehr. Borsdorf: Ed. Winterwork, S. 55–62.

Goodwin, Kim (2009): Designing for the digital age. How to create human-centered products and services. Indianapolis, Ind.: Wiley.

Götze, Uwe; Rehme, Marco (2014): Analyse und Prognose von Wertschöpfungsstrukturen der Neuen Mobilität. In: Heike Proff (Hg.): Radikale Innovationen in der Mobilität. Wiesbaden: Springer Fachmedien, S. 189–205.

Grimm, Rüdiger (2005): Digitale Kommunikation. München: Oldenbourg.

Heinecke, Andreas M. (2011): Mensch-Computer-Interaktion: Basiswissen für Entwickler und Gestalter (X.media.press). 2. Aufl. 2012: Springer.

Homburg, Christian; Bucerius, Matthias (2012): Kundenzufriedenheit als Managementherausforderung. In: Christian Homburg (Hg.): Kundenzufriedenheit: Konzepte - Methoden - Erfahrungen. Wiesbaden: Gabler, S. 53–91.

Hörold, Stephan (2009): Analyse und Bewertung von Methoden des Usability Engineerings für die nutzerzentrierte Optimierung virtueller Umgebungen. Diplomarbeit. Technische Universität Ilmenau, Ilmenau.

Hörold, Stephan; Kühn, Romina; Mayas, Cindy; Schlegel, Thomas (2011): Interaktionspräferenzen für Personas im öffentlichen Personenverkehr. In: Maximilian Eibl (Hg.): Mensch & Computer 2011: überMEDIEN|ÜBERmorgen. München: Oldenbourg Verlag, S. 367–370.

Hörold, Stephan; Mayas, Cindy; Krömker, Heidi (2013a): Analyzing varying environmental contexts in public transport. In: Masaaki Kurosu (Hg.): Humancentred design approaches, methods, tools and environments. Berlin [u.a.]: Springer, S. 85–94.

Hörold, Stephan; Mayas, Cindy; Krömker, Heidi (2013b): Identifying the information needs of users in public transport. In: Neville Stanton (Hg.): Advances in human aspects of road and rail transportation. Boca Raton, Fla. [u.a.]: CRC Press, S. 331–340.

Hörold, Stephan; Mayas, Cindy; Krömker, Heidi (2013c): User-oriented information systems in public transport. In: Contemporary ergonomics and human factors 2013 : Proceedings of the International Conference on Ergonomics and Human Factors 2013, Cambridge, UK. Boca Raton, Fla. [u.a]: CRC Press, S. 160–167.

Hörold, Stephan; Mayas, Cindy; Krömker, Heidi (2014a): Guidelines for Usability Field Tests in the Dynamic Contexts of Public Transport. In: Masaaki Kurosu (Hg.): Human-Computer Interaction. Theories, Methods, and Tools, Bd. 8510: Springer International Publishing (Lecture notes in computer science), S. 489-499.

Hörold, Stephan; Mayas, Cindy; Krömker, Heidi (2014b): Passenger Needs on mobile Information Systems – Field Evaluation in Public Transport. In: Neville Stanton, Steven Landry, Giuseppe Di Bucchianico und Andrea Vallicelli (Hg.): Advances in Human Aspects of Transportation. Part III. USA: AHFE Conference, S. 115-124.

Hörold, Stephan; Mayas, Cindy; Krömker, Heidi (2015a): Interactive Displays in Public Transport – Challenges and Expectations. In: 6th International Conference on Applied Human Factors and Ergonomics - AHFE 2015, (in press).

Hörold, Stephan; Mayas, Cindy; Krömker, Heidi (2015b): Towards Paperless Mobility Information in Public Transport. In: 17th International Conference on Human-Computer Interaction - HCI International 2015, (in press).

Hütter, Andrea (2013): Verkehr auf einen Blick. Statistisches Bundesamt. Wiesbaden.

Ilgmann, Gottfried; Polatschek, Klemens (2013): Zukunft der Mobilität. Wie viel öffentlichen Personenverkehr werden wir uns leisten können? 1. Aufl. Berlin: Collective Intelligence Press.

Institut für Mobilitätsforschung (Hrsg.) (2010): Zukunft der Mobilität. Szenarien für das Jahr 2030; zweite Fortschreibung. 1. Auflage. München: BMW Verlag (ifmo-Studien).

Isfort, Adi; Gollwitzer, Katharina; Sellner, Wolfgang: ÖPNV-Kundenbarometer. Spitzenreiter 2013. Online verfügbar unter http://www.tns-infratest.com/ WissensForum/Studien/pdf/OePNV-Kundenbarometer-Spitzenreiter_2013.pdf, zuletzt geprüft am 31.03.2014.

ISO/IEC 9126-1, 2000: Information technology -Software product quality - Part 1: Quality Model.

ISO/IEC TR 25060, 2010: Systems and software engineering - Systems and software product Quality Requirements and Evaluation (SQuaRE) - Common Industry Format (CIF) for usability: General framework for usability-related information.

Jaekel, Michael; Bronnert, Karsten (2013): Die digitale Evolution moderner Großstädte. Apps-basierte innovative Geschäftsmodelle für neue Urbanität. Wiesbaden: Springer Vieweg.

Jain, Angela (2006): Nachhaltige Mobilitätskonzepte im Tourismus. [Stuttgart]: Steiner (Blickwechsel (Wiesbaden, Germany), Bd. 5).

Jentsch, Heiko (2009): Konzeption eines integrierten Qualitätsmanagements für den Stadtverkehr. Dissertation. Technische Universität Darmstadt, Darmstadt.

Kaikkonen, Anne; Kekäläinen, Aki; Cankar, Mihael; Kallio, Titti; Kankainen, Anu (2005): Usability testing of mobile applications: A comparison between laboratory and field testing. In: *Journal of Usability studies* 1 (1), S. 4–16.

Kakihara, Masao; Sørensen, Carsten (2001): Expanding the 'mobility' concept. In: *SIGGROUP Bull* 22 (3), S. 33–37. DOI: 10.1145/567352.567358.

Kalinowska, Dominika; Kloas, Jutta; Kuhfeld, Hartmut; Kunert, Uwe (2005): Aktualisierung und Weiterentwicklung der Berechnungsmodelle für die Fahrleistungen von Kraftfahrzeugen und für das Aufkommen und für die Verkehrsleistung im Personenverkehr (MIV). Im Auftrag des Bundesministeriums für Verkehr, Bau- und Wohnungswesen. Berlin. Online verfügbar unter http://www.diw-berlin.de/documents/dokumentenarchiv/17/44088/ModellaktEndbericht.pdf, zuletzt geprüft am 31.03.2014.

Kano, Noriaki; Seraku, Nobuhiko; Takahashi, Fumio; Tsuji, Shinichi (1996): Attractive Quality and Must-Be Quality. (English Translation of the jorunal of the Japanese Society for Quality Control, Vol. 14). In: John D. Hromi (Hg.): The best on quality. Milwaukee, Wis: ASQC Quality Press (Book series of International Academy for Quality, vol. 7), S. 165–186.

Kelley, Jeff F. (1984): An iterative design methodology for user-friendly natural language office information applications. In: *ACM Transactions on Information Systems (TOIS)* 2 (1), S. 26–41. DOI: 10.1145/357417.357420.

Kindl, Annette; Reuter, Christian; Schmidtmann, Silke; Wagner, Petra-Juliane (2012): Mobilitätssicherung in Zeiten des demografischen Wandels. Innovative Handlungsansätze und Praxisbeispiele aus ländlichen Räumen in Deutschland. [Stand:] Mai 2012. Berlin: Bundesministerium für Verkehr, Bau und Stadtentwicklung (Verkehr - Mobilität - Bauen - Wohnen - Stadt - Land).

Klein, Angelika (2007): Qualitätssicherung im ÖPNV. GmbH, 2007. In: *Der Nahverkehr: öffentlicher Personenverkehr in Stadt und Region* 2007 (9), S. 31–36.

Knieps, Manfred (2004): Aufgabenträger oder Verkehrsunternehmen als Gesellschafter von Verkehrsverbünden? - eine Analyse bestehender Verbundstrukturen und eine Bewertung unterschiedlicher Organisationsmodelle unter institutionenökonomischen Gesichtspunkten. Dissertation. Justus-Liebig-Universität, Gießen. Online verfügbar unter http://geb.uni-giessen.de/geb/volltexte/2004/1644/pdf/KniepsManfred-2004-01-06.pdf, zuletzt geprüft am 11.08.2013.

Knuth, Klaus-Rüdiger: Die USEmobility Befragung von Wechselnutzern. Ergebnisse aus dem Projekt USEmobility. Online verfügbar unter http://www.allianz-pro-schiene.de/veranstaltungen/2012/innotrans-2012/ergebnisse-usemobility.pdf, zuletzt geprüft am 09.08.2013.

Koch, Renate; Wagner, Herbert; Brähmig, Horst-Dieter (2006): Die Geschichte der Kommunalpolitik in Sachsen. Von der friedlichen Revolution bis zur Gegenwart. [Stuttgart], Dresden: Kohlhammer; Deutscher Gemeindeverlag.

Kolski, Christophe; Uster, Guillaume; Robrt, Jean-Marc; Oliveira, Kathia; David, Bertrand (2011): Interaction in Mobility: The Evaluation of Interactive Systems Used by Travellers in Transportation Contexts. In: Julie A. Jacko (Hg.): Human computer-interaction. Part III, HCII 2011. Berlin [etc.]: SpringerLink (Lecture Notes in Computer Science SL 3, 6763), S. 301–310.

Kommission der Europäischen Gemeinschaften (1997): Intermodalität und Intermodaler Güterverkehr in der Europäischen Union. Mitteilung der Kommission, KOM(97) 243 -Deutsche Fassung. Brüssel.

Krannich, Dennis (2010): Mobile System Design. Herausforderungen, Anforderungen und Lösungsansätze für Design, Implementierung und Usability-Testing Mobiler Systeme. Norderstedt: Books on Demand.

Krause, Reinhard (2009): Der Hamburger Verkehrsverbund von seiner Gründung 1965 bis heute. Norderstedt: Books on Demand.

Krietenmeyer, Hartmut (2007): Der öffentliche Personennahverkehr und sein Markt im Großraum München. Mobilitätsverhalten, Marktanteile und -potenziale. Daten, Analysen, Perspektiven - Schriftenreihe der Münchener Verkehrs- und Tarifverbund GmbH. Bielefeld: Druckerei Tiemann GmbH & Co KG.

Kristoffersen, Steinar; Ljungberg, Fredrik (1999): Mobile Use of IT. In: Timo Käkölä (Hg.): Proceedings of the 22th Information Systems Research Seminar in Scandinavia. "Enterprise Architectures for Virtual Organisations", Bd. 2. 7-10 August. Keuruu, Finnland. Jyväskylä: Jyväskylä University Printing House, S. 271–284.

Kroj, Günter (2002): Mobilität älterer Menschen in einem zukünftigen Verkehrssystem. In: Bernhard Schlag und Katrin Megel (Hg.): Mobilität und gesellschaftliche Partizipation im Alter. Stuttgart: Kohlhammer (Schriftenreihe des Bundesministeriums für Familie, Senioren, Frauen und Jugend, 230), S. 31–47.

Krömker, Heidi; Mayas, Cindy; Hörold, Stephan; Wehrmann, Andreas; Radermacher, Berthold (2011): In den Schuhen des Fahrgasts - Entwickler wechseln Perspektive. In: *Der Nahverkehr: öffentlicher Personenverkehr in Stadt und Region; offizielles Organ des Verbandes Deutscher Verkehrsunternehmen (VDV), Köln* 29 (7/8), S. 45–49.

Kumar, Kanagaluru Sai (2012): Expectations and perceptions of passengers on service quality with reference to public transport undertakings. In: *The IUP journal of operations management : IJOM* 11 (3), S. 67–81.

Landesregierung Nordrhein-Westfalen (1995): Gesetz über den öffentlichen Personennahverkehr in Nordrhein-Westfalen. (ÖPNVG NRW), vom 04.12.2012, in Kraft getreten am 15.12.2012 und 01.01.2013.

Laugwitz, Bettina; Held, Theo; Schrepp, Martin (2008): Construction and Evaluation of a User Experience Questionnaire. In: Andreas Holzinger (Hg.): HCI and Usability for Education and Work, Bd. 5298: Springer Berlin Heidelberg (Lecture notes in computer science), S. 63–76.

Lew, Philip; Olsina, Luis; Zhang, Li (2010): Quality, Quality in Use, Actual Usability and User Experience as Key Drivers for Web Application Evaluation. In: Boualem Benatallah (Hg.): Web engineering. ICWE 2010. Berlin, Heidelberg: Springer-Verlag (Lecture notes in computer science, 6189), S. 218–232.

Lienkamp, Markus (2012): Elektromobilität. Hype oder Revolution? Berlin [u.a.]: Springer Vieweg.

Lott, Karina (2008): Kommunale ÖPNV-Unternehmen im Wettbewerb. Eine Untersuchung unter besonderer Berücksichtigung europa-, vergabe- und wettbewerbsrechtlicher Fragen im Zusammenhang mit der bevorstehenden Wettbewerbsintensivierung. Frankfurt am Main [u.a.]: Peter Lang (Deutsches und Europäisches Wirtschaftsrecht, 24).

Marco, Diana (2014): Specification of Journey Types and Critical Stages where Service Quality may be an Issue. Deliverable 2.2 - Metpex. Unter Mitarbeit von Andree Woodcock. Online verfügbar unter http://www.metpex.eu/de/forschungsergebnisse/, zuletzt geprüft am 23.03.2015.

Mayas, Cindy; Hörold, Stephan; Krömker, Heidi (2012): Internet Protokoll basierte Kommunikationsdienste im öffentlichen Verkehr. Das Begleitheft für den Entwicklungsprozess; Personas, Szenarios und Anwendungsfälle aus AK2 und AK3 des Projektes IP-KOM-ÖV. Ilmenau: Univ.-Bibliothek.

Mayas, Cindy; Hörold, Stephan; Krömker, Heidi (2013): Meeting the challenges of individual passenger information with personas. In: Neville Stanton (Hg.): Advances in human aspects of road and rail transportation. Boca Raton: Taylor & Francis (Advances in human factors and ergonomics series), S. 822–831.

Mayas, Cindy; Hörold, Stephan; Krömker, Heidi (2015): Workflow-based Passenger Information for Public Transport. In: 17th International Conference on Human-Computer Interaction - HCI International 2015, (in press).

Mayas, Cindy; Hörold, Stephan; Rosenmöller, Christina; Krömker, Heidi (2014a):
Evaluating Methods and Equipment for Usability Field Tests in Public
Transport. In: Masaaki Kurosu (Hg.): Human-Computer Interaction. Theories,
Methods, and Tools, Bd. 8510: Springer International Publishing (Lecture notes
in computer science), S. 545-553.

Mayas, Cindy; Hörold, Stephan; Wienken, Tobias; Krömker, Heidi (2014b): One Day
in the Life of a Persona – A Framework to Define Mobility Agendas. In: Neville Stanton, Steven Landry, Giuseppe Di Bucchianico und Andrea Vallicelli
(Hg.): Advances in Human Aspects of Transportation. Part III. USA: AHFE
Conference, S. 211–218.

Meier-Leu, Walter; Radermacher, Berthold; Wehrmann, Andreas (2011): Projekt für
standardisierte und optimierte Fahrgastinformation. VDV startet mit 14 Partnern aus Industrie, Verkehrsunternehmen und Wissenschaft Forschungsprojekt
IP-KOM-ÖV. In: *Der Nahverkehr: öffentlicher Personenverkehr in Stadt und
Region* 2011 (Heft 4), S. 13–16.

Münchner Verkehrs- und Tarifverbund (Hg.) (2014): MVV-Companion - die Fahrplanauskunft als App fürs Smartphone. Online verfügbar unter http://
www.mvv-muenchen.de/de/fahrplanauskunft/mobile-dienste/efa-app-mvv-
companion, zuletzt geprüft am 27.09.2014.

Neßler, Michael (1997): Die Kommunikationspolitik der Unternehmen des öffentlichen Personennahverkehrs. Lohmar [u.a.]: Josef Eul Verlag.

Nielsen, Jakob (1993): Usability engineering. San Francisco, Calif: Morgan Kaufmann
Publishers.

Nielsen, Jakob; Budiu, Raluca (2013): Mobile usability. Berkeley, CA: New Riders.

Nielsen, Jakob; Mack, Robert L. (1994): Usability inspection methods. New York:
Wiley.

Norbey, Marcel; Krömker, Heidi; Hörold, Stephan; Mayas, Cindy (2012): 2022: Reisezeit – schöne Zeit! In: Guido Kempter (Hg.): Technik für Menschen im
nächsten Jahrzehnt. Beiträge zum Usability Day X. 1. Aufl. Lengerich: Pabst
Science Publishers, S. 33–41.

Norman, Donald A. (2014): Some Oberservations on Mental Models. In: Dedre
Gentner und Albert L. Stevens (Hg.): Mental Models. Hoboken: Taylor and
Francis - Reprint Psychology Press, S. 7–14.

Pätzold, Ricarda (2008): Zug um Zug. Die Aufgabe öffentlicher Nahverkehr, eine
Chance für die Region: Potenziale - Akteure - Kooperation. Berlin: Univ.-Verl.
der Techn. Univ., Univ.-Bibliothek (Arbeitshefte des Instituts für Stadt- und
Regionalplanung der Technischen Universität Berlin, H. 70).

Petersen, Markus (2003): Multimodale Mobilutions und Privat-PKW. Ein Vergleich auf Basis von Transaktions- und monetären Kosten. Bericht 4 der choice-Forschung. WZB - discussion paper, 2003 - 108. Hg. v. Wissenschaftszentrum Berlin für Sozialforschung. Berlin, zuletzt geprüft am 12.08.2013.

Pingel, Jörg (1997): Der neue öffentliche Personennahverkehr. (ÖPNVneu); Eine marketingorientierte Einführungsstratgie. Berlin: Technische Universität Berlin, Univ.-Bibliothek, Abt. Publ. (Schriftenreihe A des Instituts für Straßen- und Schienenverkehr / Technische Universität Berlin, H. 29).

PONS (2015): PONS Online-Wörterbuch. Latein - Deutsch. Stuttgart. Online verfügbar unter http://de.pons.com, zuletzt geprüft am 12.01.2015.

Pousttchi, Petra; Herrmann, Andreas; Huber, Frank (2002): Kompetenzorientiertes strategisches Management intermodaler Verkehrsdienstleistungen. In: *Zeitschrift für Vekehrswissenschaft* 2002 (2), S. 114–131.

prCEN/TS 278307-1, 2009: NeTEx — Network and Timetable Exchange — Part 1: Network Topology.

Pruitt, John S.; Adlin, Tamara (2006): The persona lifecycle. Keeping people in mind throughout product design. London: Elsevier Academic (The Morgan Kaufmann series in interactive technologies).

Prümper, Jochen; Anft, Michael (1993): Die Evaluation von Software auf Grundlage des Entwurfs zur internationalen Ergonomie-Norm ISO 9241 Teil 10 als Beitrag zur partizipativen Systemgestaltung — ein Fallbeispiel. In: Karl-Heinz Rödiger (Hg.): Software-Ergonomie '93: Vieweg+Teubner Verlag (Berichte des German Chapter of the ACM), S. 145–156.

Racca, David P.; Ratledge, Edward (2003): Factors that affect and/or can alter mode choice. Newark, Del.: Delaware Center for Transportation, University of Delaware.

Rechenberg, Peter (2003): Zum Informationsbegriff der Informationstheorie. In: *Informatik-Spektrum* 26 (5), S. 317-326. DOI: 10.1007/s00287-003-0329-x.

Reim, Uwe; Reichel, Bernd (2014): Öffentlicher Personenverkehr mit Bussen und Bahnen 2012. In: Statistisches Bundesamt (Hg.): Wirtschaft und Statistik. Februar 2014. Wiesbaden: Statistisches Bundesamt. Online verfügbar unter https://www.destatis.de/DE/Publikationen/WirtschaftStatistik/Verkehr/Oeffentli cherPersonenverkehr2012_022014.pdf.

Richter, Gerd (2012): Methoden der Usability-Forschung. In: Simone Fühles-Ubach und Konrad Umlauf (Hg.): Handbuch Methoden der Bibliotheks- und Informationswissenschaft. Berlin: deGruyter Saur, S. 203–256.

Roth, Jörg (2005): Mobile Computing. Grundlagen, Technik, Konzepte. 2. aktualisierte Aufl. Heidelberg: Dpunkt-Verl. (Dpunkt-Lehrbuch).

Sachse, Mathias (2013): Analyse des Informationsflusses entlang der Reisekette und Entwicklung eines Informationskonzeptes für Fahrgäste des öffentlichen Personenverkehrs. Diplomarbeit. Technische Universität Ilmenau, Ilmenau.

Sauter-Servaes, Thomas Benedikt (2007): Nutzungsanreize und -hemmnisse innovativer multimodaler Kooperationsmodelle im Personenfernverkehr anhand des Fallbeispiels Night&Flight. Dissertation. Technische Universität Berlin, Berlin. Fakultät Verkehrs- und Maschinensysteme.

Schmidt-Freitag, Wilhelm; Reinkober, Norbert (2015): Gemeinsam für die Region Verkehrsverbund Rhein-Sieg Nahverkehr Rheinland. Struktur und Aufgaben. Hg. v. Verkehrsverbund Rhein-Sieg GmbH. Online verfügbar unter https://www.vrsinfo.de/fileadmin/Dateien/downloadcenter/VRSundNVR_gemeinsam_fuer_die_Region_2014.pdf, zuletzt geprüft am 09.02.2015.

Schnell, Rainer; Hill, Paul B.; Esser, Elke (2011): Methoden der empirischen Sozialforschung. München: Oldenbourg, R.

Schnippe, Christian (2000): Psychologische Aspekte der Kundenorientierung. Die Kundenzufriedenheit mit der Qualität von Dienstleistungsinteraktionen am Beispiel des ÖPNV. Frankfurt am Main, New York: P. Lang (Europäische Hochschulschriften. Reihe V, Volks- und Betriebswirtschaft Publications universitaires européennes. Série V, Sciences économiques, gestion d'entreprise European university studies. Series V, Economics and management, v. 2663).

Scholz, Gero (2012): IT-Systeme für Verkehrsunternehmen. Informationstechnik im öffentlichen Personenverkehr. 1. Aufl. Heidelberg: Dpunkt-Verl.

Scholze-Stubenrecht, Werner (Hg.) (2006): Duden, die deutsche Rechtschreibung. Auf der Grundlage der neuen amtlichen Rechtschreibregeln. 24., völlig neu bearb. u. erw. Aufl. Mannheim, Leipzig, Wien, Zürich: Dudenverl. (Der Duden in 12 Bänden, 1).

Shannon, Claude E. (1948): A mathematical theory of communication. In: *The Bell System Technical Journal* (27 (3)), S. 379–423.

Skalska, Jolanta (2012): EU-Projekt USEmobility: Den Fahrgast verstehen. Die Hälfte der Reisenden ist wechselfreudig. In: *Deine Bahn* 2012 (12), S. 7–11.

Smith-Jackson, Tonya L. (2004): Cognitive Walkthrough Method (CWM). In: Neville Stanton (Hg.): Handbook of Human Factors and Ergonomics Methods: Taylor & Francis Ltd, S. 82-1 - 82-7.

Stanton, Neville (2004): Behavioral and Cognitive Methods. In: Neville Stanton (Hg.): Handbook of Human Factors and Ergonomics Methods: Taylor & Francis Ltd, S. 274–283.

Statistisches Bundesamt (2013a): Statistisches Jahrbuch Deutschland 2013. 1., Auflage. Wiesbaden: Statistisches Bundesamt.

Statistisches Bundesamt (2013b): Unternehmen, Beförderte Personen, Personenkilometer (Personenverkehr mit Bussen und Bahnen). Statistikauswertung für das 1. Quartal 2013. Genesis-Online Datenbank - Ergebnis: 46100-0005. Wiesbaden, 11.08.2013.

Statistisches Bundesamt (2014): Verkehr. Verkehr im Überblick 2013. Fachserie 8 Reihe 1.2. Wiesbaden: Statistisches Bundesamt.

Stelzer, Anselmo; Englert, Frank; Hörold, Stephan; Mayas, Cindy (2014): Using customer feedback in public transportation systems. In: Advanced Logistics and Transport (ICALT), 2014 International Conference, S. 29–34.

Stopka, Ulrike (2012): Flexible Mobilität durch innovative Kommunikationsdienste - Status Quo, Erfordernisse, Trends. In: Ulrike Stopka (Hg.): Mobilität & Kommunikation. Mobile Applikationen & Co. für flexiblen intermodalen Personenverkehr. Borsdorf: Ed. Winterwork, S. 9–17.

Streit, Tatjana; Chlond, Bastian; Vortisch, Peter; Kagerbauer, Martin; Weiss, Christiane; Zumkeller, Dirk (2013): Deutsches Mobilitätspanel (MOP) - Wissenschaftliche Begleitung und Auswertungen. Bericht 2012/2013: Alltagsmobilität und Fahrleistungen. Hg. v. Karlsruher Institut für Technologie. Im Auftrag des Bundesministeriums für Verkehr und digitale Infrastruktur. Online verfügbar unter http://mobilitaetspanel.ifv.kit.edu/downloads/Bericht_MOP_12_13.pdf, zuletzt geprüft am 02.11.2014.

Szczutkowski, Andreas (2013): Gabler Wirtschaftslexikon, Stichwort: Informationsbedarf. Hg. v. Springer Gabler Verlag. Online verfügbar unter http://wirtschaftslexikon.gabler.de/Archiv/10339/informationsbedarf-v8.html, zuletzt geprüft am 09.11.2014.

Temple, Simon; Leviny, Denis; Lightbody, Jim; Harvey, Michelle (2012): International Review of Public Transport Systems, Base Report. Hg. v. AECOM New Zealand Limited. Online verfügbar unter http://www.gw.govt.nz/assets/Transport/Regional-transport/PT-Spine-Study/1MainReportInternationalReview.pdf, zuletzt geprüft am 11.08.2013.

Thomas, Cathy; Bevan, Nigel (Hg.) (1996): Usability context analysis: a practical guide. Online verfügbar unter http://hdl.handle.net/2134/2652.

TNS Infratest (Hg.) (2014): ÖPNV-Kundenbarometer 2014. Online verfügbar unter http://www.tns-infratest.com/Branchen-und-Maerkte/pdf/TNS-Infratest_OPNV-Kundenbarometer-2014.pdf, zuletzt geprüft am 31.03.2014.

UEQ-Online. User Experience Questionaire Website (2015). Online verfügbar unter http://www.ueq-online.org/, zuletzt geprüft am 15.03.2015.

VDV-Mitteilung 7022, 2011: Echtzeitdaten im ÖPNV - Anforderungen an Datendrehscheiben und Nutzen für die Kundeninformation.

VDV-Mitteilung 7025, 2012: Kommunikation im ÖV (IP-KOM-ÖV) - Anwendungsfälle im Umfeld der Echtzeit-Kundeninformation.

VDV-Mitteilung 7029, 2013: Die Haltestelle der Zukunft.

VDV-Mitteilung 7035, 2014: Nutzerorientierte Gestaltungsprinzipien für mobile Fahrgastinformation.

VDV-Mitteilung 7036, 2014: User Interface Design für die elektronische Aushanginformation.

VDV-Schrift 430, 2014: Mobile Kundeninformation im ÖV - Systemarchitektur.

VDV-Schrift 431-1, 2014: Echtzeit Kommunikations- und Auskunftsplattform EKAP - Teil 1: Systemarchitektur.

VDV-Schrift 431-2, 2014: Echtzeit Kommunikations- und Auskunftsplattform EKAP - Teil 2: EKAP-Schnittstellenbeschreibung.

VDV-Schrift 453, 2008: Ist-Daten-Schnittstelle Version 2.3.

VDV-Schrift 454, 2008: Ist-Daten-Schnittstelle auf Basis VDV-Schrift 453 Version 2.3.

VDV-Schrift 705, 1991: Grundsätze für dynamische Fahrgastinformation.

VDV-Schrift 706, 2014: Empfehlungen zur Gestaltung von Touch-Display-Ticketautomaten.

VDV-Schrift 713, 2006: Fahrgastinformation an Haltestellen und Fahrzeugen.

VDV-Schrift 720, 2011: Kundeninformationen über Abweichungen vom Regelfahrplan.

VDV-Schrift 730, 2010: Funktionale Anforderungen an ein itcs - Leitfaden für die itcs-Ausschreibung.

Verband Deutscher Verkehrsunternehmen (2001): Telematik im ÖPNV in Deutschland. Telematics in public transport in Germany. Düsseldorf: Alba (Blaue Buchreihe des VDV, 7).

Verband Deutscher Verkehrsunternehmen (2012): Barrierefreier ÖPNV in Deutschland. Barrier-free Public Transport in Germany. 2., rev. Ausg. Düsseldorf: Alba Fachvlg.

Verband Deutscher Verkehrsunternehmen (VDV) (2014): Mobi-Wissen. Busse und Bahnen von A-Z. Online verfügbar unter http://www.mobi-wissen.de/, zuletzt geprüft am 31.03.2014.

Verband Deutscher Verkehrsunternehmen (VDV) (Hg.) (2012): VDV-Statistik 2011. Online verfügbar unter http://www.vdv.de/statistik-2011.pdfx?forced=true, zuletzt geprüft am 09.08.2013.

Verband Deutscher Verkehrsunternehmen e. V. (VDV) (Hg.) (2013): Der ÖPNV: Rückgrat und Motor eines zukunftsorientierten Mobilitätsverbundes. Positionspapier / Mai 2013.

Verkehrs- und Tarifverbund Stuttgart (VVS) (Hg.): VVS-Leitbild. Online verfügbar unter http://www.vvs.de/download/VVS-Leitbild.pdf, zuletzt geprüft am 09.02.2015.

Verkehrsclub Deutschland (VCD) (Hg.) (2013): VCD Bahntest 2013. Qualität und Service im Fernverkehr – Winterhalbjahr. Online verfügbar unter http://www.vcd.org/bahntest-2013.html, zuletzt geprüft am 15.05.2015.

Weiss, Hans-Jörg (1999): ÖPNV-Kooperationen im Wettbewerb. Ein disaggregierter Ansatz zur Lösung des Koordinationsproblems im öffentlichen Personennahverkehr. Baden-Baden: Nomos (Freiburger Studien zur Netzökonomie, 4).

Wienken, Tobias; Mayas, Cindy; Hörold, Stephan; Krömker, Heidi (2014): Model of Mobility Oriented Agenda Planning. In: Masaaki Kurosu (Hg.): Human-Computer Interaction. Applications and Services, Bd. 8512: Springer International Publishing (Lecture notes in computer science), S. 537-544.

Wildhirt, Stephan; v. Berlepsch, Hand-Jörg; Rabenmüller, Thomas; Rhiel, Alois (2005): Mobilität in Stadt und Region. Verkehrsverhalten der Bevölkerung in Rhein-Main und Hessen. Hg. v. Planungsverband Ballungsraum Frankfurt/Rhein-Main. Frankfurt am Main.

Woodcock, Andree; Berkeley, Nigel; Cats, Oded; Susilo, Yusak; Hrin, GabrielaRodica; O'Reilly, Owen et al.: Measuring quality across the whole journey. In: Sarah Sharples und Steven T. Shorrock (Hg.): Contemporary ergonomics and human factors 2014, S. 316-323.

Zierer, Maria Heide; Zierer, Klaus (2010): Zur Zukunft der Mobilität. Eine multiperspektivische Analyse des Verkehrs zu Beginn des 21. Jahrhunderts. 1. Aufl. Wiesbaden: VS, Verl. für Sozialwiss.

Zumkeller, Dirk (2008): Demographischer Wandel und multimodale Mobilitätsentwicklung im ÖPNV. In: *DVWG-Jahresband, Berlin*, S. 346–359.

Zumkeller, Dirk; Last, Jörg (2008): Intermodaler Personenverkehr und die Bedeutung der letzten Meile. Europäisches Forschungsprojekt KITE sammelt Wissen zur Personen-Intermodalität und füllt bestehende Informationslücken. In: *Der Nahverkehr: öffentlicher Personenverkehr in Stadt und Region* 2008 (Heft 1-2), S. 7–10.

Zweckverband Nahverkehr Westfalen-Lippe (NWL) (Hg.) (2011): Qualitätsbericht 2010 für den SPNV in Westfalen-Lippe. Online verfügbar unter http://www.nwl-info.de/service/2010-nwl-qualitaetsbericht.pdf, zuletzt geprüft am 15.05.2015.

Glossar

Begriff	Erläuterung
DFI-Anzeiger	Anzeiger mit Informationen zum aktuellen Betriebsgeschehen, der u. a. an Haltestellen zur Kommunikation eingesetzt wird.
Echtzeit-Daten	siehe Ist-Daten
Evaluator/in	Personen, die innerhalb der Bestimmung des Informationsbedarfs und der Durchführung der Audits als Experten fungieren.
Inter-modalität	Verknüpfung von mindestens zwei Verkehrsträgern zur Durchführung einer zusammenhängenden Mobilität von Tür zu Tür (Kommission der Europäischen Gemeinschaften 1997, S. 7).
ISONORM Fragebogen	Fragebogen zur Bestimmung der Effektivität und Effizienz auf Basis der DIN EN ISO 9241-110 nach (Prümper und Anft 1993)
Ist-Daten	Prozessdaten, die auf Basis des Betriebsgeschehens oder durch dispositive Maßnahmen entstehen (VDV-Schrift 454, S. 5).
Messpunkt	Durch die Erhebung und das Qualitätsmodell vorgegebene Items, die entlang der Evaluation erfasst werden.
Mobilitätsinformation	Information, die aus Sicht der Mobilitätsnutzer sowie der Mobilitätsanbieter für die Nutzung der Mobilität subjektiv oder objektiv notwendig ist.
Mobilitäts-nutzer	Nutzerinnen und Nutzer von Mobilitätsangeboten entlang aller Phasen der Reisekette
Modale	Verschiedene Verkehrsmittel, z. B. Busse oder PKW, die die physische Grundlage für Mobilitätsangebote bilden.
Multi-modalität	Mobilitätsverhalten, bei dem über einen definierten Zeitraum mehrere Mobilitätsangebote genutzt werden (Beutler 2004, S. 10).
Perlschnur	Visuelle Darstellung des Haltestellenverlaufs als Punkte auf einer Linie.
Prognose-daten	Daten, die auf Basis des aktuellen Verkehrsgeschehens unter Berücksichtigung vorhergehender Erfahrungen, z.B. durch das RBL bzw. ITCS berechnet werden.
Semantisches Differential	Bewertungsverfahren auf Basis von Gegensatzpaaren an den Polen der Bewertungsskala.

Soll-Daten	Referenzdaten, die auf Basis der Planung vor dem Betriebstag vorliegen (VDV-Schrift 454, S. 5).
Soll-Fahrplan	Der geplante Fahrplan für die Durchführung des Betriebs (VDV-Schrift 453, S. 97).
Ticket	Zugangsberechtigung zum Mobilitätsangebot, auch Fahrschein oder Fahrkarte.
Usability	Gebrauchstauglichkeit: „Ausmaß, in dem ein System, ein Produkt oder eine Dienstleistung durch bestimmte Benutzer in einem bestimmten Nutzungskontext genutzt werden kann, um festgelegte Ziele effektiv, effizient und zufrieden-stellend zu erreichen" (DIN EN ISO 9241-210, S. 7).
User Experience Questionnaire	Fragebogen zur Bestimmung der Effektivität und Effizienz auf Basis der DIN EN ISO 9241-110 nach (Laugwitz et al. 2008)
Vernetzte Mobilität	Vernetzung der Mobilitätsangebote und -infrastruktur auf Basis von Kommunikationstechnologien mit dem Ziel eines sich verändernden Mobilitätsverhaltens sowie Lebensqualität, insbesondere in Städten (Jaekel und Bronnert 2013, S. 116).

Anhang I: Leitfaden Experteninterview

Leitfadeninterview
Instrumentarium zur Qualitätsevaluation von Mobilitätsinformation

1. Fragenkomplex zum Aufgaben- und Arbeitsbereich der Experten

- Bitte beschreiben Sie kurz die Kernaufgaben, die Sie im Unternehmen bzw. der Organisation wahrnehmen.

- Welchen Stellenwert haben die Verbesserung und die Beurteilung der Qualität von Mobilitätsinformation in diesen Tätigkeiten?

- Mit welchen Verfahren zur Qualitätsevaluation von Mobilitätsinformation sind Sie bereits in Kontakt gekommen bzw. haben Sie gearbeitet?

2. Fragenkomplex zum dargestellten Instrumentarium

- Wie beurteilen Sie die dargestellte Integration der Nutzerperspektive in die Qualitätsevaluation in Bezug zu Ihrer Arbeit sowie der Mobilitätsinformation als Ganzes?

- Bitte geben Sie eine Einschätzung, inwieweit die Qualitätsmerkmale und Teilbereiche des Qualitätsmodells aus Ihrer Sicht für Ihre Arbeit und die Verbesserung der Mobilitätsinformation relevant sind.

- Das Instrumentarium umfasst drei Auditstufen mit unterschiedlichen Detailgraden. Welche aktuellen Fragestellungen könnten Sie auf Basis dieses Instrumentariums mit den Auditstufen adressieren?

- Die erhobenen Daten ermöglichen eine Vielzahl von Auswertungen mit unterschiedlichen Zielen. Bitte nennen und erläutern Sie die Möglichkeiten, die für Sie aktuell, besonders hinsichtlich der Qualitätsverbesserung von Mobilitätsinformation, interessant sind.

- Bitte bewerten Sie abschließend das vorgestellte Instrumentarium in Hinblick auf die Verbesserung der Mobilitätsinformation durch die Identifikation von Verbesserungspotenzialen.

Anhang II: Audit-Anweisungen

Tabelle 85: Schnellaudit-Verfahren im Mobilitätsraum Großraum Stuttgart

Schnellaudit – Mobilitätsraum Großraum Stuttgart			
Evaluations-ID	STS1		
Evaluationszeitraum	13.02.2015 - 16.02.2015		
Informationsinhalt	**Allgemein**	**Phasen 3-9 der Reisekette**	**ID STS1I**
	Orte für Phase 3 und 4	1. Degerloch (Stadtbahnhaltestelle)	STS1I1
		2. Leinfeldener Straße (Bushaltestelle)	STS1I2
	Orte für Phase 8-9	1. Stuttgart, Vaihingen (Stadtbahn-/S-Bahn-/Bushaltestelle)	STS1I3
		2. Schlossplatz (Stadtbahn-/Bushaltestelle)	STS1I4
	Verkehrsmittel für Phase 5-7	1. S-Bahn (1x)	STS1I5
		2. Stadtbahn (1x)	STS1I6
		3. Bus (1x)	STS1I7
Informationsfluss	**Allgemein**	**Nutzergruppen: Pendler, Alltagsnutzer, Touristen**	**ID STS1F**
	Strecken Pendler	1. Plieningen nach Handwerkstraße	STS1F1
		2. Untertürkheim BF nach Feuerbach Pfostenwäldle (Reise mit mobiler App)	STS1F2
	Strecken Alltagsnutzer	1. Föhrich nach Stadtbibliothek	STS1F3
		2. Nordbahnhof nach NeckarPark (Stadion)	STS1F4
	Strecken Touristen	1. Flughafen zum Charlottenplatz	STS1F5
		2. Marienplatz nach Salzäcker (SI-Centrum)	STS1F6
Systemgestaltung	**Allgemein**	**Vier Typische Systeme**	**ID STS1S**
	Aushanginformation	Aufgabe Phase 3: Abfahrtszeit identifizieren	STS1S1
		Aufgabe Phase 9: Weg zum Haltepunkt identifizieren	
		Aufgabe Phase 10: Weg zum Ausgang finden	
		Inhalt 1: Haltestellenbezeichnung	
		Inhalt 2: Abfahrtszeiten	
		Inhalt 3: Verkehrsmittel	
	Taschenfahrplan	Aufgabe Phase 3: Haltepunkt identifizieren	STS1S2
		Aufgabe Phase 4: Linie und Richtung identifizieren	
		Aufgabe Phase 6: Weg der Fahrt verfolgen	
		Aufgabe Phase 7: Zeit bis zum Ausstieg bestimmen	
		Aufgabe Phase 8: aktuelle Position bestimmen	
		Aufgabe Phase 9: verfügbare Zeit bis Abfahrt bestimmen	
		Inhalt 1: Haltestellenbezeichnung	

		Inhalt 2: Abfahrtszeiten	
		Inhalt 3: Dauer der Fahrt	
	Fahrscheinautomat	Aufgabe Phase 3: Fahrschein erwerben	STS1S3
		Inhalt 1: Haltestellenbezeichnung	
		Inhalt 2: Gültigkeitsdauer	
		Inhalt 3: Gültigkeitsbereiche (z. B. Waben)	
	Mobile Applikation	Aufgabe Phase 3: Fahrschein erwerben	STS1S4
		Aufgabe Phase 4: Linie und Richtung identifizieren	
		Aufgabe Phase 5: Freie Plätze finden	
		Aufgabe Phase 6: Weg der Fahrt verfolgen	
		Aufgabe Phase 7: Zeit bis zum Ausstieg bestimmen	
		Aufgabe Phase 8: aktuelle Position bestimmen	
		Aufgabe Phase 9: verfügbare Zeit bis Abfahrt bestimmen	
		Inhalt 1: Haltestellenbezeichnung	
		Inhalt 2: Abfahrtszeiten	
		Inhalt 3: Verkehrsmittel	
	Informationsinhalte für die innere Konsistenz je Station der Reisekette	1. Abfahrtszeiten	STS1K1
		2. Dauer der Fahrt	STS1K2
		3. Anzahl Haltestellen	STS1K3
Ereignisfälle	**Allgemein**	**Integration von 2 Ereignisfällen**	**ID STS1E**
	Art des Falls	1. Verspätung > 5 Minuten	STS1E1
		2. Bauarbeiten Haltestelle	STS1E2

Tabelle 86: Standardaudit-Verfahren im Mobilitätsraum Großraum Stuttgart

Standardaudit – Mobilitätsraum Großraum Stuttgart			
Evaluations-ID	STN1		
Evaluationszeitraum	13.02.2015 - 16.02.2015		
Informationsinhalt	Allgemein	**Phasen 1-11 der Reisekette** (je einmal wird ein mobiles Informationssystem mitgeführt)	**ID STN1I**
	Orte für Phase 1	1. Nicht-öffentlicher Ort (bspw. Hotel/Wohnung/Arbeitsstelle)	STN1I1
		2. Stuttgart, Vaihingen (S-Bahnhaltestelle)	STN1I2
	Orte für Phase 2	1. Kronprinzstraße (Stuttgart Zentrum)	STN1I3
		2. Mitterwurzerstraße (Stuttgart Vaihingen)	STN1I4
	Orte für Phase 3 und 4	1. Degerloch ZOB (Bushaltestelle)	STN1I5
		2. Leinfeldener Straße (Bushaltestelle)	STN1I6
		3. Hauptbahnhof (Nah- und Fernverkehr)	STN1I7
	Orte für Phase 8-10	1. Stuttgart, Vaihingen (Stadtbahn-/S-Bahn-/Bushaltestelle)	STN1I8
		2. Schlossplatz (Stadtbahn-/Bushaltestelle)	STN1I9
		3. Kaltental (Stadtbahnhaltestelle)	STN1I10
	Orte für Phase 11	1. Würtembergische Landesbibliothek (Stuttgart Charlottenplatz)	STN1I11
		2. Nobelstraße (Uni Stuttgart) (Stuttgart Vaihingen)	STN1I12
	Verkehrsmittel für Phase 5-7	1. S-Bahn (2x)	STN1I13
		2. Stadtbahn (2x)	STN1I14
		3. Bus (2x)	STN1I15
Informationsfluss	Allgemein	**Nutzergruppen: Pendler, Alltagsnutzer, Touristen, Power-User, Gelegenheitsnutzer,**	**ID STN1F**
	Strecken Pendler	1. Plieningen nach Handwerkstraße	STN1F1
		2. Untertürkheim BF nach Feuerbach Pfostenwäldle (Reise mit mobiler App)	STN1F2
	Strecken Alltagsnutzer	1. Föhrich nach Stadtbibliothek	STN1F3
		2. Nordbahnhof nach NeckarPark (Stadion)	STN1F4
	Strecken Touristen	1. Flughafen zum Charlottenplatz	STN1F5
		2. Marienplatz nach Salzäcker (SI-Centrum)	STN1F6
	Strecken Power-User	1. Rosenbergstraße nach Uni Stuttgart (Reise mit mobiler App)	STN1F7
		2. Böblinger Straße nach Kronprinzenstraße (Reise mit mobiler App)	STN1F8
	Strecken Gelegenheitsnutzer	1. Marienplatz nach Waldfriedhof	STN1F9
		2. Vollmoellerstraße nach Möhringen Freibad	STN1F10
Systemgestaltung	Allgemein	**Typische Systeme des Mobilitätsraums**	**ID STN1S**
	Aushanginformation	Aufgabe Phase 3: Abfahrtszeit identifizieren POI aufsuchen	STN1S1
		Aufgabe Phase 9: Weg zum Haltepunkt identifizieren Dauer des Weges bestimmen	
		Aufgabe Phase 10: Ausgang identifizieren Weg zum Ausgang finden	

		Inhalt 1: Haltestellenbezeichnung	
		Inhalt 2: Abfahrtszeiten	
		Inhalt 3: Verkehrsmittel	
		Inhalt 4: Linienbezeichnung	
		Inhalt 5: Fahrtrichtung der Linien	
		Inhalt 6: Aktuelle Position	
	Taschenfahrplan	Aufgabe Phase 1: Start-/Zielhaltestelle identifizieren Dauer der Fahrt identifizieren	STN1S2
		Aufgabe Phase 3: Haltestelle identifizieren Haltepunkt identifizieren	
		Aufgabe Phase 4: Verkehrsunternehmen identifizieren Linie und Richtung identifizieren	
		Aufgabe Phase 6: Weg der Fahrt verfolgen Dauer der Fahrt verfolgen	
		Aufgabe Phase 7: Zeit bis zum Ausstieg bestimmen Umsteigemöglichkeiten prüfen	
		Aufgabe Phase 8: aktuelle Position bestimmen	
		Aufgabe Phase 9: verfügbare Zeit bis Abfahrt bestimmen Anzahl Haltestellen prüfen	
		Inhalt 1: Haltestellenbezeichnung	
		Inhalt 2: Abfahrtszeiten	
		Inhalt 3: Dauer der Fahrt	
		Inhalt 4: Linienbezeichnung	
		Inhalt 5: Fahrtrichtung der Linien	
		Inhalt 6: Aktuelle Position	
	Fahrscheinautomat	Aufgabe Phase 3: Fahrschein erwerben Gültigkeitsdauer prüfen	STN1S3
		Inhalt 1: Haltestellenbezeichnung	
		Inhalt 2: Gültigkeitsdauer	
		Inhalt 3: Gültigkeitsbereiche (z. B. Waben)	
		Inhalt 4: Aktuelle Uhrzeit	
		Inhalt 5: Zielführendes Verkehrsunternehmen	
		Inhalt 6: Aktuelle Position	
	Mobile Applikation	Aufgabe Phase 1: Start-/Zielhaltestelle identifizieren Dauer der Fahrt identifizieren	STN1S4
		Aufgabe Phase 2: Weg zur Haltestelle identifizieren Verbleibende Zeit prüfen	
		Aufgabe Phase 3: Haltestelle identifizieren Haltepunkt identifizieren	
		Aufgabe Phase 4: Verkehrsunternehmen identifizieren Linie und Richtung identifizieren	

		Aufgabe Phase 4: Freie Sitzplätze finden	
		Aufgabe Phase 6: Weg der Fahrt verfolgen Dauer der Fahrt verfolgen	
		Aufgabe Phase 7: Zeit bis zum Ausstieg bestimmen Umsteigemöglichkeiten prüfen	
		Aufgabe Phase 8: aktuelle Position bestimmen	
		Aufgabe Phase 9: verfügbare Zeit bis Abfahrt bestimmen Anzahl Haltestellen prüfen	
		Aufgabe Phase 10: Ausgang identifizieren Weg zum Ausgang finden	
		Aufgabe Phase 11: Weg zum Ziel finden Verbleibende Zeit prüfen	
		Inhalt 1: Haltestellenbezeichnung	
		Inhalt 2: Abfahrtszeiten	
		Inhalt 3: Dauer der Fahrt	
		Inhalt 4: Linienbezeichnung	
		Inhalt 5: Fahrtrichtung der Linien	
		Inhalt 6: Aktuelle Position	
Internetauskunfts- plattform		Aufgabe Phase 1: Start-/Zielhaltestelle identifizieren Dauer der Fahrt identifizieren	STN1S5
		Inhalt 1: Haltestellenbezeichnung	
		Inhalt 2: Abfahrtszeiten	
		Inhalt 3: Dauer der Fahrt	
		Inhalt 4: Linienbezeichnung	
		Inhalt 5: Fahrtrichtung der Linien	
		Inhalt 6: Tarifinformation	
DFI-Anzeiger (Fahrzeug und Halte- stelle)		Aufgabe Phase 3: Abfahrtszeit prüfen Linienbezeichnung prüfen	STN1S6
		Aufgabe Phase 6: Aktuelle Uhrzeit prüfen Aktuelle Position prüfen	
		Aufgabe Phase 7: Zeit bis zum Ausstieg bestimmen Umsteigemöglichkeiten prüfen	
		Aufgabe Phase 9: Aktuelle Uhrzeit prüfen Aktuelle Position prüfen	
		Inhalt 1: Haltestellenbezeichnung	
		Inhalt 2: Abfahrts-/Ankunftszeiten	
		Inhalt 3: Haltestellenverlauf	
		Inhalt 4: Linienbezeichnung	
		Inhalt 5: Fahrtrichtung der Linien	
		Inhalt 6: Umsteige-/Anschlussinformation	

	Netz- und Linienplan	Aufgabe Phase 1: Start-/Zielhaltestelle identifizieren Dauer der Fahrt identifizieren	STN1S7
		Aufgabe Phase 3: Haltestelle identifizieren Haltepunkt identifizieren	
		Aufgabe Phase 4: Verkehrsunternehmen identifizieren Linie und Richtung identifizieren	
		Aufgabe Phase 6: Weg der Fahrt verfolgen Dauer der Fahrt verfolgen	
		Aufgabe Phase 7: Zeit bis zum Ausstieg bestimmen Umsteigemöglichkeiten prüfen	
		Aufgabe Phase 8: aktuelle Position bestimmen	
		Aufgabe Phase 9: verfügbare Zeit bis Abfahrt bestimmen Anzahl Haltestellen prüfen	
		Inhalt 1: Haltestellenbezeichnung	
		Inhalt 2: Abfahrtszeiten	
		Inhalt 3: Dauer der Fahrt	
		Inhalt 4: Linienbezeichnung	
		Inhalt 5: Fahrtrichtung der Linien	
		Inhalt 6: Aktuelle Position	
	Informationsinhalte für die innere Konsistenz je Station der Reisekette	1. Abfahrtszeiten	STN1K1
		2. Dauer der Fahrt	STN1K2
		3. Anzahl Haltestellen	STN1K3
		4. Aktuelle Position	STN1K4
		5. Aktuelle Uhrzeit	STN1K5
		6. Linienbezeichnung	STN1K6
Ereig-nis-fälle	**Allgemein**	**Integration von 4 Ereignisfällen**	**ID STN1E**
	Art des Falls	1. Verspätung > 5 Minuten	STN1E1
		2. Bauarbeiten Haltestelle	STN1E2
		3. Fahrzeugausfall	STN1E3
		4. Ersatzverkehr	STN1E4

Tabelle 87: Schnellaudit-Verfahren im Mobilitätsraum Großraum Köln

		Schnellaudit – Mobilitätsraum Großraum Köln/Bonn	
Evaluations-ID		KS1	
Evaluationszeitraum		27.02.2015 - 02.03.2015	
Informationsinhalt	**Allgemein**	**Phasen 3-9 der Reisekette**	**ID KS1I**
	Orte für Phase 3 und 4	1. Waldorf, Bornheim (Stadtbahnhaltestelle)	KS1I1
		2. Sülzburg Straße (Bushaltestelle)	KS1I2
	Orte für Phase 8-9	1. Köln, Hansaring (Stadtbahn-/S-Bahn-/Bushaltestelle)	KS1I3
		2. Heumarkt (Stadtbahn-/Bushaltestelle)	KS1I4
	Verkehrsmittel für Phase 5-7	1. S-Bahn (1x)	KS1I5
		2. Stadtbahn (1x)	KS1I6
		3. Bus (1x)	KS1I7
Informationsfluss	**Allgemein**	**Nutzergruppen: Pendler, Alltagsnutzer, Touristen**	**ID KS1F**
	Strecken Pendler	1. Klettenbergpark nach Mediapark	KS1F1
		2. Köln, Mühlheim nach Leverkusen, Chempark (Reise mit mobiler App)	KS1F2
	Strecken Alltagsnutzer	1. Bocklemünd nach Rathaus	KS1F3
		2. Buchheim Herler Str. nach Kinderkrankenhaus	KS1F4
	Strecken Touristen	1. Flughafen zu Köln HBF	KS1F5
		2. Heumarkt nach Zoo, Flora	KS1F6
Systemgestaltung	**Allgemein**	**Vier Typische Systeme**	**ID KS1S**
	Aushanginformation	Aufgabe Phase 3: Abfahrtszeit identifizieren	KS1S1
		Aufgabe Phase 9: Weg zum Haltepunkt identifizieren	
		Aufgabe Phase 10: Weg zum Ausgang finden	
		Inhalt 1: Haltestellenbezeichnung	
		Inhalt 2: Abfahrtszeiten	
		Inhalt 3: Verkehrsmittel	
	Taschenfahrplan	Aufgabe Phase 3: Haltepunkt identifizieren	KS1S2
		Aufgabe Phase 4: Linie und Richtung identifizieren	
		Aufgabe Phase 6: Weg der Fahrt verfolgen	
		Aufgabe Phase 7: Zeit bis zum Ausstieg bestimmen	
		Aufgabe Phase 8: aktuelle Position bestimmen	
		Aufgabe Phase 9: verfügbare Zeit bis Abfahrt bestimmen	
		Inhalt 1: Haltestellenbezeichnung	
		Inhalt 2: Abfahrtszeiten	
		Inhalt 3: Dauer der Fahrt	
	Fahrscheinautomat	Aufgabe Phase 3: Fahrschein erwerben	KS1S3
		Inhalt 1: Haltestellenbezeichnung	
		Inhalt 2: Gültigkeitsdauer	
		Inhalt 3: Gültigkeitsbereiche (z. B. Waben)	
	Mobile Applikation	Aufgabe Phase 3: Fahrschein erwerben	KS1S4
		Aufgabe Phase 4: Linie und Richtung identifizieren	
		Aufgabe Phase 5: Freie Plätze finden	
		Aufgabe Phase 6: Weg der Fahrt verfolgen	

		Aufgabe Phase 7: Zeit bis zum Ausstieg bestimmen	
		Aufgabe Phase 8: aktuelle Position bestimmen	
		Aufgabe Phase 9: verfügbare Zeit bis Abfahrt bestimmen	
		Inhalt 1: Haltestellenbezeichnung	
		Inhalt 2: Abfahrtszeiten	
		Inhalt 3: Verkehrsmittel	
	Informationsinhalte für die innere Konsistenz je Station der Reisekette	1. Abfahrtszeiten	KS1K1
		2. Dauer der Fahrt	KS1K2
		3. Anzahl Haltestellen	KS1K3
Ereignisfälle	**Allgemein**	**Integration von 2 Ereignisfällen**	**ID KS1E**
	Art des Falls	1. Verspätung > 5 Minuten	KS1E1
		2. Bauarbeiten Haltestelle	KS1E2

Tabelle 88: Standardaudit-Verfahren im Mobilitätsraum Großraum Köln

Standardaudit – Mobilitätsraum Großraum Köln

Evaluations-ID	KN1		
Evaluationszeitraum	27.02.2015 - 02.03.2015		
Informationsinhalt	**Allgemein**	**Phasen 1-11 der Reisekette** (je einmal wird ein mobiles Informationssystem mitgeführt)	**ID KN1I**
	Orte für Phase 1	1. Nicht-öffentlicher Ort (bspw. Hotel/Wohnung/Arbeitsstelle)	KN1I1
		2. Barbarossaplatz (Stadtbahnhaltestelle)	KN1I2
	Orte für Phase 2	1. Hohe Straße (Köln Zentrum)	KN1I3
		2. Heliosstraße (Köln Ehrenfeld)	KN1I4
	Orte für Phase 3 und 4	1. Waldorf, Bornheim (Stadtbahnhaltestelle)	KN1I5
		2. Sülzburg Straße (Bushaltestelle)	KN1I6
		3. Hauptbahnhof (Nah- und Fernverkehr)	KN1I7
	Orte für Phase 8-10	1. Köln, Hansaring (Stadtbahn-/S-Bahn-/Bushaltestelle)	KN1I8
		2. Heumarkt (Stadtbahn-/Bushaltestelle)	KN1I9
		3. Friesenplatz (Stadtbahnhaltestelle)	KN1I10
	Orte für Phase 11	1. Kölner Philharmonie (Köln Zentrum)	KN1I11
		2. Greinstraße (Uni Köln)	KN1I12
	Verkehrsmittel für Phase 5-7	1. S-Bahn (2x)	KN1I13
		2. Stadtbahn (2x)	KN1I14
		3. Bus (2x)	KN1I15
Informationsfluss	**Allgemein**	**Nutzergruppen: Pendler, Alltagsnutzer, Touristen, Power-User, Gelegenheitsnutzer**	**ID KN1F**
	Strecken Pendler	1. Klettenbergpark nach Mediaparkt	KN1F1
		2. Köln, Mühlheim nach Leverkusen, Chempark (Reise mit mobiler App)	KN1F2
	Strecken Alltagsnutzer	1. Bocklemünd nach Rathaus	KN1F3
		2. Buchheim Herler Str. nach Kinderkrankenhaus	KN1F4
	Strecken Touristen	1. Flughafen zu Köln HBF	KN1F5
		2. Heumarkt nach Zoo, Flora	KN1F6
	Strecken Power-User	1. Köln Brühl nach Uni Köln (Reise mit mobiler App)	KN1F7
		2. Bachemerstraße nach Hohe Straße (Reise mit mobiler App)	KN1F8

	Strecken Gelegenheits-nutzer	1. Liverpooler Pl. (Chorweiler) nach Colonius Garten (Grüngürtel)	KN1F9
		2. Eifelwall nach Stadion	KN1F10
	Allgemein	**Typische Systeme des Mobilitätsraums**	**ID KN1S**
Systemgestaltung	Aushanginformation	Aufgabe Phase 3: Abfahrtszeit identifizieren POI aufsuchen	KN1S1
		Aufgabe Phase 9: Weg zum Haltepunkt identifizieren Dauer des Weges bestimmen	
		Aufgabe Phase 10: Ausgang identifizieren Weg zum Ausgang finden	
		Inhalt 1: Haltestellenbezeichnung	
		Inhalt 2: Abfahrtszeiten	
		Inhalt 3: Verkehrsmittel	
		Inhalt 4: Linienbezeichnung	
		Inhalt 5: Fahrtrichtung der Linien	
		Inhalt 6: Aktuelle Position	
	Taschenfahrplan	Aufgabe Phase 1: Start-/Zielhaltestelle identifizieren Dauer der Fahrt identifizieren	KN1S2
		Aufgabe Phase 3: Haltestelle identifizieren Haltepunkt identifizieren	
		Aufgabe Phase 4: Verkehrsunternehmen identifizieren Linie und Richtung identifizieren	
		Aufgabe Phase 6: Weg der Fahrt verfolgen Dauer der Fahrt verfolgen	
		Aufgabe Phase 7: Zeit bis zum Ausstieg bestimmen Umsteigemöglichkeiten prüfen	
		Aufgabe Phase 8: aktuelle Position bestimmen	
		Aufgabe Phase 9: verfügbare Zeit bis Abfahrt bestimmen Anzahl Haltestellen prüfen	
		Inhalt 1: Haltestellenbezeichnung	
		Inhalt 2: Abfahrtszeiten	
		Inhalt 3: Dauer der Fahrt	
		Inhalt 4: Linienbezeichnung	
		Inhalt 5: Fahrtrichtung der Linien	
		Inhalt 6: Aktuelle Position	
	Fahrscheinautomat	Aufgabe Phase 3: Fahrschein erwerben Gültigkeitsdauer prüfen	KN1S3
		Inhalt 1: Haltestellenbezeichnung	
		Inhalt 2: Gültigkeitsdauer	
		Inhalt 3: Gültigkeitsbereiche (z. B. Waben)	
		Inhalt 4: Aktuelle Uhrzeit	

		Inhalt 5: Zielführendes Verkehrsunternehmen	
		Inhalt 6: Aktuelle Position	
	Mobile Applikation	Aufgabe Phase 1: Start-/Zielhaltestelle identifizieren Dauer der Fahrt identifizieren	KN1S4
		Aufgabe Phase 2: Weg zur Haltestelle identifizieren Verbleibende Zeit prüfen	
		Aufgabe Phase 3: Haltestelle identifizieren Haltepunkt identifizieren	
		Aufgabe Phase 4: Verkehrsunternehmen identifizieren Linie und Richtung identifizieren	
		Aufgabe Phase 4: Freie Sitzplätze finden	
		Aufgabe Phase 6: Weg der Fahrt verfolgen Dauer der Fahrt verfolgen	
		Aufgabe Phase 7: Zeit bis zum Ausstieg bestimmen Umsteigemöglichkeiten prüfen	
		Aufgabe Phase 8: aktuelle Position bestimmen	
		Aufgabe Phase 9: verfügbare Zeit bis Abfahrt bestimmen Anzahl Haltestellen prüfen	
		Aufgabe Phase 10: Ausgang identifizieren Weg zum Ausgang finden	
		Aufgabe Phase 11: Weg zum Ziel finden Verbleibende Zeit prüfen	
		Inhalt 1: Haltestellenbezeichnung	
		Inhalt 2: Abfahrtszeiten	
		Inhalt 3: Dauer der Fahrt	
		Inhalt 4: Linienbezeichnung	
		Inhalt 5: Fahrtrichtung der Linien	
		Inhalt 6: Aktuelle Position	
	Internetauskunfts-plattform	Aufgabe Phase 1: Start-/Zielhaltestelle identifizieren Dauer der Fahrt identifizieren	KN1S5
		Inhalt 1: Haltestellenbezeichnung	
		Inhalt 2: Abfahrtszeiten	
		Inhalt 3: Dauer der Fahrt	
		Inhalt 4: Linienbezeichnung	
		Inhalt 5: Fahrtrichtung der Linien	
		Inhalt 6: Tarifinformation	
	DFI-Anzeiger (Fahrzeug und Halte-stelle)	Aufgabe Phase 3: Abfahrtszeit prüfen Linienbezeichnung prüfen	KN1S6
		Aufgabe Phase 6: Aktuelle Uhrzeit prüfen	

		Aktuelle Position prüfen	
		Aufgabe Phase 7: Zeit bis zum Ausstieg bestimmen Umsteigemöglichkeiten prüfen	
		Aufgabe Phase 9: Aktuelle Uhrzeit prüfen Aktuelle Position prüfen	
		Inhalt 1: Haltestellenbezeichnung	
		Inhalt 2: Abfahrts-/Ankunftszeiten	
		Inhalt 3: Haltestellenverlauf	
		Inhalt 4: Linienbezeichnung	
		Inhalt 5: Fahrtrichtung der Linien	
		Inhalt 6: Umsteige-/Anschlussinformation	
	Netz- und Linienplan	Aufgabe Phase 1: Start-/Zielhaltestelle identifizieren Dauer der Fahrt identifizieren	KN1S7
		Aufgabe Phase 3: Haltestelle identifizieren Haltepunkt identifizieren	
		Aufgabe Phase 4: Verkehrsunternehmen identifizieren Linie und Richtung identifizieren	
		Aufgabe Phase 6: Weg der Fahrt verfolgen Dauer der Fahrt verfolgen	
		Aufgabe Phase 7: Zeit bis zum Ausstieg bestimmen Umsteigemöglichkeiten prüfen	
		Aufgabe Phase 8: aktuelle Position bestimmen	
		Aufgabe Phase 9: verfügbare Zeit bis Abfahrt bestimmen Anzahl Haltestellen prüfen	
		Inhalt 1: Haltestellenbezeichnung	
		Inhalt 2: Abfahrtszeiten	
		Inhalt 3: Dauer der Fahrt	
		Inhalt 4: Linienbezeichnung	
		Inhalt 5: Fahrtrichtung der Linien	
		Inhalt 6: Aktuelle Position	
	Informationsinhalte für die innere Konsistenz je Station der Reisekette	1. Abfahrtszeiten	KN1K1
		2. Dauer der Fahrt	KN1K2
		3. Anzahl Haltestellen	KN1K3
		4. Aktuelle Position	KN1K4
		5. Aktuelle Uhrzeit	KN1K5
		6. Linienbezeichnung	KN1K6
Ereignisfälle	**Allgemein**	**Integration von 4 Ereignisfällen**	**ID KN1E**
	Art des Falls	1. Verspätung > 5 Minuten	KN1E1
		2. Bauarbeiten Haltestelle	KN1E2
		3. Fahrzeugausfall	KN1E3
		4. Ersatzverkehr	KN1E4

Anhang III: Erweiterte Reisekette

	Reiseplanung	Reise-antritt	Vorbe-reitungen	Einstieg	Orientie-rung	Fahrt	Ausstiegs-vorberei-tung	Ausstieg	Umstieg	Verlassen des Aus-stiegsorts	Reise-abschluss
	Beliebiger Ort	Weg zum Fahrzeug	Einstiegsort	Fahrzeug (außen)	Fahrzeug (innen)	Fahrzeug (innen)	Fahrzeug (innen)	Fahrzeug (außen)	Umsteige-ort	Ausstiegs-ort	Weg zum Ziel
	Verfügbar-keit prüfen	Weg zum Parkplatz	Fahrzeug suchen	Authentifi zieren	Quick-check	Auto steuern	Parkplatz suchen	Parken		Parkplatz verlassen	Zum Ziel laufen
	Adresse & Strecke prüfen	Weg zur Garage	Garage öffnen	Einsteigen	Naviga-tion starten	Auto steuern	Parkhaus suchen	Parken		Parkhaus verlassen	Zum Ziel laufen
	Planung von Linien, Zeiten, etc.	Weg zu Haltestelle	Weg zum Haltepunkt suchen	Linie und Richtung prüfen	Sitzplatz suchen	Standort prüfen	Halteknopf drücken	Orientieren	Halte-punkt suchen	Verlassen der Haltestelle	Zum Ziel laufen

CarSharing ▪ PKW ▪ ÖPV

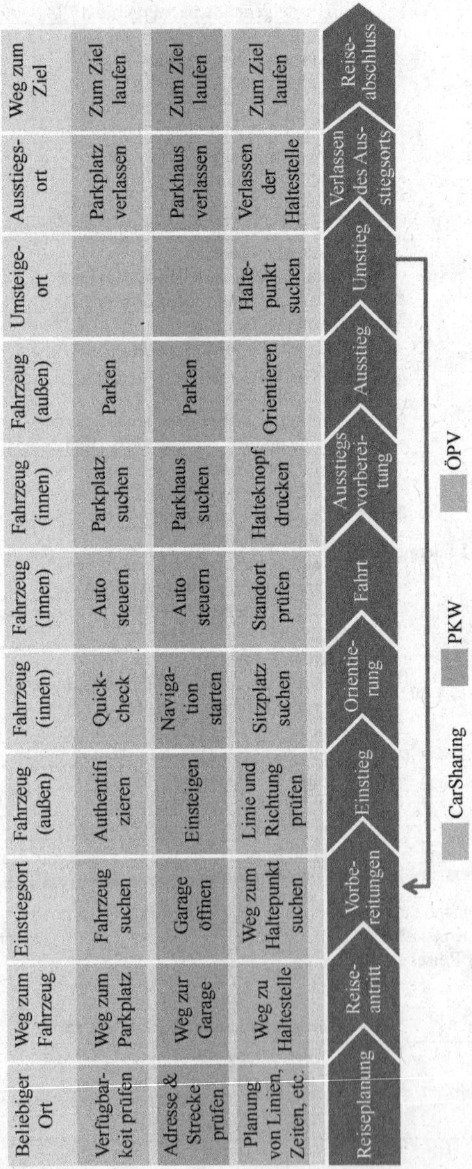

Abbildung 67: Erweiterte Reisekette mit Beispielaufgaben aus CarSharing, MIV und ÖPV

Anhang IV: Expertenbefragung – Fragebogen

Die dargestellte Version des Onlinefragebogens umfasst alle Fragen, auch solche, die nicht im Fokus dieser Arbeit lagen. Die Erstellung erfolgte in Kooperation mit Cindy Mayas im Projekt IP-KOM-ÖV, auf das sich der primäre Inhalt des Fragebogens fokussiert.

Fragebogen

1 Startseite

Herzlich Willkommen,

die folgende Umfrage wird im Rahmen des IP-KOM-ÖV Projektes durchgeführt. Die Umfrage dient der Analyse verschiedener Aspekte der Fahrgastinformation zur Entwicklung eines Demonstrators für die im Projekt IP-KOM-ÖV entwickelten Standards.

Bei Fragen zur Umfrage wenden Sie sich bitte an verkehr@tu-ilmenau.de.

Vielen Dank für Ihre Unterstützung

Mit freundlichen Grüßen
Stephan Hörold und Cindy Mayas

Technische Universität Ilmenau
Fachgebiet Medienproduktion

2 Allgemein

Allgemeine Fragen zur Person

Bitte beantworten Sie im Folgenden einige Fragen zu Ihrer Tätigkeit.

In welchem Bereich sind Sie im Zusammenhang mit dem öffentlichen Personenverkehr tätig?

- ○ Industrieunternehmen
- ○ Verkehrsunternehmen
- ○ Forschungseinrichtung
- ○ andere _____

Wie lange arbeiten Sie bereits im Bereich öffentlicher Personenverkehr?

- ○ bis zu 1 Jahr
- ○ 2 bis 5 Jahre
- ○ 6 bis 10 Jahre
- ○ mehr als 10 Jahre

Welche konkreten Tätigkeiten üben Sie in Ihrem Unternehmen im Zusammenhang mit dem öffentlichen Personenverkehr aus?

Mehrfachnennungen sind möglich.

- ☐ Management
- ☐ Konzeption
- ☐ Umsetzung und Programmierung
- ☐ Forschung
- ☐ Kundenberatung
- ☐ Sonstiges _____

3 Qualität Fahrgastinformation

Fahrgastinformation - Allgemein

Im Folgenden stellen wir Ihnen einige allgemeine Fragen zur Fahrgastinformation.
Diese dienen als Grundlage für die Einordnung der IP-KOM-ÖV Ergebnisse in den Gesamtkontext des öffentlichen Personenverkehrs.

Die Qualität von Fahrgastinformation kann von verschiedenen Kriterien abhängen. Bitte ordnen Sie die folgenden Kriterien nach Ihrer Wichtigkeit für die Qualität der Fahrgastinformation.

- Konsistenz der Information über verschiedene Fahrgastinformationssysteme
- Verlässlichkeit, dass die Information immer zur Verfügung steht
- Transparenz über die Entstehung und Herkunft der Information
- Individualisierbarkeit für die Reise und Bedürfnisse des Fahrgastes

Bitte ziehen Sie die Elemente per Drag&Drop von links in der gewünschten Reihenfolge in den rechten Kasten.

4 Qualität Fahrgastinformation2

Fortsetzung Fahrgastinformation - Allgemein

Wie würden Sie die Fahrgastinformation aktuell im ÖPV bewerten?

Bitte geben Sie an, in wie weit Sie den folgenden Aussagen auf der Skala von "stimme gar nicht zu" bis "stimme voll zu" zustimmen.

	stimme gar nicht zu	stimme eher nicht zu	teils/teils	stimme eher zu	stimme voll zu
Eine gute Fahrgastinformation hängt vom Zusammenspiel aller Informationssysteme ab.	○	○	○	○	○
Die Bedeutung der Fahrgastinformation für die Qualität des ÖPV wird zunehmen.	○	○	○	○	○
Fahrgastinformation ist eine wesentliche Komponente, um die Kundenzufriedenheit zu steigern.	○	○	○	○	○
Heutige Fahrgastinformationssysteme schöpfen die technischen Möglichkeiten noch nicht aus.	○	○	○	○	○
Mobile Fahrgastinformation füllt eine bestehende Lücke entlang der Reise.	○	○	○	○	○
Die Fahrgastinformation von heute deckt bereits den Informationsbedarf der Fahrgäste.	○	○	○	○	○

Wie wichtig sind die folgenden Fahrgastinformationssysteme für den ÖPV aus Ihrer Sicht?

Bitte geben Sie Ihre Einschätzung für jedes "Fahrgastinformationssystem" auf der Skala von "gar nicht wichtig" bis "sehr wichtig" an.

	gar nicht wichtig	eher nicht wichtig	teils/teils	eher wichtig	sehr wichtig
Mobile Fahrgastinformation auf Smartphones	○	○	○	○	○
Fahrgastinformation im Internet	○	○	○	○	○
Statische Fahrgastinformation an Haltestellen (z. B. Aushangfahrplan)	○	○	○	○	○
Dynamische Fahrgastinformation an Haltestellen	○	○	○	○	○
Statische Fahrgastinformation in Fahrzeugen (z. B. Liniennetzplan, Perlschnur)	○	○	○	○	○
Dynamische Fahrgastinformation in Fahrzeugen	○	○	○	○	○
Papierbasierte mobile Fahrgastinformation (z. B. Taschenfahrplan)	○	○	○	○	○

---

5 Zukunft Fahrgastinfo

Fahrgastinformation - zukünftige Entwicklungen

Im Folgenden stellen wir Ihnen einige Fragen zur zukünftigen Entwicklung der Fahrgastinformation. Bitte geben Sie aus Ihrer Sicht an, wie sich die Fahrgastinformation weiterentwickeln wird.

Bitte ordnen Sie die folgenden Schlagwörter nach Ihrer Wichtigkeit für die Weiterentwicklung der Fahrgastinformation.

Bitte ziehen Sie die Elemente per Drag&Drop von links in der gewünschten Reihenfolge in den rechten Kasten.

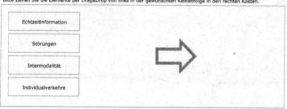

Bitte schätzen Sie aus Ihrer Sicht ein, wie sich die Fahrgastinformation in den nächsten 5 Jahren verändern wird.

Bitte geben Sie Ihre Einschätzung für jede Aussage auf der Skala von "stimme gar nicht zu" bis "stimme voll zu" an.

	stimme gar nicht zu	stimme eher nicht zu	teils/teils	stimme eher zu	stimme voll zu
Mobile Fahrgastinformationssysteme werden andere Fahrgastinformationssysteme verdrängen.	○	○	○	○	○
Dynamische Fahrgastinformationssysteme werden analoge Systeme an den Haltestellen ersetzen.	○	○	○	○	○
Dynamische Fahrgastinformationssysteme werden analoge Systeme in den Fahrzeugen ersetzen.	○	○	○	○	○
Die Fahrgastinformation wird primär auf Echtzeitdaten basieren.	○	○	○	○	○
Störungen werden mit Hilfe von mobilen Informations- und Navigationssystemen automatisch umgangen.	○	○	○	○	○

6 Funktionalität

Fortsetzung Fahrgastinformation - zukünftige Entwicklungen

Das größte Potential für die Weiterentwicklung der Fahrgastinformation liegt in ...

Sie können mehrere Funktionen auswählen. Bitte wählen sie maximal 3 Funktionen aus.

☐ der Verbindungsauskunft

☐ den Störungsmeldungen

☐ der Anschlusssicherung

☐ der Reiseinformation während der Reise

☐ der Fußgängernavigation

☐ der Vernetzung der unterschiedlichen Systeme

In welchen der nachstehenden Bereiche entwickeln die Ergebnisse des Projektes IP-KOM-ÖV Ihrer Meinung nach die Fahrgastinformation insbesondere weiter?

Sie können mehrere Funktionen auswählen.

☐ Verbindungsauskunft

☐ Störungsmeldungen

☐ Anschlusssicherung

☐ Reiseinformation während der Reise

☐ Fußgängernavigation

☐ Vernetzung der unterschiedlichen Systeme

Bitte ordnen Sie die folgenden Funktionen der mobilen Fahrgastinformation nach Ihrer Wichtigkeit für die Fahrgastinformation.

Bitte ziehen Sie die Elemente per Drag&Drop von links in der gewünschten Reihenfolge in den rechten Kasten.

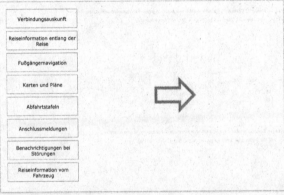

- Verbindungsauskunft
- Reiseinformation entlang der Reise
- Fußgängernavigation
- Karten und Pläne
- Abfahrtstafeln
- Anschlussmeldungen
- Benachrichtigungen bei Störungen
- Reiseinformation vom Fahrzeug

7 Zugang Ergebnisse

Allgemeiner Zugang zu Projektergebnissen

Bitte geben Sie im Folgenden an, wie Sie ganz allgemein mit Ergebnissen aus Forschungs- und Entwicklungsprojekten arbeiten.

Wie greifen Sie aktuell auf Ergebnisse von Projekten zu?
Bitte geben Sie für jede Möglichkeit die Häufigkeit auf der Skala von "nie" bis "häufig" an.

	häufig	manchmal	selten	nie
über die Projektwebseite	○	○	○	○
über ausgedruckte Dokumente	○	○	○	○
über gespeicherte Dateien (z.B. pdf-Dateien)	○	○	○	○
über die Kommunikation mit Teilnehmern des Projektes	○	○	○	○
über eine Suchmaschine	○	○	○	○

Bitte geben Sie an, inwiefern Sie folgenden Aussagen über Ihre Arbeit mit Projekt-Ergebnissen zustimmen. Mir ist wichtig, dass...
Bitte geben Sie Ihre Einschätzung für jede Aussage auf der Skala von "stimme gar nicht zu" bis "stimme voll zu" an.

	stimme gar nicht zu	stimme eher nicht zu	teils/teils	stimme eher zu	stimme voll zu
... ich einen Überblick über die Ergebnisse erhalte.	○	○	○	○	○
... ich mich über die Ergebnisse im Detail informieren kann.	○	○	○	○	○
... ich in den Ergebnissen nach Schlagworten suchen kann.	○	○	○	○	○
... ich bei speziellen Fragen einen Ansprechpartner habe.	○	○	○	○	○
... ich in den Ergebnissen nach Themenbereichen suchen kann.	○	○	○	○	○

8   Ergebnisse und Leistungen

Ergebnisse IP-KOM-ÖV
Bitte geben Sie im Folgenden an, wie Sie persönlich mit den Ergebnissen aus dem Projekt IP-KOM-ÖV arbeiten.

Allgemein leistet IP-KOM-ÖV einen großen Beitrag zur ...
Sie können mehrere Antworten auswählen.

☐ Konsistenz der Fahrgastinformation

☐ Transparenz und Nachvollziehbarkeit der Fahrgastinformation

☐ Individualisierbarkeit der Fahrgastinformation

☐ Verlässlichkeit der Fahrgastinformation

Für meine Arbeit sind die folgenden Ergebnisse des IP-KOM-ÖV Projektes die wichtigsten Hilfsmittel.
Sie können mehrere Antworten auswählen.

☐ VDV Schriften

☐ XSD Schnittstellenschema

☐ Prototypen und Beispielumsetzungen

☐ Konformitätswerkzeug

☐ Meilensteinberichte und VDV Mitteilungen

9   Nutzen der Ergebnisse

Fortsetzung Ergebnisse IP-KOM-ÖV

Wie häufig nutzen Sie bereits jetzt Ergebnisse aus IP-KOM-ÖV für Ihre Arbeit?

○ täglich   ○ mehrmals pro Woche   ○ mehrmal pro Monat   ○ seltener   ○ nie

Wie oft nutzen Sie zurzeit die IP-KOM-ÖV-Ergebnisse (z. B. VDV Mitteilungen, Schriften, Prototypen etc.) für die folgenden Tätigkeiten?
Bitte geben Sie Ihre Einschätzung für jede Antwort auf der Skala von "nie" bis "häufig" an.

	häufig	manchmal	selten	nie
Inspiration bzw. Ideenfindung	○	○	○	○
Suche nach Schlagworten	○	○	○	○
Gezielte Suche nach Dateien	○	○	○	○
Verschaffen eines Überblicks	○	○	○	○
Nachschlagen bestimmter Funktionen	○	○	○	○
Einarbeitung in den Standard	○	○	○	○
Demonstration der Möglichkeiten des Standards	○	○	○	○

Wie oft werden Sie die IP-KOM-ÖV-Ergebnisse (z. B. VDV Mitteilungen, Schriften, Prototypen etc.) für die folgenden Tätigkeiten in Zukunft nutzen?

Bitte geben Sie Ihre Einschätzung für jede Antwort auf der Skala von "nie" bis "häufig" an.

	häufig	manchmal	selten	nie	keine Angabe
Inspiration bzw. Ideenfindung	○	○	○	○	○
Suche nach Schlagworten	○	○	○	○	○
Gezielte Suche nach Dateien	○	○	○	○	○
Verschaffen eines Überblicks	○	○	○	○	○
Nachschlagen bestimmter Funktionen	○	○	○	○	○
Einarbeitung in den Standard	○	○	○	○	○
Demonstration der Möglichkeiten des Standards	○	○	○	○	○

10   Abschlusskommentar

Hinweise und Kommentare

Abschließend können Sie uns zu Ihren Wünschen und Vorstellung zur Aufbereitung der verschiedenen Projektergebnisse gerne noch einen Kommentar hinterlassen.

Über zusätzliche Anregungen und Hinweise von Ihnen würden wir uns freuen.

11   Endseite

Herzlichen Dank für Ihre Unterstützung.

Technische Universität Ilmenau, Fachgebiet Medienproduktion

Printed in the United States
By Bookmasters